中国菰和菰黑粉菌
功能基因组学研究

- 闫　宁
- 张忠锋　著
- 叶子弘

中国农业科学技术出版社

图书在版编目（CIP）数据

中国菰和菰黑粉菌功能基因组学研究 / 闫宁 , 张忠
锋 , 叶子弘著 . -- 北京 : 中国农业科学技术出版社 , 2023.11
ISBN 978-7-5116-6539-3

Ⅰ . ①中… Ⅱ . ①闫… ②张… ③叶… Ⅲ . ①黑粉菌目—基
因组—研究—中国 Ⅳ . ① Q949.32

中国版本图书馆 CIP 数据核字（2023）第 225721 号

责任编辑　周　朋
责任校对　王　彦
责任印制　姜义伟　王思文

出 版 者　中国农业科学技术出版社
　　　　　北京市中关村南大街 12 号　邮编：100081
电　　话　（010）82103898（编辑室）（010）82106624（发行部）
　　　　　（010）82109702（读者服务部）
传　　真　（010）82106631
网　　址　http: // castp.caas.cn
经 销 者　各地新华书店
印 刷 者　北京建宏印刷有限公司
开　　本　185 毫米 ×260 毫米 1 /16
印　　张　15
字　　数　360 千字
版　　次　2023 年 11 月第 1 版　2023 年 11 月第 1 次印刷
定　　价　268.00 元

《中国菰和菰黑粉菌功能基因组学研究》
著者名单

主　著	闫　宁	张忠锋	叶子弘	
副主著	张雅芬	解颜宁	于秀婷	祁倩倩	李宛鸿
	夏文强	张　宇	商连光		

著　者（按姓氏笔画排序）

丁安明	马　晴	王　超	王书卿	王晓彤
王惠梅	卞加慧	石松柏	田　田	申民翀
申国明	付秋娟	任　杰	刘艳华	刘新民
汤近天	许立峰	杜咏梅	杨　娟	杨　婷
李士玉	李亚丽	吴传银	邱　杰	余佳佳
张　玉	张　鹏	张　鑫	张广雨	张中进
张怀宝	张洪博	张彬涛	林晓阳	孟　霖
孟凡鲁	胡　鹏	胡贺贺	胡映莉	荆常亮
赵文涛	侯小东	俞晓平	袁　源	袁晓龙
徐方正	徐宗昌	徐建华	殷淯梅	郭得平
高　林	高丽丹	高丽伟	曹乾超	崔海峰
隋　毅	韩　晓	葛倩雯	童红宁	窦玉青
谭家能				

中国菰（*Zizania latifolia*，$2n=34$）属于禾本科稻亚科稻族菰属，原产于中国，在中国、日本、韩国以及东南亚均有分布，有时又称东亚菰。中国菰的颖果称为菰米，菰米在我国古代是重要的"六谷"（稻、黍、稷、粱、麦和菰）之一。中国人食用菰米的历史可以追溯到 3 000 年前的周代，在唐代以前中国菰就已被当作粮食作物栽培，供帝王食用。世界上的菰属植物包括产于亚洲的中国菰以及产于北美洲的水生菰（*Z. aquatica*）、沼生菰（*Z. palustris*）和得克萨斯菰（*Z. texana*）。其中，中国菰和得克萨斯菰为多年生植物，水生菰和沼生菰为一年生植物。水生菰主要生长于美国东部和南部的圣劳伦斯河沿岸。沼生菰广泛分布于美国和加拿大五大湖地区的浅水湖泊和河流，其籽粒大且产量高，已在北美地区作为传统食品数百年，目前主要在明尼苏达州和加利福尼亚州人工栽植。得克萨斯菰主要生长于美国得克萨斯州的圣马可斯河，目前已被美国列为濒危物种。中国菰资源极其丰富，除西藏外，全国各地的湖泊、沟塘、河溪和湿地均有生长，以长江中下游和淮河流域的一些水面更为常见。作为水稻近缘属的一个禾本科作物物种，中国菰和水稻在生长习性上相似，又具有栽培稻丢失的许多优良性状，如高蛋白、高生物量、耐深水、耐稻瘟病和灌浆速度异常快等，是克服水稻育种遗传资源狭窄瓶颈的一种重要潜在育种材料。中国菰感染菰黑粉菌（*Ustilago esculenta*）后形成膨大肉质茎——茭白，在我国是仅次于莲藕的第二大水生蔬菜。据史料记载，大约在汉代末期，中国菰在生长过程中出现被菰黑粉菌侵染形式的膨大肉质茎，这对中国菰而言是一种病态器官，导致其不能开花结籽。原本这属于农业病害，但人们发现菰黑粉菌侵染中国菰形成的茭白口感鲜嫩甜滑，于是逐渐开始将其作为蔬菜食用。自唐代起，茭白开始作为蔬菜种植，从此菰米被茭白取代而逐渐消失。因此，中国菰的开发利用经历了一个由谷物到蔬菜的演变过程。

以恢复中国菰米产业为目标，中国农业科学院烟草研究所（中国农业科学院青岛特种作物研究中心）首次构建了中国菰染色体水平基因组，开展了中国菰落粒性和类黄酮合成关键基因功能解析；阐明了中国菰米发育过程中籽粒着色的分子机制。同时，为阐明菰黑粉菌诱导茭白肉质茎膨大的机制，中国计量大学首次完成了菰黑粉菌基因组测序，开展了菰黑粉菌重要功能基因研究。

　　《中国菰和菰黑粉菌功能基因组学研究》是近年来在中国菰和菰黑粉菌功能基因组学研究方面最新科研成果的系统总结，对从事生物化学与分子生物学、作物学、园艺学和植物保护等领域研究的科研人员和广大师生具有重要的参考价值。该书既是一本研究性专著，也可作为相关专业高年级本科生和研究生的教学参考书使用。

中国科学院院士

崖州湾国家实验室副主任

2023 年 10 月

前　言
PREFACE

中国菰（*Zizania latifolia*，2*n*=34）属于禾本科稻亚科稻族菰属，原产于中国。中国菰的颖果称为菰米，菰米在我国古代是重要的"六谷"之一。中国先民采集食用菰米的历史最早可以追溯到 3 000 年前的周代，菰米在中国古代是一种供奉帝王的珍贵食材。与稻米相比，菰米粒型更为细长，两端渐尖，皮层棕黑色、有光泽，胚乳呈白色、质脆，其果实由谷壳和颖果组成。菰米是一种营养和保健价值高、风味独特的健康食品。菰米由皮层、胚和胚乳组成，属于全谷物，不仅富含蛋白质、膳食纤维、必需脂肪酸、不饱和脂肪酸以及多种维生素和矿物质，还含有丰富的植物甾醇、γ- 谷维素、γ- 氨基丁酸、酚酸和类黄酮等生物活性物质，加工过程中还会产生一种令人愉快的坚果香味。值得关注的是，作为由野生向驯化过渡的一个物种，中国菰是扩大和丰富水稻育种基因库的理想野生资源，它保留了大量驯化作物所丢失的天然优异性状，如不感稻瘟病、茎秆粗壮、分蘖力强、耐低温、耐淹灌、灌浆成熟快、生物产量高、籽粒蛋白质及赖氨酸含量高于稻米等。大约 2 000 年前，中国菰被菰黑粉菌（*Ustilago esculenta*）侵染导致地上的茎膨大而形成鲜美多汁肉质可食用的菌瘿——茭白。自唐代起，茭白开始作为蔬菜种植，目前在我国是仅次于莲藕的第二大水生蔬菜，而菰米逐渐被作为中药利用，由于其易落粒、产量低，现今已经很少被作为粮食食用。

近年来，中国农业科学院烟草研究所（中国农业科学院青岛特种作物研究中心）以服务农业供给侧结构性改革和乡村振兴战略实施为主线，以解决烟草和特种作物产业发展中的关键问题为引领，认真聚焦研究方向，做大做强优势学科，挖掘拓展新兴学科；以推进实施科技创新工程为抓手，以"一主体两拓展"发展定位为导向，稳步向农业关键共性技术和功能农业领域拓展，在实践中落实好"四个面向"重要指示精神，为全面推进乡村振兴和加快建设农业强国提供强有力的科技支撑。以恢复中国菰米产业为目标，我们首次构建了中国菰染色体水平基因组，开展了中国菰落粒性和类黄酮合成关键基因功能解析；阐明了中国菰米发育过程中籽粒着色的分子机制。同时，为阐明菰黑粉菌诱导茭白肉质茎膨大的机制，中国计量大学首次完成了菰黑粉菌基因组测序，开展了菰黑粉菌重要功能基因研究。

本书第1~4章是张忠锋研究员主持的中国农业科学院科技创新工程（ASTIP-TRIC05）和闫宁副研究员主持的中国农业科学院青年创新专项（Y2023QC34）、中央级公益性科研院所基本科研业务费专项（1610232018003、1610232020008、1610232021006和1610232023003）的相关研究成果。本书第5~8章是叶子弘教授主持的国家自然科学基金区域创新发展联合基金项目（U20A2043）、国家自然科学基金面上项目（31470785）、国家自然科学基金青年科学基金项目（31000357）和张雅芬副教授主持的国家自然科学基金青年科学基金项目（31600634）的相关研究成果。

本书是一部系统阐述中国菰和菰黑粉菌功能基因组学研究进展的专著。全书共分8章，第1~4章主要介绍中国菰和北美沼生菰的驯化、育种、组学和功能基因研究以及中国菰落粒性和类黄酮合成关键基因功能解析、中国菰米发育过程中籽粒着色的分子机制研究；第5~8章主要介绍菰黑粉菌交配型位点、菌株分化与菌丝交配、内切葡聚糖酶、丝裂原活化蛋白激酶等重要功能基因研究。全书由闫宁、张忠锋和叶子弘主著，张雅芬、解颜宁、于秀婷、祁倩倩、李宛鸿、夏文强、张宇和商连光副主著。

由于著者水平有限，不足之处在所难免，望广大读者批评、指正。

著 者
2023 年 9 月 8 日

目 录
CONTENTS

1

中国菰和北美沼生菰的驯化、育种、组学和功能基因研究综述

解颜宁[1]，祁倩倩[1]，李宛鸿[1]，李亚丽[1]，张宇[1]，王惠梅[2]，张雅芬[3]，叶子弘[3]，郭得平[4]，
张忠锋[1]，闫宁[1]

（1.中国农业科学院烟草研究所；2.中国水稻研究所；3.中国计量大学生命科学学院；
4.浙江大学农业与生物技术学院）

摘要

中国菰（*Zizania latifolia*）属于禾本科稻亚科稻族菰属水生植物，具有极高的经济价值，可以为野生动物提供栖息地，为人类提供谷物和蔬菜，用于造纸原料和控制水体富营养化，具有一定的药用价值。作为由野生向驯化过渡的一个物种，中国菰是扩大和丰富水稻育种基因库的理想野生资源，保留了大量驯化作物所丢失的天然的优异性状。随着中国菰和北美沼生菰基因组测序的完成，在解析菰属植物的起源和驯化以及重要农艺性状的遗传基础方面取得了显著进展，并将加快菰属植物的驯化。本章对近几十年中国菰和北美沼生菰的食用历史与经济价值、驯化过程与育种目标、组学以及功能基因研究4个方面进行综述，这些见解将进一步扩展我们对菰属植物的驯化育种思路，并推动人类对野生植物的驯化改良。

1.1　前言

菰属植物共包括4个种，分别是水生菰（*Zizania aquatica*）、沼生菰（*Zizania palustris*）、得克萨斯菰（*Zizania texana*）和中国菰（*Zizania latifolia*）（Makela et al., 1998）（表1-1）。菰属植物大约在2 600万~3 000万年前从稻属中分化出来，而沼生菰和中国菰

彼此分化出来的时间大约在 600 万~800 万年前（Haas et al., 2021）。地理分布的不同以及生态环境差异使得分布于东亚的中国菰和北美的水生菰、沼生菰和得克萨斯菰在形态学及生育周期上有较大差异，北美的 3 种菰因生长环境较为相似，因此在形态学上的差别相对较小。水生菰生长在加拿大安大略省南部、魁北克省和东海岸以及美国的大西洋和墨西哥湾沿岸的佛罗里达州和路易斯安那州。值得关注的是，得克萨斯菰仅分布在美国得克萨斯州圣马科斯河沿岸的一小块区域，已被美国联邦政府列为濒危物种（Poole et al., 1999; Richards et al., 2004; Tolley-Jordan et al., 2007）。相比之下，沼生菰则分布较为广泛，分布于加拿大艾伯塔省、马尼托巴省和萨斯喀彻温省等沿海省份以及北美五大湖区周边与大草原交叉地带（Duvall et al., 1993; Xu et al., 2010）。在北美五大湖区域，曾广泛分布的野生菰种群现已濒临灭绝，但随着人们对其保护意识的逐渐提高，野生菰生长栖息地的衰减已得到缓解（Lu et al., 2005）。中国菰与 3 种北美菰在表型上具有明显的不同，中国菰原产于中国，除西藏外，其分布在中国各地的河流、湖泊、沟渠、池塘和水田中，特别是在长江和淮河流域，在日本、韩国以及东南亚也有分布，有时被称为东亚菰（Chen et al., 2017; Fan et al., 2016）。

表 1-1　菰属植物的基本信息比较

类型	分布	生长类型	染色体数目	经济作物	收割方法	参考文献
水生菰	加拿大、美国	一年生	$2n=30$	否	人工采摘	Xu et al., 2010
沼生菰	加拿大沿海省份和北美五大湖周边地区	一年生	$2n=30$	是	机械收割	Haas et al., 2021; McGilp et al., 2020
得克萨斯菰	美国得克萨斯州圣马科斯河沿岸	多年生	$2n=30$	否	人工采摘	Poole et al., 1999; Richards et al., 2004; Tolley-Jordan et al., 2007
中国菰	中国、日本、韩国	多年生	$2n=34$	是	人工采摘	Chen et al., 2017; Fan et al., 2016; Yan et al., 2022

菰米是禾本科菰属植物的颖果，属于全谷物，粒形较稻米细长，两端渐尖，皮层黑褐色、有光泽，胚乳呈乳白色、质脆（Surendiran et al., 2014）。菰米作为一种高蛋白、低脂肪的健康食品，其血糖生成指数较低、蛋白质功效比值高、氨基酸组成合理，而且富含膳

食纤维、维生素和矿物质（Yu et al., 2020; Zhai et al., 2001）。除营养物质外，菰米还含有丰富的生物活性物质，包括植物甾醇、γ－谷维素、γ－氨基丁酸和酚类化合物等（Yu et al., 2022）。大量研究表明，全谷物的摄入有利于降低心血管疾病、肥胖、癌症和糖尿病等慢性病的发生风险（Juan et al., 2017）。在21世纪初，国际上启动了健康谷物项目，旨在提高全谷物中有助于降低胆固醇和调节血糖代谢作用的膳食纤维含量，以及有助于降低心脑血管等慢性疾病发病率的生物活性物质含量（Ward et al., 2008; Juan et al., 2017）。

菰米是美洲印第安人的一种传统食物，并逐渐融入全球更多人的饮食结构中（Qiu et al., 2010）。20世纪60年代末，人们对北美菰米落粒性成功驯化后，北美菰米获得了极高的商业价值。目前，北美沼生菰的大规模商业种植主要集中在美国的明尼苏达州和加利福尼亚州（McGilp et al., 2020）。中国菰米在我国食用历史悠久，主要分布在长江流域，从上游的四川一直分布到江苏、浙江。随着唐宋以后中国南方人口的增长、农业的发展以及湖泊逐渐萎缩，中国菰的生长面积不断下降（Yan et al., 2018）。此外，随着水稻种植面积增加以及稻米产量的不断提高，降低了人们对菰米作为主食的需求。因此，菰米逐渐从人们的生活中消失（Yan et al., 2018），在现代中国并不被经常食用。相比之下，菰米在北美却作为一种昂贵且受欢迎的食物被人们所熟知。

随着人口不断增长，预计到2050年，世界人口将超过90亿。为此需要更多的农产品来满足日益增长的粮食需求，然而城市化速度的加快以及可用于农业的土地、水和人力等资源的减少，对粮食需求的满足提出了进一步的挑战（Zhang et al., 2022）。目前的小麦、水稻和玉米等主要粮食作物均为一年生作物，每次收获后都必须重新种植，每年的耕种带来了严重的社会经济和生态环境问题，如种子投入量大、农机具投入增加、水土流失加剧和土壤养分流失等（Lobell et al., 2011）。因此，选育多年生粮食作物势在必行，而作为多年生作物的中国菰，可成为应对粮食安全和环境挑战的一个新途径（Glover et al., 2010）。同时，菰属植物因其较高的营养价值和保健作用而备受人们青睐。中国菰不仅种植效益高、经济价值大，而且其主要生长在湖泊和湿地中，具有不与粮争地的先天优势（Yu et al., 2022）。菰米作为营养丰富的全谷物食品，其地上部的植物组织还可作为优质的工业原材料，具有极高的经济价值。因此，菰属植物的选育驯化成为当今作物育种的一个重要方向，选育适宜大规模商业种植的菰米品种可以为种植者带来可观的经济收益。如今，基因组学在水稻等农作物中的广泛应用，为作物驯化和杂种优势利用等提供了新的途径（Huang et al., 2012; Huang et al., 2016; Yu and Li, 2022）。特别是遗传学以及基因组学等多组学方法已成功应用于作物的遗传改良，通过分子设计实现了更高效和更精准的育种（Zeng et al., 2017; Wu et al., 2021）。本章从中国菰和北美沼生菰的食用历史与经济价值、驯化过程与育种目标、组学与功能基因研究等方面，对近几十年菰属植物的研究成果进行综述，为高产、优质、抗逆等菰属植物的驯化与育种提供有力的理论支持。

1.2 中国菰和北美沼生菰的食用历史和经济价值

菰属植物，尤其是沼生菰和中国菰，具有极高的经济价值，包括为野生动物提供栖息地；为人类提供谷物和蔬菜；用作造纸原材料；扩展水稻基因库；控制水体富营养化；具有一定的药用价值（图 1-1）。

图 1-1 中国菰（A）和沼生菰（B）的应用价值

注：A-1~A-5 代表中国菰开花后不同阶段的花序。

1.2.1 北美沼生菰的食用历史和经济价值

沼生菰是禾本科的一年生水生谷物（Kennard et al., 2002; Zaitchik et al., 2000），是目前唯一被驯化并大面积推广种植的菰属粮食作物。菰米是一种营养丰富的谷物，它最常出现在美国中北部和加拿大南部五大湖区域的浅水湖泊、河流和沿海地区。沼生菰为许多鸟类、哺乳动物、鱼类和无脊椎动物提供栖息地。北美菰参与水生营养循环，有助于稳定沿海河流湿地的沉积物（Meeker, 1996），在当地食物网、养分和水循环以及湿地生态中发挥着重要作用（Drewes et al., 2012）。几个世纪以来，当地原住民从五大湖区域的湖泊和河流中收获菰米，并将其作为一种粮食作物进行人工种植（Hayes et al., 1989）。菰米被认为是一种高价值的作物，因其营养丰富而备受推崇，被归类为全谷物食品，通常含有 75% 以上的碳水化合物、6.2% 的膳食纤维、14.7% 的蛋白质和 1.1% 的脂质（Yan et al., 2018; Yu et al., 2021）。此外，菰米的抗氧化活性是白米的 10~15 倍，蛋白质含量是白米的 2 倍，膳食纤维含量是白米的 5 倍，必需氨基酸含量是白米的 2 倍，菰米脂肪含量低，而且大多数脂肪主要由 ω-6(35.0%~37.8%) 和 ω-3(20.0%~31.5%) 不饱和脂肪酸组成（Aladedunye et al., 2013; Bunzel et al., 2002; Surendiran et al., 2014; Timm and Slavin, 2014; Wiser, 1975）。早期的美洲原住民，尤其是欧及布威族人、梅诺米尼人和克里人，认为菰米是一种传统食物（Lorenz and Lund, 1981），17 世纪欧洲人陆续进入北美五大湖区，一个名叫享尼平的神父第一次看到印第安人收获菰米的情景，描述道：不经过任何耕种，五大湖区生长着丰富的水生燕麦（Steeves, 1952）。后来觉得水生燕麦不够贴切又将其改称为野生稻，此名沿袭传播开来，菰米便被误称为野生稻（Horne and Kahn, 1997）。

从历史上来看，沼生菰在当地具有重要的经济价值。直到今天，这些部落的原住民依旧人工收获并销售菰米，这些收入对他们来说极其重要（Drewes and Silbernagel, 2012）。在密歇根州、威斯康星州北部以及明尼苏达州东北部的大部分地区，原住民人工收获菰米的权利都是受到法律保护的（Walker et al., 2006）。虽然早在几个世纪以前就有印第安人手工采集菰米食用，但是直到 18 世纪中叶才有研究人员首次提出将其作为栽培作物来驯化，而再到 1 个世纪以后的 1950 年才首次真正实现菰米的水田种植和收割，其中产量最高的是明尼苏达州和加利福尼亚州。沼生菰籽粒较大，且具有可观的菰米产量。据统计，1987 年从北美五大湖区采集收获的沼生菰米总量逾千万吨，但是离完全驯化作物还相去甚远，因为仍然无法克服熟期不一致和种子易落粒等问题（Oelke and Albrech, 1978; Drewes and Silbernagel, 2012）。目前，加拿大、匈牙利和澳大利亚等国已经形成了菰米的商业化生产体系（Qiu et al., 2009）。然而，水生菰和得克萨斯菰籽粒纤细、产量低，且分布范围及种群大小相较于沼生菰相差甚远，导致它们并未被广泛采集食用，因此对于他们的驯化和研究也相对较少（Oxley et al., 2008）。

1.2.2 中国菰的食用历史和经济价值

中国先民采集食用菰米的历史最早可以追溯到 3 000 年前的周代，菰米在中国古代是一种供奉帝王的珍贵食材，其历史地位甚至超过了其他谷物（Yan et al., 2018）。中国菰的经济价值主要体现在 2 个方面：一方面是中国菰米作为营养价值丰富的全谷物食品得到越来越多人的认可；另一方面是中国菰的驯化栽培种茭白，也具有重要的经济价值（Yan et al., 2018; Yu et al., 2020）。大约 2 000 年前，中国菰被菰黑粉菌侵染导致地上的茎膨大而形成鲜美多汁肉质可食用的菌瘿——茭白。基于中国菰的这种特性，我国先民将其驯化成了一种水生蔬菜（Zhao et al., 2018; Tu et al., 2019）。目前，中国茭白栽培总面积在 60 000 hm² 以上，仅次于莲藕，是中国栽培面积第二的水生蔬菜（Yan et al., 2018）。茭白作为一种著名的水生蔬菜，不仅在中国得到了广泛的种植与推广，还被引种到日本、韩国以及东南亚地区，种植茭白是中国南方地区不少家庭的重要经济来源（Guo et al., 2007; Xu et al., 2010; Yan and Wang et al., 2013）。茭白不仅作为一种口感鲜嫩脆甜的蔬菜被人们喜爱，而且能够为人体提供碳水化合物、蛋白质、维生素、矿物质和必需氨基酸等（Yan et al., 2018）。同时，酶处理的中国菰提取物（enzyme-treated *Zizania latifolia* extract,

ETZL）能够清除自由基，阻止肝脏甘油三酯和丙二醛水平的增加，显著降低了 t-BHP 诱导的 HepG2 细胞毒性和活性氧的产生，并通过上调抗氧化防御机制来改善饮酒过量导致的肝损伤从而防止酒精中毒（Chang et al., 2021; Gao et al., 2022）。同时，ETZL 可以抑制紫外线照射后人体皮肤细胞基质中金属蛋白酶的产生，从而帮助皮肤抵抗紫外线（Park et al., 2019）。

中国菰的颖果被称为中国菰米，在中国古代属于"六谷"（稻、黍、稷、粱、麦、菰）之一。作为谷物利用的中国菰主要以野生形态存在，尚未被人工驯化（Yan et al., 2022）。菰米食用历史可追溯到 3 000 年前的周代，唐宋以后，由于菰米易落粒、产量低而逐渐被水稻取代，随后菰米逐渐作为中药材使用。明代李时珍《本草纲目》中就有将菰米用于治疗消渴症（糖尿病）和胃肠疾病的记载（Yu et al., 2022）。菰米属于全谷物，具有很高的营养价值，含有丰富的蛋白质、必需氨基酸、脂肪酸、维生素以及各种微量元素（Yan et al., 2018）。由于中国菰的落粒性极强，不易收获而产量极低，给人工种植带来极大的不利影响。因此，如何创制难落粒的育种材料是中国菰驯化育种的重中之重（Xie et al., 2022）。值得关注的是，作为由野生向驯化过渡的一个物种，中国菰是扩大和丰富水稻育种基因库的理想野生资源，保留了大量驯化作物所丢失的天然优异性状，如不感稻瘟病、茎秆粗壮、分蘖力强、耐低温、耐淹灌、灌浆成熟快、生物产量高、籽粒蛋白质及赖氨酸含量高于普通稻米等（Chen et al., 2012; Ye et al., 2016），可以为打破水稻育种遗传资源狭窄瓶颈提供重要的优异性状基因供体材料（Yan et al., 2022）。例如，中国菰和水稻远缘杂交使水稻稻瘟病抗性增强（Wang et al., 2013）。远缘杂交水稻材料中含有极少量的中国菰物种专属的 DNA 序列，而且推测这些外源 DNA 片段导入水稻基因组导致的广泛的胞嘧啶甲基化变异、转座子激活以及由此导致的序列变异可能是渐渗杂交系中一些性状变异的主要原因（Liu et al., 2004; Shan et al., 2005; Wang et al., 2005）。由于具备许多优良性状，菰属植物有可能成为今后水稻分子育种的理想基因来源之一。同时，开发多年生粮食作物不仅有利于生态持续发展，同时还能为应对粮食安全和环境挑战提供一个新的途径。作为多年生粮食作物，从野生中国菰驯化出适宜大面积种植的中国菰栽培种，既能满足人口日益增长带来的粮食需求及多元化的营养需求，还可以缓解耕地缩减和资源紧张带来的各种环境挑战。

已有研究表明，中国菰具有相当大的固碳潜力（Li et al., 2022），而且其在水体氮磷富营养化情况下可以表现出比其他植物更为卓越的吸收能力。水体氮磷富营养化是现代农业和工业带来的一个负面影响，微生物降解和植物吸收是安全有效的治理水体氮磷富营养化的措施（Liu et al., 2007）。因此，在水体富营养及重金属污染区种植中国菰，并按季节收割清理和保持适度的植被量可能是污染治理的有效措施。在工业生产中，中国菰也得到了极大的应用，利用茭白采收后残留的茎叶通过硫酸盐法制浆造纸，制作的纸张在物理性能评测（撕裂强度、拉伸强度和破裂强度）的结果中与传统瓦楞集装箱纸张没有明显区别（Chen et al., 2022）。

1.3 中国菰和北美沼生菰的驯化过程和育种目标

作物驯化是现代农业的起源，它是一个漫长而复杂的进化过程（Pickersgill, 2007; Vaughan et al., 2007）。人类对植物的野生种进行栽培和驯化改良，使其形态和生理均发生改变从而满足人类生活和生产需要，对于农业的发展具有重要意义。随着世界人口的不断增长，尽管目前全球的农作物产量保持稳定增长，但是植物学家仍然面临着确保粮食安全的巨大挑战以应对人口的快速增长和气候变化（Ma et al., 2015; Ren et al., 2005）。

1.3.1 北美沼生菰的驯化过程和育种目标

与小麦、水稻、玉米等主要粮食作物相比，沼生菰的育种和商业化生产时间较短。印第安人数百年前开始人工采集菰米食用，但是直到大约 1853 年才有人提出沼生菰可以作为一种作物来种植。1950 年，明尼苏达州北部农民成功收获了第一批人工种植的沼生菰；1962 年，"本大叔"公司（Uncle Ben's Company）与明尼苏达州的沼生菰种植者签订了购买和销售菰米的合同；1972 年，一些农民在稻田中种植沼生菰，但是他们对沼生菰的落粒性强导致籽粒收获较少的情况束手无策。沼生菰种植者寻求明尼苏达大学农学和植物遗传学中心帮助他们改良沼生菰，从而得到适宜大规模种植的栽培品种。因此，明尼苏达大学建立了一个专门的科研团队进行野生北美菰的商业化驯化，这个科研团队的工作在 40 年后的今天仍在继续。目前，育种家驯化沼生菰的主要目标集中在各个生长性状，如降低籽粒成熟后的落粒性和提高籽粒成熟期一致性等。落粒性是野生植物适应自然环境和保持群体繁衍的重要性状（Zhang et al., 2009），被认为是鉴定野生植物成功驯化的直接形态学依据（Ray and Chakraborty, 2018）。尽管较强的落粒性能够使北美菰将更多的种子传播到周围环境中，有利于其自我繁殖和种群保存，但是从农业方面来看，若能够使其落粒性减弱或丧失，则能够促进种子成熟后的有效收集，从而避免产量的损失（Lv et al., 2018; Yan et al., 2015）。在沼生菰种植过程中，因为落粒性太强而造成的收获损失在 24 小时内就可以达到总收获量的 10%~20%，如果在收获季，其种子成熟期的损失可达到 70%（Kennard et al., 2002）。因此，育种家把减少种子成熟后的落粒性作为北美菰驯化的首要目标。最近，研究人员通过对沼生菰和水稻基因组的共线性分析，确定了沼生菰种子落粒性候选基因，并筛选了 20 个与水稻种子落粒基因 *SH4*、*qSH1*、*SH5*、*SH1*、*SHAT1* 和 *OsLG1* 同源的基因（Haas et al., 2021）。

明尼苏达大学沼生菰育种计划的重要组成部分是利用常规育种方法进行沼生菰的品种选育，通过选择可能显著提高栽培品种产量和生产效率的优秀表型性状来改良植物，并进而创制重要的种质资源。利用植物育种的表型群体重复选择方法，在作物改良方面取得了成功，并推动了改良沼生菰品种的发布（Kennard et al., 1999）。目前，一些北美菰杂交品种已经开始商业种植，其中"Itasca-C12"于 2007 年由明尼苏达州栽培菰米委员会发布，是一种落粒性较低、适宜机械化收割、种植面积最大和经济价值最高的品种。因此，"Itasca-C12"成为北美菰米行业的一个标准，被用于沼生菰的基因组测序（Haas et al., 2021）和种子休眠研究（McGilp et al., 2022）。这些人工选育后的沼生菰主要生长在明尼苏达州和加利福尼亚州（Haas et al., 2021）。除了落粒性强外，沼生菰的种子还具有中等程度的顽拗性和不耐脱水等特性，这将种子在异地储存中的生存能力限制为 1~2 年。除非每年进行种子维护，否则沼生菰种子不能储存在种子库或储存库中，这对沼生菰的保护和繁殖计划都提出了挑战（McGilp et al., 2022）。种子休眠是指在通常有利的环境条件下，如适宜的水、氧、温度和光照等条件下，种子没有萌发（Hilhorst, 1995）。沼生菰种子至少有 3~6 个月的休眠期，其休眠期受到温度、种皮稳定性和植物激素（如脱落酸和赤霉酸）等的影响（Cardwell, 1978）。在禾本科植物中，98.6% 的物种分类为耐干燥，而只有 0.8% 和 0.6% 的物种分别是顽拗性和中间性的。沼生菰种子通常被认为是顽拗的，而其耐脱水程度受储藏温度、干燥速率和代谢活动程度的影响（Berjak and Pammenter, 2008; Kovach and Bradford, 1992; Probert and Longley, 1989）。在胚胎含水量低至 6% 的特定干燥条件下，沼生菰种子可以在干燥后存活（Kovach and Bradford., 1992）。因此，如何保持菰米种子的活力及生命力对沼生菰育种工作至关重要（Jin et al., 2005; Kennard et al., 1999）。

1.3.2　中国菰的驯化过程及育种目标

中国菰的经济价值主要体现在水生蔬菜茭白和菰米两个方面（Yan et al., 2018）。中国菰的幼嫩茎秆受到菰黑粉菌侵染之后，会膨大形成肉质可食用的菌瘿，基于中国菰的这种特性，我国先民将其驯化成为一种水生蔬菜，称为茭白（Guo et al., 2007；Guo et al., 2015）。中国菰在与菰黑粉菌长期共生互作的过程中失去了开花结实和有性繁殖的能力，只能以其地下的根状茎为营养体进行无性繁殖（Guo et al., 2015）。菰黑粉菌主要寄生在茭白植株的根部及地下根状茎，在寄主体内完成其整个生命周期（Jose et al., 2016; Yan and Xu et al., 2013）。茭白的驯化历史已有 2 000 多年（Guo et al., 2015; Yan et al., 2018），中国目前有 100 多个茭白品种，茭白已成为我国南方地区很多农户家庭的重要经济来源（Guo et al., 2007）。根据结茭习性，栽培茭白可分为单季茭与双季茭，单季茭品种要多于双季茭，一般认为双季茭是由单季茭选育而来。单季茭在秋季结茭，其结茭主要受到日照的影响，需要短日照的刺激；而双季茭不仅可以在秋季正常结茭，还能在翌年春夏季再次结茭，其结茭时间对光照不敏感，但受环境温度的影响（Guo et al., 2015）。茭白与中国菰在株型、繁殖方式和结茭行为上存在明显分化，自然状态下中国菰被菰黑粉菌侵染后形成的肉质茎个体很小，其中充满黑色冬孢子，这是茭白的最原始类型，即灰茭白（图 1-2）。相比之下，栽培茭白株型紧凑、直立，肉质茎肥大且内无或仅有零星冬孢子，即正常茭白（Yan and Wang et al., 2013a）。大部分地区的中国菰种群和茭白品种的遗传变异及亲缘关系具有明显的种群结构，中国菰种群遗传变异处于中低水平，而茭白遗传变异非常低，并推测茭白为单起源（Xu et al., 2008）。Zhao 等（2019）认为，栽培茭白可能由中国菰在长江下游发生单次驯化而来。茭白的驯化以及栽培品种的多样性会受到菰黑粉菌遗传变异的影响，正常茭白和发生返祖突变形成的灰茭白中的菰黑粉菌菌株在形态和ITS（internally transcribed spacer, 内源转录间隔区）序列上存在差异，发现两者在形态和遗传上皆出现了明显分化（You et al., 2011）。

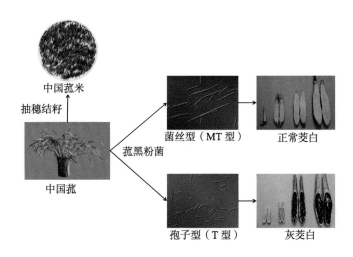

图 1-2　中国菰自然生长结实的菰米及受菰黑粉菌侵染后形成的茭白（正常茭白及灰茭白）

注：图中菰黑粉菌为单倍体菌株，菌丝型（MT 型）黑粉菌单倍体长、多位点芽殖，而孢子型（T 型）黑粉菌单倍体短、正常芽殖、基本没有多位点芽殖现象。

1.4　中国菰和北美沼生菰的组学研究

1.4.1　中国菰和北美沼生菰的基因组学研究

　　参考基因组是任何物种遗传和基因功能研究的基础，基于基因组建立的系统发育学已被证明是研究高等植物进化关系的有力工具（Jansen et al., 2007; Moore et al., 2010）。截至2020 年，北美菰基因组研究仅限于使用少量分子标记进行的研究，包括同工酶（Lu et al., 2005）、限制性片段长度多态性（Kennard et al., 1999; Kennard et al., 2002）、简单序列重复和单核苷酸多态性（single nucleotide polymorphism, SNP）（Shao et al., 2020）分子标记等。值得关注的是，与参考基因组的比对可以更容易地为研究人员在目标基因和性状之间的功能关系以及重要的生理生化机制和物种内遗传多样性结构等方面提供研究支撑。研究人员组装了沼生菰栽培品种"Itasca-C12"的高质量基因组，并将98.53%的序列锚定到 15条染色体上，装配长度为 1.29Gb，序列高度重复（表 1-2）。对分化时间的估计表明，菰属与稻属大约在 2 600 万 ~3 000 万年前发生了分化，而北美沼生茭和中国茭的分化时间大约在 600 万 ~800 万年前。该基因组的组装和注释为稻族的比较基因组学提供了重要参考，并为沼生茭未来的保护和育种工作奠定了基础（Haas et al., 2021）。

由于缺乏高质量基因组，中国茭的遗传学和功能基因的研究远远落后于水稻等重要的禾本科作物。中国茭是雌雄同株的异交作物，具有严重的近交抑制，这也增加了其遗传图谱研究的难度。叶绿体具有独立基因组，被认为是内共生起源的细胞器。中国茭叶绿体基因组是典型的环状双链 DNA 分子，具有大多数陆生植物基因组共有的 4 部分结构，基因组大小、整体结构、基因数量和基因顺序都非常保守（Zhang et al., 2016）。中国茭叶绿体基因组长度为 136 501bp，该序列由直接纯化的叶绿体 DNA 基因组测序生成，编码 110 个独特的基因，包括 77 个蛋白质编码基因、29 个 tRNA 基因和 4 个 rRNA 基因（Zhang et al., 2016）。Guo 等（2015）首次采用二代测序技术完成了野生中国茭"HSD2"基因组测序，并对由茭黑粉菌侵染中国茭形成茭白膨大茎的分子机制进行了转录组分析。由于技术限制和缺乏遗传连锁图谱，中国茭基因组仅在支架水平进行了组装，相对分散，Contig N50 仅为 13kb（表 1-2）。随后，Yan 等（2022）利用三代测序技术对中国茭"Huai'an"基因组进行了序列测定和染色体水平基因组构建，共有 545.36Mb 的基因组序列被定位到 17 条染色体上（占比 99.63%），而对应的序列数为 300 条，最长的为 49.61Mb，最短的为 17.01Mb（表 1-2）。此外，在中国茭基因组上的装配（Contig N50=4.48Mb）显示出比之前完成的"HSD2"基因组（Contig N50=13kb）长 343.62 倍。通过基因组注释，在组装后的基因组中鉴定到 289.5Mb（52.89%）的重复序列，明显高于先前已组装版本的 227.50Mb（37.70%）（Yan et al., 2022）。

表 1-2　中国茭和沼生茭基因组信息的比较

分类	品种或品系	染色体	基因组大小/Mb	基因数	Contig N50/Mb	Scaffold N50/Mb	重复序列比例/%	参考文献
中国茭	HSD2	17	604.1	43 703	0.012 8	0.59	37.7	Guo et al., 2015
沼生茭	Itasca-C12	15	1 288.77	46 491	0.37	98.8	76	Haas et al., 2021
中国茭	Huai'an	17	547.4	38 852	4.48	32.79	52.89	Yan et al., 2022

1.4.2　中国茭的转录组研究

转录组学是从整体转录水平系统研究基因转录图谱并揭示复杂生物学通路和性状调控网络分子机制的学科（Ponting et al., 2009）。以往的研究发现，茭黑粉菌的真菌致病性相关基因和参与植物激素生物合成的宿主基因可导致中国菰的茎膨大（Wang et al., 2017；Li et al., 2021；Zhang et al., 2021）。有人提出，来自菰黑粉菌中的两种 Cys2-His2（C2H2）锌指蛋白 GME3058_g 和 GME5963_g 可能在茭白膨大茎形成初始阶段的真菌生长和感染阶段起作用（Zhang et al., 2021）。许多与效应子和孢子形成相关的基因在菰黑粉菌中明显上调（Wang et al., 2020），并且在茭白茎膨大形成初始和随后的过程中具有阶段特异性表达模式（Wang et al., 2017）。Wang 等（2020）研究发现，菰黑粉菌孢子型（T）菌株黑色素生物合成基因的表达量高于菌丝型（MT）菌株，T 型菌株比 MT 型菌株具有更强的致病性和孢子形成能力。该研究为不同类型的茭白（正常茭白和灰茭白）膨大茎的形成提供了两种类型的基因调控网络（Wang et al., 2020）。在茭白茎膨大的过程中，大量与寄主植物激素合成、代谢和信号转导有关的基因表达被激活，并表现出特定的表达模式，特别是 ZIYUCCA9（黄素单加氧酶，为吲哚 -3- 乙酸生物合成途径中的关键酶）基因表达量显著提高（Zhang et al., 2021）。菰黑粉菌侵染前后，茭白中的差异表达基因主要位于植物激素信号转导途径、苯丙烷生物合成以及淀粉和蔗糖等代谢途径。虽然有研究人员提出"植物激素和细胞壁松弛因子模式"模型来解释茭白茎膨大的共生机制（Li et al., 2021），但细胞分裂素应该比生长素在茭白茎膨大中发挥更重要的作用（Wang et al., 2017；Li et al., 2021）。

1.4.3　中国菰的蛋白质组学研究

蛋白质组学是以蛋白质组为研究对象，研究细胞、组织或生物体蛋白质组成及其变化规律的科学（Singh et al., 2016）。同位素标记相对和绝对定量（iTRAQ）技术是近年来应用于定量蛋白质组学的高通量筛选技术，并能显示出较好的定量结果，且具有令人满意的重现性。研究人员根据中国菰米发芽过程中酚类化合物的变化规律，选择具有代表性的发芽后 36 h（G36）和 120 h（G120），应用 iTRAQ 技术进行中国菰米发芽过程中酚类化合物积累机制的蛋白质组学分析。结果显示，在 G120 和 G36 时期之间的差异表达蛋白主要与代谢途径、次级代谢产物生物合成和苯丙烷类生物合成有关（Chu et al., 2019）。中国菰米蛋白质含量是普通水稻的 2 倍，聚丙烯酰胺凝胶电泳结果表明，中国菰米的主要种子蛋白为谷蛋白，包括酸性和碱性亚基。研究人员对中国菰米和水稻种子中的总蛋白进行了二维电泳分析，肽质量指纹图谱结果表明，谷蛋白前体咖啡酰辅酶 A-O- 甲基转移酶和推测的类双向体蛋白可以为提高水稻籽粒品质提供良好的基因来源（Jiang et al., 2016）。菰黑粉菌至少通过 7 种代谢途径和 5 种主要的生物过程来突破宿主的防御，在中国菰中成功繁殖。通过结合透射电子显微镜和荧光显微镜观测从菰黑粉菌侵染和未侵染的中国菰顶端分生组织下方的菰黑粉菌侵染区域提取的蛋白质发现，在细胞间和细胞内菌丝的形态发生了转变和运动，而孢子的形成则发生在细胞内。该研究发现的差异调节蛋白揭示了菰黑粉菌可以使植物的花序组织被膨大的肉质茎取代以及中国菰对菰黑粉菌感染产生抗性的原因

（Jose et al., 2019）。

1.4.4 中国菰和北美沼生菰的代谢组学研究

植物代谢组学通过分析植物组织中的代谢物在特定外界条件下的变化来研究基因功能和表型之间的关系，进而研究这些基因的功能以及植物代谢物的代谢途径（Oliver, 1997）。植物的代谢网络是自然界中最复杂的代谢网络之一，通常分为初生代谢和次生代谢，然而由于它们之间密切相关，因此这两种类型的代谢之间并没有明显的界限，目前，植物中已经找到约 20 万种代谢物（Wink, 1988）。随着研究的深入，越来越多的科研人员通过代谢组与其他组学相结合的方法对菰属植物进行深入研究（Luo et al., 2012; Luo et al., 2019）。茭白是中国栽种面积第二的水生蔬菜，经济价值巨大。然而，由于呼吸障碍、外壳黄化、表面褐变、蒸腾作用和组织空洞，茭白在采后储藏期间的质量会降低（Luo et al., 2012; Luo et al., 2019）。研究人员认为茭白采后衰老过程中发生的生理、生化和分子生物学变化规律以及开发减缓茭白衰老和提高保存质量的采后处理方法值得进行深入研究。采用整合的转录组学和代谢组学方法对 25℃储藏期间茭白衰老的机制进行深入的研究，结果表明，茭白衰老与活性氧的积累、乙烯的生物合成、细胞膜降解和非生物胁迫引起的能量代谢消耗密切相关。衰老也可能与鸟氨酸脱羧酶、多胺氧化酶、茉莉酸氨基合成酶、对冠状病毒不敏感蛋白、对油菜素内酯不敏感的激酶抑制剂、丝裂原活化蛋白激酶、钙调素和过氧化氢酶基因以及有机酸、L- 丙氨酸和 γ - 亚麻酸含量变化有关（Bata Gouda et al., 2022）。在 1- 甲基环丙烯处理下观察到这些基因、代谢产物和酶的活性发生了变化，从而能够延迟茭白采收后的衰老（Bata Gouda et al., 2022）。Qian 等（2023）发现，茭白在冷藏过程中的木质化受到呼吸爆发氧化酶同源物介导的 ROS 信号的调节。这些研究提高了对茭白采后衰老机制的认识，对保持茭白采后质量和保质期延长提供了重要参考。

随着生活水平的提高，菰米的营养价值逐渐受到人们的重视，其作为营养丰富、药食两用的优质全谷物食品逐渐进入了人们的餐桌，菰米的营养成分解析及利用成为研究热点。对中国菰和沼生菰种子之间的差异代谢物代谢途径分析发现，苯丙烷生物合成途径的代谢物显著富集，357 种差异代谢物表现出明显的分组模式，其中 5 种花青素和 4 种儿茶素衍生物的相对含量在中国菰和沼生菰种子之间存在显著差异（Yan et al., 2019）。另外，中国菰米的总酚、总黄酮和总原花青素含量显著高于籼稻、粳稻和红米（Yu et al., 2021）。基于 UHPLC-QqQ-MS 的代谢组学方法在中国菰米和无色稻米中共鉴定出 159 种黄酮类化合物，其中 78 个存在差异表达。京都基因和基因组百科全书（Kyoto Encyclopedia of Genes and Genomes, KEGG）注释分类表明，中国菰米和无色稻米差异表达的黄酮类物质主要与花青素的生物合成有关（Yu et al., 2021）。在中国菰米的籽粒发育过程中，果皮中总酚和总原花青素含量逐渐增加，而总黄酮和游离氨基酸含量逐渐下降。代谢组学分析显示，57 种黄酮类化合物与果皮颜色变化有关，呈逐渐上升趋势。蛋白质组学分析表明，苯丙烷生物合成代谢途径中富含差异表达蛋白，并与类黄酮生物合成相关（Yu et al.，2022）。该研究探讨了中国菰米发育过程中果皮颜色变化的分子基础，这些结果不仅为中国菰米黄酮生物合成和积累的研究提供了新的视角，也为利用现代生物技术手段获得富含黄酮的谷物奠定了基础。

1.5 中国菰和北美沼生菰的功能基因研究

菰属植物作为一个由野生向驯化过渡的物种，保留了众多驯化作物所丢失的优异性状，为现代水稻育种提供了潜在的品种改良基因来源，是扩大和丰富水稻育种基因来源的理想野生资源（Yan et al.，2022）。Guo 等（2015）和 Yan 等（2022）发现，中国菰和水稻的基因组具有高度的共线性。系统发育分析表明，中国菰与水稻的亲缘关系更为密切，分化时间约在 1 970 万~3 100 万年之间（Yan et al.，2022）。然而，杂交不亲和阻碍了这些有价值的性状向水稻的转移。近年来，随着植物分子育种的快速发展，研究人员通过转基因技术成功将菰属植物中令人感兴趣的基因转入到水稻等模式植物中，使菰属植物中越来越多的重要基因得到功能验证与应用。Abedinia 等（2000）利用含有高分子量沼生菰 DNA 和潮霉素抗性基因的质粒 pGL2 轰击水稻愈伤组织，选择具有沼生菰谷粒特征的转基因植物进行分析。扩增片段长度多态性分析结果表明，通过此种方法可以成功地将大量来自沼生菰的 DNA 转入水稻中。菰属植物相较于水稻具有更好的抗逆性。白叶枯病是一种维管束病害，水稻在遭受白叶枯病侵害后，一般表现为叶片干枯、不实率增加、米质松脆和千粒重降低，一般减产 20%~30%，严重时减产 50% 以上，甚至绝收（Antony et al.，2010; Lee et al.，2005）。近年来已育成的水稻品种的白叶枯病抗性正在逐年丧失。为了打破这一局面，从野生稻及菰属植物资源中发掘或找回这些丢失的有利基因成为一条可行的途径。研究人员基于抗性基因同源序列设计特异性引物，从中国菰基因组文库中筛选到一个抗病基因。对扩增片段核苷酸序列比对分析发现，*ZR1* 由激酶 1a、激酶 2、激酶 3a 和 GLPL(Gly-Leu-Pro-Leu) 的保守基序组成，是 NBS-LRR 型抗性基因的一部分。通过农杆菌介导转化水稻品种得到对白叶枯病 PXO71 具有明显抗性的过表达植株，推测该 TAC 克隆中至少包含 1 个水稻白叶枯病抗性基因，将之命名为 *ZIBBR1*（Shen et al.，2011）。

中国菰的幼嫩茎秆受到菰黑粉菌侵染之后，茎尖会膨大形成肉质可食用的菌瘿，细胞分裂素在这一过程中起到了关键作用（Wang et al.，2017）。双组分信号转导系统（two-component signal transduction system, TCS）将细胞分裂素与细胞核内具有转录调控功能的受体相连接，并在多种生物过程中发挥重要作用。通过对茭白的 TCS 基因进行了全基因组鉴定以及转录组学分析茎部膨大过程中 TCS 基因的表达情况，最终确定 *ZlCHK1*、*ZlRRA5*、*ZlRRA9*、*ZlRRA10*、*ZlPRR1* 和 *ZlPHYA* 表达与茭白膨大茎的形成有关。其中，*ARR5*、*ARR9* 和 *ZlPHYA* 被反式玉米素快速诱导，表明细胞分裂素信号传导在茭白茎膨大过程中起作用（He et al., 2020）。菰白基因组中含有 11 个几丁质酶基因（*ZlChi1~ZlChi11*），在盐、热、低温、干旱和应激激素脱落酸等非生物胁迫条件下，菰白中大多数几丁质酶基因存在表达差异。Zhou 等（2020）在非生物胁迫条件下，采用定量逆转录 PCR 方法测定了菰白 11 个几丁质酶基因的表达谱，研究结果揭示了菰白中复杂的胁迫响应网络，这是首次报道菰白基因组中所有几丁质酶基因在低温、热、ABA、盐或干旱胁迫下的表达分析，该报告为解析中国菰几丁质酶基因家族在非生物胁迫中的作用提供了基本信息和见解。

作为全谷物食品，中国菰米被认为是天然的保健食品（Yu et al., 2022）。中国菰米的营养成分较普通稻米更为丰富，尤其是赖氨酸含量显著高于稻米，前者为 0.62 g ± 0.07 g，后者为 0.26 g ± 0.02 g。编码赖氨酸生物合成关键酶的二氢吡啶二羧酸合酶（DHDPS）基因在赖氨酸含量的积累中起着重要作用。Kong 等（2009）克隆并鉴定了中国菰 DHDPS 基因，将其命名为 *ZlDHDPS*。*ZlDHDPS* 序列与 GenBank 中已知的植物 *DHDPS* 具有高度一致性。反转录 PCR（reverse transcription PCR，RT-PCR）分析显示，*ZlDHDPS* 的表达是组织特异性的，并且在快速生长的组织和生殖组织中高水平表达。Qi 等（2023）通过基因组共线性和同源性分析发现，中国菰中的 *ZlRc*（Zla16G011250）与水稻中的 *Rc*（LOC_Os07g110200）为同源基因。使用亚细胞定位和水稻转基因对 ZlRc 进行了功能验证，结果表明 ZlRc 参与促进酚类化合物的积累，并定位于细胞核内（Qi et al., 2023）。值得注意的是，ZlRc 过表达水稻的种皮是棕色的，而野生型水稻的种皮为无色（Qi et al., 2023）。ZlRc 过表达水稻的总酚类、总黄酮和总原花青素含量、抗氧化活性以及酶抑制作用显著高于野生型水稻（Qi et al., 2023）。这些发现表明，ZlRc 过表达促进了水稻种子酚类化合物的积累，并可用于水稻酚类化合物的生物强化。通过中国菰和水稻的基因组共线性和同源分析发现，中国菰中 *ZlqSH1a*（Zla04G033720）、*ZlqSH1b*（Zla02G027130）基因与水稻 *qSH1*（LOC_Os01g62920）基因为直系同源基因（Yan et al., 2022）。利用亚细胞定位和转水稻基因过表达对 *ZlqSH1a* 和 *ZlqSH1b* 进行功能验证，结果表明，这些基因参与调节离层的发育，并定位于细胞核中。通过扫描电镜及激光共聚焦显微镜观测发现，*ZlqSH1a* 和 *ZlqSH1b* 的过表达导致籽粒和花梗之间形成完整的离层，并能够在水稻籽粒成熟后显著增强种子落粒性（Xie et al., 2022）。中国菰种子落粒性相关基因功能的研究为进一步改善其种子落粒性和快速驯化提供了新的靶点。

1.6 结论和展望

综上所述，菰属植物是一种高经济价值作物，可以为人类提供营养丰富的谷物及蔬菜。随着遗传学及分子生物学的快速发展，中国菰和沼生菰的基因组测序工作已经完成，这加快了研究人员对菰属植物中基因和性状之间的功能关系、重要的生理生化过程以及物种内遗传多样性的研究速度，也为菰属植物的驯化与应用奠定了扎实的基础。由于具备许多优良性状，菰属植物有可能成为今后水稻分子育种的理想基因来源之一。驯化野生作物不仅有利于生态持续发展，同时还能为应对粮食安全和环境挑战提供一个新的途径。然而对菰属植物的研究同样存在一些不足，以下研究领域值得关注。

一是菰属植物种质资源的收集、鉴定和改良。研究者应该对菰属植物种质资源进行调查、收集、保存和鉴定，建立种质资源圃。采用化学（如甲磺酸乙酯）或物理（如辐射）诱变技术改良菰属植物种质。参照北美菰的驯化途径进行中国菰的驯化育种，筛选出具有种子落粒性降低、开花早、成熟期一致和结实率高等优良性状的植株。

二是菰米功能成分分析。利用现代分离（如溶剂萃取）、纯化（如大孔吸附树脂纯化）和结构鉴定（如光谱和非光谱法）等技术对菰米生物活性物质进行分离和结构鉴定，准确分析抗性淀粉、膳食纤维、黄酮、皂苷、花青素、叶绿素、植物甾醇等生物活性物质的组成和含量。

参考文献

ABEDINIA M, HENRY R J, BLAKENEY A B, et al., 2000. Accessing genes in the tertiary gene pool of rice by direct introduction of total DNA from *Zizania palustris* (wild rice)[J]. Plant Molecular Biology Reporter, 18(2): 133–138.

ALADEDUNYE F, PRZYBYLSKI R, RUDZINSKA M, et al., 2013. γ-Oryzanols of North American wild rice (*Zizania palustris*)[J]. Journal of the American Oil Chemists Society, 90(8): 1101–1109.

ANTONY G, ZHOU J H, HUANG S, et al., 2010. Rice xa13 recessive resistance to bacterial blight is defeated by induction of the disease susceptibility gene Os-*11N3*[J]. Plant Cell, 22(11): 3864–3876.

BATA GOUDA M H, PENG S, YU R Y, et al., 2022. Transcriptomics and metabolomics reveal the possible mechanism by which 1-methylcyclopropene regulates the postharvest senescence of *Zizania latifolia*[J]. Food Quality and Safety, 6: fyac003.

BERJAK P, PAMMENTER N W, 2008. From *Avicennia* to *Zizania*: seed recalcitrance in perspective[J]. Annals of Botany, 101(2): 213–228.

BUNZEL M, ALLERDINGS E, SINWELL V, et al., 2002. Cell wall hydroxycinnamates in wild rice (*Zizania aquatica* L.) insoluble dietary fibre[J]. European Food Research and Technology, 214: 482–488.

CARDWELL V B, 1978. Seed dormancy mechanisms in wild rice (*Zizania aquatica*)[J]. Agronomy Journal, 70(3): 481–484.

CHANG B Y, KIM H J, KIM T Y, et al., 2021. Enzyme-treated *Zizania latifolia* extract protects against alcohol-induced liver injury by regulating the NRF2 pathway[J]. Antioxidants, 10(6): 960.

CHEN H, YANG T, WANG J H, et al., 2022. Study on the application of *Zizania latifolia* straw in papermaking[J]. Bioresources, 17(3): 5106–5115.

CHEN Y Y, CHU H J, LIU H, et al., 2012. Abundant genetic diversity of the wild rice *Zizania latifolia* in central China revealed by microsatellites[J]. Annals of Applied Biology, 161(2): 192–201.

CHEN Y Y, LIU Y, FAN X R, et al., 2017. Landscape-scale genetic structure of wild rice *Zizania latifolia*: the roles of rivers, mountains and fragmentation[J]. Frontiers in Ecology and Evolution, 5: 17.

CHU C, YAN N, DU Y M, et al., 2019. iTRAQ-based proteomic analysis reveals the accumulation of bioactive compounds in Chinese wild rice (*Zizania latifolia*) during germination[J]. Food Chemistry, 289: 635–644.

DREWES A D, SILBERNAGEL J, 2012. Uncovering the spatial dynamics of wild rice lakes, harvesters and management across great lakes landscapes for shared regional conservation[J]. Ecological Modelling, 229: 97–107.

DUVALL M R, PETERSON P M, TERRELL E E, et al., 1993. Phylogeny of North American oryzoid grasses as construed from maps of plastid DNA restriction sites[J]. American Journal of Botany, 80(1): 83–88.

ELLIOTT W A, PERLINGER G J, 1977. Inheritance of shattering in wild rice[J]. Crop Science, 17(6): 851–853.

FAN X R, REN X R, LIU Y L, et al., 2016. Genetic structure of wild rice *Zizania latifolia* and the implications for its management in the Sanjiang Plain, Northeast China[J]. Biochemical Systematics and Ecology, 64: 81–88.

GAO Y, CHEN H J, LIU R L, et al., 2022. Ameliorating effects of water bamboo shoot (*Zizania latifolia*) on acute alcoholism in a mice model and its chemical composition[J]. Food Chemistry, 378: 132122.

GLOVER J D, REGANOLD J P, BELL L W, et al., 2010. Increased food and ecosystem security via perennial grains[J]. Science 328: 1638–1639.

GUO H B, LI S M, PENG J, et al., 2007. *Zizania latifolia* Turcz. cultivated in China[J]. Genetic Resources and Crop Evolution, 54: 1211–1217.

GUO L B, QIU J, HAN Z J, et al., 2015. A host plant genome (*Zizania latifolia*) after a century - long endophyte infection[J]. Plant Journal, 83(4): 600–609.

HAAS M, KONO T, MACCHIETTO M, et al., 2021. Whole-genome assembly and annotation of northern wild rice, *Zizania palustris* l., supports a whole-genome duplication in the *Zizania* genus[J]. Plant Journal,107(6): 1802–1818.

HAYES P M, STUCKER R E, WANDREY G G, 1989. The domestication of American wildrice[J]. Economic Botany, 43: 203–214.

HE L L, ZHANG F, WU X Z, et al., 2020. Genome-wide characterization and expression of two-component system genes in cytokinin-regulated gall formation in *Zizania latifolia*[J]. Plants, 9(11): 1409.

HILHORST H W M, 1995. A critical update on seed dormancy. I. Primary dormancy[J]. Seed Science Research, 5(2): 61–73.

HORNE F, KAHN A, 1997. Phylogeny of North American wild rice, a theory[J]. The Southwestern Naturalist, 42(4): 423–434.

HORNE F R, KAHN A, 2000. Water loss and viability in Zizania (Poaceae) seeds during short-term desiccation[J]. American Journal of Botany, 87(11): 1707–1711

HUANG X H, KURATA N, WEI X H, et al., 2012. A map of rice genome variation reveals the origin of cultivated rice[J]. Nature, 490: 497–501.

HUANG X H, YANG S H, GONG J Y, et al., 2016. Genomic architecture of heterosis for yield traits in rice[J]. Nature, 537: 629–633.

JANSEN R K, CAI Z Q, RAUBESON L A, et al., 2007. Analysis of 81 genes from 64 plastid genomes resolves relationships in angiosperms and identifies genome-scale evolutionary patterns[J]. Proceedings of the National Academy of Sciences of the United States of America, 104(49): 19369–19374.

JIANG M X, ZHAI L J, YANG H, et al., 2016. Analysis of active components and proteomics of Chinese wild rice (*Zizania latifolia* (Griseb) Turcz) and Indica rice (Nagina22)[J]. Journal of Medicinal Food, 19(8): 798–804.

JIN I D, YUN S J, MATSUISHI Y, et al., 2005. Changes in the water content and germination rate during seed desiccation and their inter-specific differences among *Zizania* species[J]. Journal of the Faculty of Agriculture Kyushu University, 50(2): 573–583.

JOSE R C, BENGYELLA L, HANDIQUE P J, et al., 2019. Cellular and proteomic events associated with the localized formation of smut-gall during *Zizania latifolia–Ustilago* esculenta interaction[J]. Microbial Pathogenesis, 126: 79–84.

JOSE R C, GOYARI S, LOUIS B, et al., 2016. Investigation on the biotrophic interaction of *Ustilago esculenta* on *Zizania latifolia* found in the Indo-Burma biodiversity hotspot[J]. Microbial Pathogenesis, 98: 6–15.

JUAN J, LIU G, WILLETT W C, et al., 2017. Whole grain consumption and risk of ischemic stroke results from 2 prospective cohort studies[J]. Stroke, 48(12): 3203–3209.

KENNARD W, PHILLIPS R, PORTER R, et al., 1999. A comparative map of wild rice (*Zizania palustris* L. 2*n*=2*x*=30)[J]. Theoretical and Applied GenETICS, 99: 793–799.

KENNARD W C, PHILLIPS R L, PORTER R A, 2002. Genetic dissection of seed shattering, agronomic, and color traits in American wildrice (*Zizania palustris* var. interior L.) with a comparative map[J]. Theoretical and Applied Genetics, 105: 1075–1086.

KONG F N, JIANG S M, MENG X B, et al., 2009. Cloning and characterization of the DHDPS gene encoding the lysine biosynthetic enzyme dihydrodipocolinate synthase from *Zizania latifolia* (Griseb)[J]. Plant Molecular Biology Reporter, 27: 199–208.

KOVACH D A, BRADFORD K J, 1992. Temperature dependence of viability and dormancy of *Zizania palustris* var. *interior* seeds stored at high moisture contents[J]. Annals of Botany, 69(4): 297–301.

LEE B M, PARK Y J, PARK D S, et al., 2005. The genome sequence of *Xanthomonas oryzae* pathovar *oryzae* KACC10331, the bacterial blight pathogen of rice[J]. Nucleic Acids Research, 33(2): 577–586.

LI J, LU Z Y, YANG Y, et al., 2021. Transcriptome analysis reveals the symbiotic mechanism of *Ustilago esculenta*-induced gall formation of *Zizania latifolia*[J]. Molecular Plant-Microbe Interactions, 34(2): 168–185.

LI W J, TAN L, ZHANG N, et al., 2022. Phytolith-occluded carbon in residues and economic benefits under rice/single-season *Zizania latifolia* rotation[J]. Science of the Total Environment, 836: 155504.

LIU J G, DONG Y, XU H, et al., 2007. Accumulation of Cd, Pb and Zn by 19 wetland plant species in constructed wetland[J]. Journal of Hazardous Materials, 147(3): 947–953.

LIU Z L, WANG Y M, SHEN Y, et al., 2004. Extensive alterations in DNA methylation and transcription in rice caused by introgression from *Zizania latifolia*[J]. Plant Molecular Biology, 54: 571–582.

LOBELL D B, SCHLENKER W, COSTA-ROBERTS J, 2011. Climate trends and global crop production since 1980[J]. Science, 333(6042): 616–620.

LORENZ K, LUND D, 1981. Wild rice: the Indian's staple and the white man's delicacy[J]. Critical Reviews in Food Science and Nutrition, 15: 281–319.

LU R, CHEN M, FENG Y, et al., 2022. Comparative plastome analyses and genomic resource development in wild rice (*Zizania* spp., Poaceae) using genome skimming data[J]. Industrial Crops and Products, 186: 115244.

LU Y Q, WALLER D M, DAVID P, 2005. Genetic variability is correlated with population size and reproduction in American wild-rice (*Zizania palustris* var. *palustris*, Poaceae) populations[J]. American Journal of Botany, 92(6): 990–997.

LUO H B, JIANG L, ZHANG L, et al., 2012. Quality changes of whole and fresh-cut Zizania latifolia during refrigerated (1 ℃) storage[J]. Food and Bioprocess Technology, 37: 1411–1415.

LUO H B, ZHOU T, KONG X X, et al., 2019. iTRAQ-based mitochondrial proteome analysis of the molecular mechanisms underlying postharvest senescence of *Zizania latifolia*[J]. Journal of Food Biochemistry, 43(12): e13053.

LV S W, WU W G, WANG M H, et al., 2018. Genetic control of seed shattering during African rice domestication[J]. Nature Plants, 4: 331–337.

MA Y, DAI X, XU Y, et al., 2015. Cold1 confers chilling tolerance in rice[J]. Cell, 160(6): 1209–1221.

MAKELA P, ARCHIBOLD O W, PELTONEN-SAINIO P, 1998. Wild rice - a potential new crop for Finland[J]. Agricultural and Food Science, 7(5-6): 583–597.

MCGILP L, DUQUETTE J, BRAATEN D, et al., 2020. Investigation of variable storage conditions for cultivated Northern wild rice and their effects on seed viability and dormancy[J]. Seed Science Research, 30(1): 21–28.

MCGILP L, SEMINGTON A, KIMBALL J, 2022. Dormancy breaking treatments in Northern wild rice (*Zizania palustris* L.) seed suggest a physiological source of dormancy[J]. Plant Growth Regulation, 98: 235–247.

MEEKER J E, 1996. Wild-rice and sedimentation processes in a lake superior coastal wetland[J]. Wetlands, 16: 219–231.

MOORE M J, SOLTIS P S, BELL C D, et al., 2010. Phylogenetic analysis of 83 plastid genes further resolves the early diversification of eudicots[J]. Proceedings of the National Academy of Sciences of the United States of America, 107(10): 4623−4628.

OELKE E A, ALBRECHT K A, 1978. Mechanical scarification of dormant wild rice seed[J]. Agronomy Journal, 70(4): 691−694.

OLIVER S G, 1997. Yeast as a navigational aid in genome analysis[J]. Microbiology, 143(5): 1483−1487.

OXLEY F M, ECHLINI A, POWER P, et al., 2008. Travel of pollen in experimental raceways in the endangered Texas wild rice (*Zizania texana*)[J]. The Southwestern Naturalist, 53(2): 169−174.

PARK S H, LEE S S, BANG M H, et al., 2019. Protection against UVB-induced damages in human dermal fibroblasts: efficacy of tricin isolated from enzyme-treated *Zizania latifolia* extract[J]. Bioscience, Biotechnology, and Biochemistry, 83(3): 551−560.

PICKERSGILL B, 2007. Domestication of plants in the Americas: insights from mendelian and molecular genetics[J]. Annals of Botany, 100(5): 925−940.

PONTING C P, OLIVER P L, REIK W, 2009. Evolution and functions of long noncoding RNAs[J]. Cell, 136(4): 629−641.

POOLE J, BOWLES D E, 1999. Habitat characterization of Texas wild-rice (*Zizania texana* Hitchcock), an endangered aquatic macrophyte from the San Marcos River, TX, USA[J]. Aquatic Conservation: Marine and Freshwater Ecosystems, 9(3): 291−302.

PROBERT R J, LONGLEY P L, 1989. Recalcitrant seed storage physiology in three aquatic grasses (*Zizania palustris, Spartina anglica* and *Porteresia coarctata*)[J]. Annals of Botany, 63(1): 53−64.

QI Q, LI W, YU X, et al., 2023. Genome-wide analysis, metabolomics, and transcriptomics reveal the molecular basis of *ZlRc* overexpression in promoting phenolic compound accumulation in rice seeds[J]. Food Frontiers, 4(2): 849−866.

QIAN C, JI Z, SUN Y, et al., 2023. Lignin biosynthesis in postharvest water bamboo (*Zizania latifolia*) shoots during cold storage is regulated by RBOH-mediated reactive oxygen species signaling[J]. Journal of Agricultural and Food Chemistry, 71, 3201−3209.

QIU Y, LIU Q, BETA T, 2009. Antioxidant activity of commercial wild rice and identification of flavonoid compounds in active fractions[J]. Journal of Agricultural and Food Chemistry, 57(16): 7543−7551.

QIU Y, LIU Q, BETA T, 2010. Antioxidant properties of commercial wild rice and analysis of soluble and insoluble phenolic acids[J]. Food Chemistry, 121: 140−147.

RAY A, CHAKRABORTY D, 2018. Shattering or not shattering: that is the question in domestication of rice (*Oryza sativa* L.)[J]. Genetic Resources and Crop Evolution, 65: 391−395.

REN Z H, GAO J P, LI L G, et al., 2005. A rice quantitative trait locus for salt tolerance encodes a sodium transporter[J]. Nature Genetics, 37: 1141−1146.

RICHARDS C M, REILLEY A, TOUCHELL D, et al., 2004. Microsatellite primers for Texas wild rice (*Zizania texana*), and a preliminary test of the impact of cryogenic storage on allele frequency at these loci[J]. Conservation Genetics, 5: 853−859.

SHAN X H, LIU Z L, DONG Z Y, et al., 2005. Mobilization of the active MITE transposons mPing and Pong in rice by introgression from wild rice (*Zizania latifolia* Griseb.)[J]. Molecular Biology and Evolution, 22(4): 976−990.

SHAO M Q, HAAS M, KERN A, et al., 2020. Identification of single nucleotide polymorphism markers for population genetic studies in *Zizania palustris* L.[J]. Conservation Genetics Resources, 12: 451−455.

SHAO Y F, XU F F, SUN X, et al., 2014. Phenolic acids, anthocyanins, and antioxidant capacity in rice (*Oryza sativa* L.) grains at four stages of development after flowering[J]. Food Chemistry, 143: 90−96.

SHEN W W, SONG C L, CHEN J, et al., 2011. Transgenic rice plants harboring genomic DNA from *Zizania latifolia* confer bacterial blight resistance[J]. Rice Science, 18(1): 17−22.

SINGH S, PARIHAR P, SINGH R, 2016. Heavy metal tolerance in plants: role of transcriptomics, proteomics, metabolomics, and ionomics[J]. Frontiers in Plant Science, 6: 1143.

STEEVES T A, 1952. Wild rice: Indian food and a modern delicacy[J]. Economic Botany, 6: 107−142.

SURENDIRAN G, ALSAIF M, KAPOURCHALI F R, et al., 2014. Nutritional constituents and health benefits of wild rice (*Zizania* spp.)[J]. Nutrition Reviews, 72(4): 227−236.

TIMM D A, SLAVIN J L, 2014. Wild rice: both an ancient grain and a whole grain[J]. Cereal Chemistry, 91(3): 207−210.

TOLLEY-JORDAN L R, POWER P, 2007. Effects of water temperature on growth of the federally endangered Texas wild rice (*Zizania texana*)[J]. The Southwestern Naturalist, 52(2): 201−208.

TU Z H, YAMADA S, HU D, et al., 2019. Microbial diversity in the edible gall on white bamboo formed by the interaction between *Ustilago esculenta* and *Zizania latifolia*[J]. Current Microbiology, 76:824−834.

VAUGHAN D A, BALAZS E, HESLOP-HARRISON J S, 2007. From crop domestication to super-domestication[J]. Annals of Botany, 100(5): 893−901.

WALKER R D, PASTOR J, DEWEY B W, 2006. Effects of wild rice (*Zizania palustris*) straw on biomass and seed production in Northern Minnesota[J]. Canadian Journal of Botany, 84(6): 1019−1024.

WANG Y M, DONG Z Y, ZHANG Z J, et al., 2005. Extensive de novo genomic variation in rice induced by introgression from wild rice (*Zizania latifolia* Griseb.)[J]. Genetics, 170(4): 1945−1956.

WANG Z D, YAN N, WANG Z H, et al., 2017. RNA-seq analysis provides insight into reprogramming of culm development in *Zizania latifolia* induced by *Ustilago esculenta*[J]. Plant Molecular Biology, 95: 533−547.

WANG Z H, YAN N, LUO X, et al., 2020. Gene expression in the smut fungus *Ustilago esculenta* governs swollen gall metamorphosis in *Zizania latifolia*[J]. Microbial Pathogenesis, 143: e104107.

WANG Z H, ZHANG D, BAI Y, et al., 2013. Genomewide variation in an introgression line of rice-*Zizania* revealed by whole-genome re-sequencing[J]. PLoS ONE, 8(9): e74479.

WARD J L, POUTANEN K, GEBRUERS K, et al., 2008. The healthgrain cereal diversity screen: concept, results, and prospects[J]. Journal of Agricultural and Food Chemistry, 56(21): 9699–9709.

WINK M, 1988. Plant breeding: Importance of plant secondary metabolites for protection against pathogens and herbivores[J]. Theoretical and Applied Genetics, 75: 225–233.

WISER E, 1975. Protein and lysine contents in grains of three species of wild-rice (Zizania; Gramineae)[J]. Botanical Gazette, 136(3): 312–316.

WU L M, HAN L Q, LI Q, et al., 2021. Using interactome big data to crack genetic mysteries and enhance future crop breeding[J]. Molecular Plant, 14(1): 77–94.

XIE Y N, YANG T, ZHANG B T, et al., 2022. Systematic analysis of bell family genes in *Zizania latifolia* and functional identification of ZlqSH1a/b in rice seed shattering[J]. International Journal of Molecular Sciences, 23(24): 15939.

XU X W, KE W D, YU X P, et al., 2008. A preliminary study on population genetic structure and phylogeography of the wild and cultivated *Zizania latifolia* (Poaceae) based on Adh1a sequences[J]. Theoretical and Applied Genetics, 116: 835–843.

XU X W, WALTERS C, ANTOLIN M F, et al., 2010. Phylogeny and biogeography of the eastern Asian–North American disjunct wild-rice genus (*Zizania* L., Poaceae)[J]. Molecular Phylogenetics and Evolution, 55(3): 1008–1017.

YAN H X, MA L, WANG Z, et al., 2015. Multiple tissue-specific expression of rice seed-shattering gene *SH4* regulated by its promoter pSH4[J]. Rice, 8: 12.

YAN N, DU Y, LIU X, et al., 2018. Morphological characteristics, nutrients, and bioactive compounds of *Zizania latifolia*, and health benefits of its seeds[J]. Molecules, 23(7): 1561.

YAN N, DU Y, LIU X, et al., 2019. A comparative UHPLC-QqQ-MS-based metabolomics approach for evaluating Chinese and North American wild rice[J]. Food Chemistry, 275: 618–627.

YAN N, WANG X Q, XU X F, et al., 2013. Plant growth and photosynthetic performance of *Zizania latifolia* are altered by endophytic *Ustilago esculenta* infection[J]. Physiological and Molecular Plant Pathology, 83: 75–83.

YAN N, XU X F, WANG Z D, et al., 2013. Interactive effects of temperature and light intensity on photosynthesis and antioxidant enzyme activity in *Zizania latifolia* Turcz. plants[J]. Photosynthetica, 51: 127–138.

YAN N, YANG T, YU X T, et al., 2022. Chromosome-level genome assembly of *Zizania latifolia* provides insights into its seed shattering and phytocassane biosynthesis[J]. Communications Biology, 5: 36.

YE Z H, CUI H F, AN X X, et al., 2016. Chilling tolerance in *Zizania latifolia*[J]. Horticultura Brasileira, 34(1): 39–45.

YOU W Y, LIU Q, ZOU K Q, et al., 2011. Morphological and molecular differences in two strains of *Ustilago esculenta*[J]. Current Microbiology, 62: 44–54.

YU H, LI J Y, 2022. Breeding future crops to feed the world through *de novo* domestication[J]. Nature Communications, 13: 1171.

YU X T, CHU M, CHU C, et al., 2020. Wild rice (*Zizania* spp.): a review of its nutritional constituents, phytochemicals, antioxidant activities, and health-promoting effects[J]. Food Chemistry, 331: 127293.

YU X T, QI Q Q, LI Y L, et al., 2022. Metabolomics and proteomics reveal the molecular basis of colour formation in the pericarp of Chinese wild rice (*Zizania latifolia*)[J]. Food Research International, 162: 112082.

YU X T, YANG T, QI Q Q, et al., 2021. Comparison of the contents of phenolic compounds including flavonoids and antioxidant activity of rice (*Oryza sativa*) and Chinese wild rice (*Zizania latifolia*)[J]. Food Chemistry, 344: 128600.

ZAITCHIK B F, LEROUX L G, KELLOGG E A, 2000. Development of male flowers in *Zizania aquatica* (North American wild-rice; Gramineae) [J]. International Journal of Plant Sciences, 161(3): 345–351.

ZENG D L, TIAN Z X, RAO Y C, et al., 2017. Rational design of high-yield and superior-quality rice[J]. Nature Plants, 3: 17031.

ZHAI C K, LU C M, ZHANG X Q, et al., 2001. Comparative study on nutritional value of Chinese and North American wild rice[J]. Journal of Food Composition and Analysis, 14(4): 371–382.

ZHANG D, LI K, GAO J, et al., 2016. The complete plastid genome sequence of the wild rice *Zizania latifolia* and comparative chloroplast genomics of the rice tribe Oryzeae, Poaceae[J]. Frontiers in Ecology and Evolution, 4: 88.

ZHANG L B, ZHU Q H, WU Z Q, et al., 2009b. Selection on grain shattering genes and rates of rice domestication[J]. New Phytologist, 184(3): 708–720.

ZHANG S, HUANG G, ZHANG Y, et al., 2022. Sustained productivity and agronomic potential of perennial rice[J]. Nature Sustainability, 6: 28–38.

ZHANG Z P, SONG S X, LIU Y C, et al., 2021. Mixed transcriptome analysis revealed the possible interaction mechanisms between *Zizania latifolia* and *Ustilago esculenta* inducing Jiaobai stem-gall formation[J]. International Journal of Molecular Sciences, 22(22): 12258.

ZHAO Y, SONG Z, ZHONG L, et al. 2019. Inferring the origin of cultivated *Zizania latifolia*, an aquatic vegetable of a plant-fungus complex in the Yangtze River basin[J]. Frontiers in Plant Science, 10: 1406.

ZHAO Y, ZHONG L, ZHOU K, et al., 2018. Seed characteristic variations and genetic structure of wild *Zizania latifolia* along a latitudinal gradient in China: Implications for neo-domestication as a grain crop[J]. Aob Plants, 10(6): ply072.

ZHOU N N, AN Y L, GUI Z C, et al., 2020. Identification and expression analysis of chitinase genes in *Zizania latifolia* in response to abiotic stress[J]. Scientia Horticulturae, 261: 108952.

2

中国菰 BELL 基因家族的系统分析及 *ZlqSH1a/ZlqSH1b* 在促进水稻落粒中的功能鉴定

解颜宁 [1]，杨婷 [1]，张彬涛 [2]，祁倩倩 [1]，丁安明 [1]，商连光 [2]，张宇 [1]，张忠锋 [1]，闫宁 [1]

（1. 中国农业科学院烟草研究所；2. 中国农业科学院深圳农业基因组研究所）

摘要

落粒造成的产量损失是作物驯化中的一个重要问题，阐明落粒的遗传调控机制有助于减少作物生产中的损失。本章研究首次系统地鉴定和分析了中国菰（*Zizania latifolia*）BELL 基因家族。其中，*ZlqSH1a*（Zla04G033720）和 *ZlqSH1b*（Zla02G027130）是水稻 *qSH1*（LOC_Os01g62920）的同源基因。通过转水稻功能验证发现，*ZlqSH1a* 和 *ZlqSH1b* 基因参与调控离层（AL）的发育，并定位于细胞核中。*ZlqSH1a* 和 *ZlqSH1b* 的过表达导致籽粒和花梗之间形成完整的离层，并且在水稻籽粒成熟后显著增强种子落粒性。转录组测序结果显示，172 个基因在野生型（WT）和 2 个转基因（*ZlqSH1a* 和 *ZlqSH1b* 过表达）植物之间差异表达。使用 qRT-PCR（real-time quantitative RCR, 实时定量 RCR）分析验证了与种子落粒相关的 3 个差异表达基因。结果表明，*ZlqSH1a* 和 *ZlqSH1b* 参与水稻籽粒的离层发育，从而调节种子落粒。本章的研究结果可对中国菰和其他禾谷类作物种子落粒性的遗传改良提供一定参考。

2.1 前言

落粒性是野生植物适应自然环境和维持种群繁衍的重要性状，也是作物驯化过程中最重要的标志之一（Zhang et al., 2009）。作物驯化大约开始于 10 000 年前（Doebley et al.,

2004; Salamini et al., 2002; Tanksley et al., 1997）。在作物驯化过程中，落粒性的减弱、种子形状的改变、休眠性的降低、籽粒数量的增加、株型及育性的改良等都是人工选择中的重要目标（Sweeney et al., 2007; Vaughan et al., 2007）。研究植物落粒性的遗传调控机制不仅对揭示野生植物驯化和改良的分子机理具有重要的理论意义，而且对野生作物的快速驯化及其产量提升具有重要的应用价值（Jiang et al., 2019; Wu et al., 2017）。

植物器官脱落的组织区域及其邻近的数层细胞被称为离区（abscission zone，AZ）。在脱落时，离区会分化出一到几层薄壁细胞形成离层（abscission layer，AL）（Li et al., 2006a）。离层位于护颖和枝梗之间，由一群小的薄壁细胞组成，相邻的细胞层具有厚实和木质化的细胞壁（Li et al., 2006b），有助于提供脱落时所需要的机械力（Ji et al., 2006）。随着离层和保护层形成，脱落信号启动离区细胞的降解和分离，实现植物器官的脱落。从进化角度来看，野生物种成熟后落粒是一种适应性特征，能够使植物将更多的种子传播到周围环境中，有利于自我繁殖和保存种群；从农业生产方面来看，落粒性的削弱使作物成熟后更容易被集中收获，极大地提高了产量，为人类的繁衍生息做出了重要贡献（Li et al., 2016a; Yan et al., 2015）。

中国菰（*Zizania latifolia*，2*n*=34）为多年生水生植物，属于禾本科稻族菰属，是与水稻亲缘关系除假稻属外最近的一个重要作物（Lu et al., 2022; Yu et al., 2021）。中国菰的颖果称为菰米，在中国作为粮食食用已经有3 000多年的历史，是古代供帝王食用的"六谷"（稻、黍、稷、粱、麦、菰）之一（Xu et al., 2015）。中国菰资源极其丰富，除西藏外，在中国各地的湖泊、沟塘、河溪和湿地均有分布，尤其以长江中下游和淮河流域最为常见（Yu et al., 2022）。菰米属于全谷物，含有丰富的蛋白质、必需氨基酸、脂肪酸、维生素以及各种微量元素（Yu et al., 2020; Fan et al., 2016）。明代李时珍《本草纲目》中记载，菰米作为中草药可用于糖尿病和胃肠疾病的辅助治疗。当代研究发现，菰米具有抗氧化损伤、改善胰岛素抵抗、减轻脂质毒性、控制体重预防肥胖、预防心血管疾病和癌症等作用（Chen et al., 2017; Sumczynski et al., 2017; Yan et al., 2018）。此外，中国菰还具有现代水稻栽培品种所缺乏的许多优良性状，作为由野生向驯化过渡的一个物种，天然地保留了大量驯化作物所丢失的优异性状（Chen et al., 2012），如不感稻瘟病、茎秆粗壮、分蘖力强、耐低温、耐淹灌、灌浆成熟快、生物产量高、籽粒蛋白质及赖氨酸含量高于普通稻米等（Shan et al., 2005）。然而，中国菰在种子成熟后具有较强的落粒性，籽粒容易自动脱落，不易收获，导致产量极低，这给中国菰的商业化种植带来极大的困难（Zhai et al., 1996）。美国育种家在20世纪50年代初期开始对北美菰进行人工选育，通过选育适宜机械化种植的低落粒型北美菰，成功实现了菰米商业化生产，每年向全世界出口大量菰米（Guo et al., 2007）。随着人们生活品质的日益提高，菰米的营养价值及保健功效得到越来越多人的认可。因此，中国菰作为一种重要的具有高营养价值、药用价值和生态价值的经济作物，值得进一步深入研究。

近年来国内外学者开展了大量有关植物落粒性的研究（Li et al., 2006b; Konishi et al., 2006; Pourkheirandish et al., 2015; Simons et al., 2006），为研究植物落粒性遗传调控提供了重要参考（Bull et al., 2018; Fu et al., 2019）。与野生稻相比，栽培稻落粒性的丧失是其驯化过程中的重要改变之一，也是野生稻向栽培稻过渡的重要标志（Wu et al., 2017; Zhou et al., 2012）。不同的水稻品种具有不同的离层形态：易落粒品种具有从表皮到接近维管束发育完全的离层，而难落粒品种没有离层或具有难降解的离层；中等落粒的品种在枝梗的内稃侧形成了部分发育的离层，或在内稃侧形成了完整的离层，但外稃侧的离层发育不规则（Ji et al., 2006）；不降解部分组成的支持区要比易落粒的品种宽，比难落粒的品种窄，从而导致中等落粒的性状出现。据报道，已克隆的与水稻落粒相关的基因至少有 12 个（苟亚军等，2019），这些基因编码转录因子或激酶，主要通过影响离层的发育或降解来调控落粒性（Lin et al., 2007; Zhou et al., 2012）。其中 *qSH1*（LOC_Os01g62920）是以易落粒的籼稻品种"Kasalath"与难落粒的粳稻品种"日本晴"的杂交组合为研究材料克隆到的基因，可解释两者 68.6% 的表型变异，被认为是控制离层发育和籽粒脱落的主效基因。*qSH1* 编码一个 BELL 型同源异型蛋白，在籼稻品种"Kasalath"和粳稻品种"日本晴"中的编码区序列一致，但起始密码子上游调控区域 12kb 处存在一个 SNP 变异（G/T），该变异引起 *qSH1* 在离层区域编码蛋白表达模式的变化，使粳稻品种的离层不能正常发育，导致落粒性丧失，这也是粳稻比籼稻难落粒的主要原因（Konishi et al., 2006）。

Gehring（1987）研究发现，一些基因突变后可产生同源表型，并从中分离得到一个极为保守的序列，称之为同源异型盒（homeobox）。同源异型盒基因编码具有同源异型盒结构域（homeodomain，HD）的一类转录调控因子，植物基因在整个生命周期中的特异表达受转录因子（transcription factors，TFs）的转录调控。植物转录因子家族包括 NAC（NAM、ATAF 和 CUC）、MADS（MADS-box）、ERF（ethylene response factor）和 TALE（three amino-acid loop extension）等（Bian et al., 2021; Dreni et al., 2014; Hamant et al., 2010; Mizoi et al., 2012）。典型的同源异型盒结构域由 60 个氨基酸组成，但 TALE 基因家族例外，其编码一个由 63 个氨基酸组成的非典型 DNA 结合结构域（Bertolino et al., 1995; Chen et al., 2003）。根据序列和进化上的差异，植物 TALE 基因家族可进一步分为 BELL（BEL1-like homeodomain）和 KNOX（KNOTTED1-like homeobox）2 个亚家族。随着新一代测序技术，生物信息学技术和分子生物学的快速发展，KNOX 和 BELL 家族基因已在不同物种中克隆并验证（Bian et al., 2021）。KNOX 家族基因主要参与细胞分化和茎尖分生组织的维持（Dreni et al., 2014），而 BELL 家族基因在植物发育（包括离层发育）、激素反应和胁迫反应的调控中发挥着重要作用（Bellaoui et al., 2001; Cole et al., 2006; Kanrar et al., 2006）。但不同植物中 BELL 基因家族成员数量不同。例如，苔藓基因组中有 4 个 BELLs 基因（Hamant et al., 2010），拟南芥中有 13 个（Arnaud et al., 2014），玉米中有 15 个（Niu et al., 2022），而水稻和马铃薯中各有 14 个（Mukherjee et al., 2009）。虽然不同物种 BELL

基因家族成员数量不同，但其编码的蛋白质在结构上具有高度保守性，都包含 SKY、BEL 和 HD 功能域（Becker et al., 2002）。多种具有不同活性的异源 BELL-KNOX 二聚体组合参与调控植物的生长发育，包括茎尖分生组织及其边界的维持、叶片发育和开花等（Hackbusch et al., 2005; Kanrar et al., 2008; Muller et al., 2001）。例如，在水稻中，BELL 基因 qSH1 和 SH5（shattering 5）通过促进离区发育和抑制木质素合成而参与水稻籽粒脱落。SHAT1（shattering abortion 1）和 SH4（shattering 4）是离区形成的必要调控因子。Yoon 等（2014）发现，SH5 可以诱导 SHAT1 和 SH4 的表达，促进离区形成和种子脱落。

Yan 等（2022）对中国菰和水稻的基因组共线性和同源分析发现，中国菰 ZlqSH1a（Zla04G033720）、ZlqSH1b（Zla02G027130）基因与水稻 qSH1（LOC_Os01g62920）为直系同源基因。目前，对中国菰全基因组 BELL 转录因子家族分析和单个 BELL 基因功能的研究均未见相关报道。本研究首先对中国菰全基因组 BELL 转录因子家族进行生物信息学分析，利用亚细胞定位和转水稻基因功能验证对 ZlqSH1a 和 ZlqSH1b 的功能进行验证，测定 ZlqSH1a/ZlqSH1b 过表达和野生型（WT）水稻种子成熟后籽粒的断裂拉伸强度（breaking tensile strength, BTS），观察 ZlqSH1a/ZlqSH1b 过表达与野生型植株离层组织和离层断裂面结构差异，最后对 ZlqSH1a/ZlqSH1b 过表达和野生型植株离区组织进行转录组测序，以确定 ZlqSH1a 和 ZlqSH1b 基因过表达对水稻籽粒离层基因表达的影响。通过在水稻中对 ZlqSH1a 和 ZlqSH1b 基因进行功能的挖掘和验证，探讨其在水稻离层发育中的作用，为选育低落粒型适宜商业种植的中国菰品种提供理论支撑和新的基因资源。

2.2 材料和方法

2.2.1 植株样品

本研究使用的中国菰植株采自江苏省淮安市金湖县白马湖村（33° 11′ 9″ N, 119° 9′ 37″ E）。大肠杆菌感受态 DH5α 和 T 载体购自生工生物工程（上海）股份有限公司。过表达载体 1390-UBI 由合肥戬谷生物科技有限公司提供。pCAMBIA1390-ubiquitin 过表达载体由武汉艾迪晶生物科技有限公司提供。每个种植盒加入等量水稻土和等体积水，试验设 3 次重复。

2.2.2 中国菰全基因组 BELL 转录因子家族分析

2.2.2.1 中国菰 BELL 转录因子家族的鉴定

在 PlantTFDB v3.0（http://planttfdb.gao-lab.org）下载水稻 BELL 蛋白序列。中国菰全基因组数据在中国国家基因组科学数据中心（https://ngdc.cncb.ac.cn/gwh/Assembly/22880/show）下载。以水稻 BELL 序列作为查询序列，首先利用 BLAST 软件鉴定出中国菰基因组中的候选 BELL 基因，其次在 PFAM 数据库（http://pfam.xfam.org）中下载 BELL 家族基因的隐马尔科夫模型（hidden markov model, HMM），最后利用 Pfam、NCBI 保守结构域（http://www.ncbi.nlm.nih.gov/Structure/cdd/wrpsb.cgi）和 SMART 数据库（http://smart.embl-heidelberg.de/）核对以确定 BELL 保守结构域的存在。

2.2.2.2　染色体定位分析和系统进化分析

提取所有 BELL 基因在中国菰基因组中的位置信息，利用在线工具 MapGene2Choromosomev2（http:/mg2c.iask.in/mg2c_v2.0）绘制 ZlBELL 家族基因的染色体定位图谱。利用 MEGA7 软件，使用邻接法（neighbor-joining，NJ）对中国菰和水稻的蛋白序列进行系统进化树的构建，其中校验参数 Bootstrap=1 000，其他参数均使用系统默认值。

2.2.2.3　基因结构和保守基序分析

利用 MEME 在线工具（http://meme-suite.org/tools/meme；最佳匹配长度为 6~50，最大基序数为 10）对提取到的 BELL 蛋白序列进行保守基序（motif）分析。使用基因结构显示系统 GSDS（http://gsds.gao-lab.org/index.php）绘制基因结构示意图。

2.2.3　引物序列

本章研究所使用引物序列如表 2-1 所示。

表 2-1　本章研究中使用的引物序列

引物名称	引物序列 (5'– 3')
ZlqSH1a-F	ATGTCGTCCGCCGTGGGG
ZlqSH1a-R	TCACCCAACAAAATCATGAAGC
ZlqSH1b-F	ATGTCGTCCGCCGCGGGT
ZlqSH1b-R	TCAACCAACAAAATCATGCAGG
ZlqSH1a-FP	caggtcgactctagaggatccATGTCGTCCGCCGTGGGG
ZlqSH1a-RP	tcttagaattcccggggatccTCACCCAACAAAATCATGAAGC
ZlqSH1b-FP	caggtcgactctagaggatccATGTCGTCCGCCGCGGGT
ZlqSH1b-RP	tcttagaattcccggggatccTCAACCAACAAAATCATGCAGG
1390-FP	AGCCCTGCCTTCATACGCTA
ZlqSH1a-1390-RP	CCCCACGGCGGACGACAT
ZlqSH1b-1390-RP	ACCCGCGGCGGACGACAT
UBQ5-F	ACCACTTCGACCGCCACTACT
UBQ5-R	ACGCCTAAGCCTGCTGGTT
ERF-F	GATGATGTGGGTTTCGG
ERF-R	GACCTTGGCTTTCTTGC
PG1-F	ACCCATTATTCTCCTCTATCTG
PG1-R	AAGGAACGGGACCAAGT

引物名称	引物序列（5'–3'）
PG2-F	AGGCAAAACAGAGCATCC
PG2-R	GTTGACGGGCACATTCG

2.2.4 *ZlqSH1a* 和 *ZlqSH1b* 基因克隆

2.2.4.1 中国菰总 RNA 提取与反转录

利用植物总 RNA 快速抽提试剂盒（RC-401，诺唯赞，中国）提取中国菰叶片总 RNA，并用超微量分光光度计（OSE-260，天根，中国）测定提取的 RNA 浓度。以提取的 RNA 为模板，使用 PrimeScript™ II 1st Strand cDNA Synthesis Kit 进行反转录。获得的 cDNA 产物于 –20℃ 冰箱保存备用。

2.2.4.2 *ZlqSH1a* 和 *ZlqSH1b* 基因扩增、转化与测序

以制备得到的 cDNA 为模板进行 PCR 扩增，所用引物为 ZlqSH1a-F、ZlqSH1a-R 和 ZlqSH1b-F、ZlqSH1b-R（表 2-1）。对扩增产物进行琼脂糖凝胶电泳，检查扩增产物片段大小以及是否有杂带，对 PCR 产物进行 DNA 沉淀回收。取沉淀回收所得 10μL 混合液加入 10μL Taq 酶，72℃ 15min，连接 A 尾。产物经琼脂糖凝胶电泳后切胶，回收产物。目的基因连接 T 载体：T 载体 0.5μL、DNA 4.5μL、Buffer 5μL 加入至离心管中，于 4℃ 条件下过夜连接。*ZlqSH1a* 和 *ZlqSH1b* 基因分别连接 T 载体后转化大肠杆菌感受态 DH5α，筛选出阳性克隆，并进行测序。

2.2.5 ZlqSH1a 和 ZlqSH1b 的亚细胞定位

将 *ZlqSH1a/ZlqSH1b* 以及空载体 PC2300S-GFP（green fluorescent protein，绿色荧光蛋白）进行菌液扩繁并提取质粒。*ZlqSH1a/ZlqSH1b* 以及空载体 PC2300S-GFP 的质粒分别与细胞核 marker 基因共转化水稻原生质体，在黑暗中于 28℃ 孵育 16h 后，使用 Olympus FV1000 激光扫描显微镜以 488nm 和 543nm 激光线检测 GFP 和 RFP 荧光。

2.2.6 *ZlqSH1a/ZlqSH1b* 基因过表达水稻株系的构建

2.2.6.1 *ZlqSH1a* 和 *ZlqSH1b* 基因过表达载体的构建

用无缝克隆扩增引物（ZlqSH1a-FP、ZlqSH1a-RP 和 ZlqSH1b-FP、ZlqSH1b-RP，表 2-1）扩增出包含 *ZlqSH1a/ZlqSH1b* 全长的 DNA 片段。对扩增产物进行琼脂糖凝胶电泳检测，在紫外灯下切取目标片段并进行纯化。利用限制性内切酶 *Bam*H I 酶切 pCAMBIA1390-ubi 载体，通过琼脂糖凝胶电泳对酶切产物进行分离，回收线性化的 pCAMBIA1390-ubi 大片段。回收完毕后，将酶切后的 *ZlqSH1a/ZlqSH1b* 基因片段与

pCAMBIA1390-ubi载体进行连接。取5μL连接产物转化DH5α感受态细胞。次日，挑取单克隆菌落，设计菌液PCR引物1390-FP和ZlqSH1a-1390-RP、ZlqSH1b-1390-RP（表2-1）进行PCR检测，单克隆阳性的菌落送测序验证。将测序结果正确的单菌落菌液置于含有卡那霉素液体的LB培养基内，37℃ 200r/min震荡过夜，提取过表达载体进行转化。

2.2.6.2 农杆菌介导法转化水稻

利用活化好的农杆菌EHA105和准备好的水稻愈伤组织进行农杆菌侵染和液体共培养。向愈伤组织中加入25mL农杆菌重悬液浸泡15min，其间轻轻晃动。浸泡结束后倒掉重悬液，将愈伤组织置于垫有多张无菌滤纸的培养皿中，用无菌滤纸吸去愈伤组织表面的残留菌液。在一次性培养皿中垫3张无菌滤纸，加入2.5mL接种培养基，将吸干后的愈伤组织均匀分散在滤纸上，23℃黑暗培养48h。将经共培养的愈伤组织均匀稀疏散布于恢复培养基中。约5d后，将愈伤组织转至筛选培养基。筛选3~4周之后，每个独立转化体挑选3~5个生长状态良好、新鲜的抗性愈伤组织，转至再生培养基。苗生长至长度2~5cm时，每个独立转化体取一株生长良好的苗，移至生根培养基。恢复培养至生根，培养条件为30℃、16h光照/8h黑暗。

2.2.6.3 *ZlqSH1a*和*ZlqSH1b*基因过表达水稻植株鉴定

设计跨启动子的过表达载体转化阳性鉴定引物ZlqSH1a-F、ZlqSH1a-R和ZlqSH1b-F、ZlqSH1b-R（表2-1）。PCR体系：KOD OneTM PCR Master Mix，25μL；1390-FP，2μL；RP-1390，2μL；模板，1μL；ddH$_2$O，20μL。PCR程序：94℃，5min——94℃，30s；60℃，30s；72℃，30s；30个循环——72℃，5min。PCR产物经琼脂糖凝胶电泳鉴定，结果如图2-1所示。

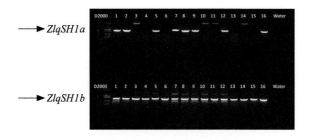

图2-1 转基因阳性植株的筛选结果

注：D2000为DNA分子量标准；1~16编号，以过表达载体转化水稻
植株DNA为模板；Water，以水为模板，阴性对照。

2.2.7 种子落粒性检测

为了精确量化*ZlqSH1a*和*ZlqSH1b*基因过表达株系的表型变化，于抽穗后标记水稻小花开花时间。开花授粉30d后，利用数字拉力计测定野生型和*ZlqSH1a*以及*ZlqSH1b*

基因过表达株系在同一时期的籽粒与花梗间的最大承受拉力。具体方法为：将小夹子挂在拉力计的小钩子上，用夹子夹住种子颖壳的中间部位，在水平方向上对其进行拉拽，使种子和枝梗分离。此时，拉力计会显示出在这个过程中的最大拉力值，并对其进行记录，重复 50 次，取其平均值作为种子的拉力值。

2.2.8　激光共聚焦显微镜观察

为观察离层结构，在开花阶段从每个样品中采集了大约 20 个小穗样品。在花和花梗之间的连接处进行手工纵向切片，并用吖啶橙对切片进行染色。使用激光共聚焦显微镜（Leica TCS SP8，徕卡，德国）488nm 和 543nm 激光线观察切片。

2.2.9　扫描电镜观察

在授粉 30d 后，选取花序中间区域的种子，从花梗靠近分枝处剪取籽粒，保持长度 2~4mm。将材料置于电镜固定液中 4℃ 保存，将固定过的材料取出，用镊子轻轻掰断籽粒与花梗连接部位，将材料用胶黏附在金属块上，使用扫描电镜（JEOL JSM-840，日立，日本）进行观察。

2.2.10　转录组分析

选取野生型和 *ZlqSH1a/ZlqSH1b* 过表达水稻植株开花后 3~5d 的离层，从中分离 RNA，3 组生物学重复，每组包含 3 株植株。使用 Illumina HiSeq 2500 构建成对末端文库并测序。使用 TopHat2 将原始读序映射到参考基因组（http://rice.plantbiology.msu.edu/index.shtml）（Gonzalez-Carranza et al., 1998）。用 Cuffdiff 软件计算每百万个基因作图读数的外显子的每千个碱基的片段，并鉴定野生型和 *ZlqSH1a/ZlqSH1b* 过表达水稻植株之间的差异表达基因（differentially expressed genes，DEGs）(fold change ≥ 2)（Kim et al., 2013）。使用 agriGO 和 KEGG 对 DEGs 进行功能分类分析（Trapnell et al., 2010; Xin et al., 2013）。

2.2.11　候选基因表达量验证

对 *ZlqSH1a/ZlqSH1b* 过表达植株和野生型植株中 3 个落粒性相关基因（*ERF*、*PG1* 和 *PG2*）进行 qRT-PCR 分析。cDNA 采用转录组测序剩余 RNA 反转录而成，用 SYBR Premeix ExTaq（TaKaRa，日本）扩增合成的 cDNA。采用 SYBR Green QPCR mix（Bio-Rad）进行 qRT-PCR，以 *UBQ5* 基因作为内源对照，将检测到的基因表达归一化。循环条件：在 95℃ 下孵育 30s；40 个扩增周期（95℃，5s；60℃，30s；72℃，30s）。所有样本至少重复 3 次，引物见表 2-1。

2.2.12 统计分析

实验采用随机分组设计，收集各试验组中含有不同株数的数据，并计算各试验总株数的平均值和方差。数据采用 IBM SPSS 18（IBM 公司，纽约，美国）统计软件的方差分析进行分析，并在 $P<0.05$ 显著性水平下进行 t 检验。

2.3 结果分析

2.3.1 ZlBELL 转录因子家族成员的鉴定及其染色体定位分析

在中国茭基因组中共鉴定出 48 个 ZlBELL 基因，根据它们在染色体上的位置，依次编号为 ZlBELL01~ZlBELL48（表 2-2、图 2-2）。ZlBELL05（Zla02G027130）和 ZlBELL13（Zla04G033720）与水稻中的 *qSH1*（LOC_Os01g62920）同源，分别命名为 *ZlqSH1b* 和 *ZlqSH1a*（Yan et al., 2022）。ZlBELL 基因染色体定位分析显示，48 个 ZlBELL 基因分布在中国茭基因组的 14 条染色体上，其中 5 号染色体上分布最多，有 12 个，占总 ZlBELL 基因的 25%。其次为 9 号和 3 号染色体，分别占总数的 14.58%（7 个）和 12.50%（6 个）。16 号和 17 号染色体上分布最少，各有 1 个，占总数的 2.08%。在中国茭的 12 号染色体中部和 9 号染色体顶端发现了 ZlBELL 基因的基因簇。

表 2-2 中国茭中的 ZlBELL 基因

基因 ID	ZlBELL 基因编号
Zla01G006060	ZlBELL01
Zla01G014110	ZlBELL02
Zla01G016550	ZlBELL03
Zla02G012100	ZlBELL04
Zla02G027130	ZlBELL05
Zla03G002990	ZlBELL06
Zla03G005850	ZlBELL07
Zla03G008290	ZlBELL08
Zla03G019230	ZlBELL09
Zla03G022070	ZlBELL10
Zla03G028130	ZlBELL11
Zla04G009330	ZlBELL12
Zla04G033720	ZlBELL13
Zla05G000520	ZlBELL14
Zla05G006630	ZlBELL15
Zla05G006650	ZlBELL16
Zla05G006660	ZlBELL17
Zla05G006810	ZlBELL18
Zla05G006820	ZlBELL19
Zla05G008810	ZlBELL20

基因 ID	ZIBELL 基因编号
Zla05G008830	ZlBELL21
Zla05G009100	ZlBELL22
Zla05G024410	ZlBELL23
Zla05G026710	ZlBELL24
Zla05G026740	ZlBELL25
Zla08G001450	ZlBELL26
Zla08G001470	ZlBELL27
Zla08G005270	ZlBELL28
Zla08G006640	ZlBELL29
Zla09G005980	ZlBELL30
Zla09G006180	ZlBELL31
Zla09G007980	ZlBELL32
Zla09G008160	ZlBELL33
Zla09G008170	ZlBELL34
Zla09G019840	ZlBELL35
Zla09G022980	ZlBELL36
Zla10G003510	ZlBELL37
Zla10G005010	ZlBELL38
Zla11G008080	ZlBELL39
Zla11G018450	ZlBELL40
Zla12G009290	ZlBELL41
Zla12G010700	ZlBELL42
Zla13G006450	ZlBELL43
Zla13G015510	ZlBELL44
Zla15G004300	ZlBELL45
Zla15G006650	ZlBELL46
Zla16G012920	ZlBELL47
Zla17G000640	ZlBELL48

2.3.2　ZlBELL 基因的系统发育分析

利用中国菰 48 个 ZlBELL 基因（表 2-2）、拟南芥 13 个基因和水稻 14 个基因的蛋白序列，分析了拟南芥、水稻和中国菰之间的 BELL 系统发育关系。与拟南芥 BELL 基因的6 个亚家族（A、D、E、F、H、I 亚科）和水稻 BELL 基因的 7 个亚家族（A、D、E、F、G、H、J 亚科）相比，中国菰的 48 个 ZlBELL 基因分布在 9 个亚科（A、B、C、D、E、F、G、H 和 J 亚科）（图 2-3）。在拟南芥中，I 亚家族的 BELL 基因数量最多（5 个），而J 亚家族在水稻中的数量最多（3 个）。中国菰中 C 亚家族的 ZlBELL 基因最多（16 个），但不含拟南芥和水稻的 BELL 基因；E 亚家族有较少的 ZlBELL 成员（仅 2 个），而 I 亚家族不含 ZlBELL 基因。值得注意的是，*ZlqSH1b*（ZlBELL05）和 *ZlqSH1a*（ZlBELL13）均属于 D 亚家族。

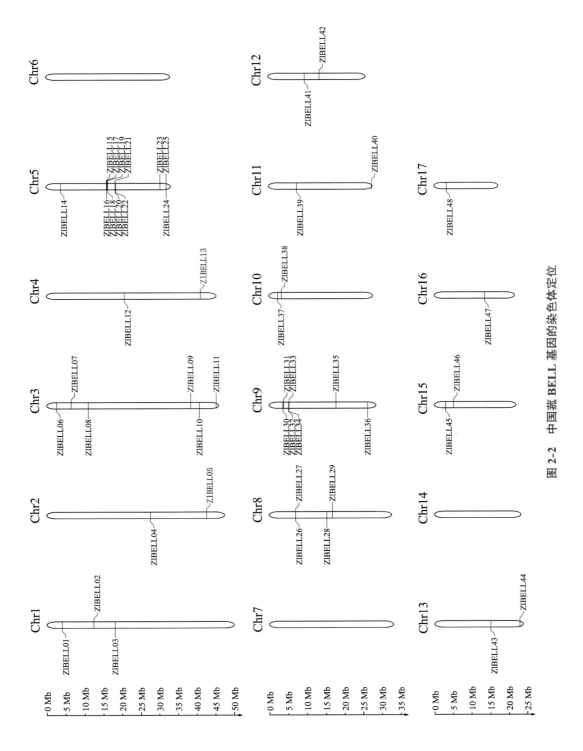

图 2-2 中国菰 BELL 基因的染色体定位

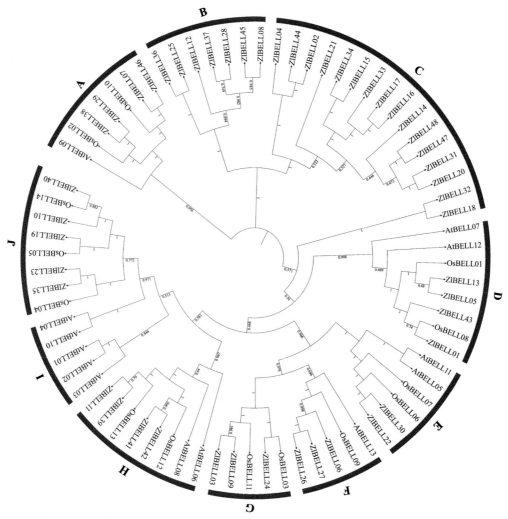

图2-3 拟南芥（At）、水稻（Os）和中国菰（Zl）中BELL转录因子的系统发育分析

注：主要分支上的数字表明了1 000个重复分析的引导估计，A～J代表不同的亚族。

2.3.3 ZlBELL 家族基因的基因结构和保守基序分析

对中国菰 ZlBELL 蛋白序列的系统发育分析显示，它们可分为 8 个亚家族（图 2-4A）。对每个 ZlBELL 基因的外显子和内含子的结构分析表明，ZlBELL 基因的外显子数量从 4 个到 6 个不等；大部分基因（77.08%）包含 4~5 个外显子，长度超过 1.6 kb。然而，内含子的数量在 3 个到 5 个之间，并且没有很大的变化（图 2-4B）。利用 MEME 软件进行蛋白结构域分析，阐明了中国菰 ZlBELL 蛋白的功能多样性。结果表明，ZlBELL 蛋白具有相对保守的结构。鉴定出 3 个相对保守的基序（Motif 1~Motif 3），其中 Motif 1 和 Motif 2 最保守，并在所有亚家族中共有（图 2-4C）。除了共享的基序外，每个亚家族都表现出一定的特异性。例如，Motif 3 仅存在于Ⅰ、Ⅱ、Ⅲ、Ⅳ、Ⅳ和Ⅴ亚家族中。

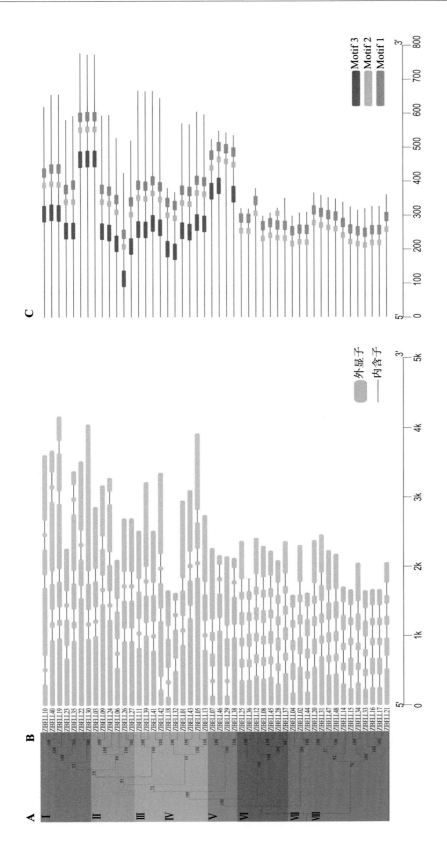

图 2-4 中国菰 BELL 转录因子的保守基序分析

注：A. 系统发育树，不同的背景颜色代表不同的亚科；B. 基因结构，绿色的盒子和黑线分别代表外显子和内含子；C. 保守的基序，不同的颜色代表不同的保守基序。

2.3.4 ZlqSH1a 和 ZlqSH1b 蛋白的亚细胞定位

考虑到 *ZlqSH1a*（ZlBELL13）、*ZlqSH1b*（ZlBELL05）和 *qSH1*（LOC_Os01g62920）的同源性 (Yan et al., 2022)，本研究选择了 ZlqSH1a 和 ZlqSH1b 蛋白进行亚细胞定位。为了明确 ZlqSH1a 和 ZlqSH1b 蛋白在细胞中的表达位置，本研究使用 PSORT 程序（http://psort.hgc.jp/）进行预测，发现其包含核定位信号。为了验证这一预测，首先构建了 ZlqSH1a-GFP 和 ZlqSH1b-GFP 融合蛋白表达载体，将融合表达载体、空载体和核标记物共转化水稻原生质体，在弱光条件下培养 8~10h。随后，使用共聚焦显微镜观察荧光信号。核标记物的红色荧光（RFP）区域与 ZlqSH1a-GFP 和 ZlqSH1b-GFP 的绿色荧光（GFP）区域重叠，表明 ZlqSH1a 和 ZlqSH1b 均定位于细胞核（图 2-5），与预测结果一致。

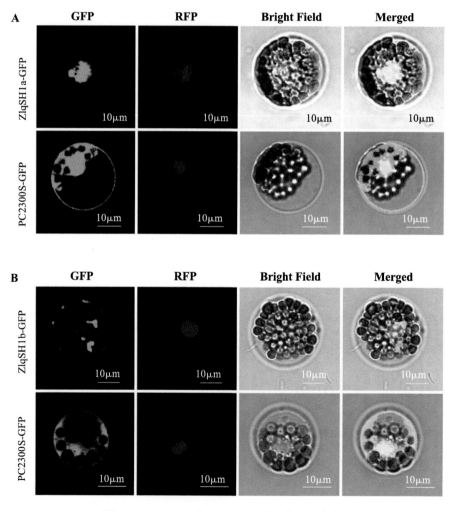

图 2-5　ZlqSH1a 和 ZlqSH1b 蛋白的亚细胞定位

注：A. ZlqSH1a-GFP 亚细胞定位，PC2300S-GFP 为对照；B. ZlqSH1a-GFP 亚细胞定位，PC2300S-GFP 为对照。GFP，绿色荧光蛋白；RFP，红色荧光蛋白；Bright Field，开放式通道；Merged，荧光整合。标尺 =10μm。

2.3.5 野生型与 *ZlqSH1a* 和 *ZlqSH1b* 过表达水稻的种子落粒表型和离层组织学分析

为了验证 *ZlqSH1a* 和 *ZlqSH1b* 基因的功能，构建其过表达载体，并将其转化到不落粒水稻中，获得阳性转基因水稻植株。表型观察结果表明，在收获期，过表达 *ZlqSH1a* 和 *ZlqSH1b* 的植株稻穗上种子残留量明显少于野生型植株。因此，推测 *ZlqSH1a* 和 *ZlqSH1b* 是中国菰种子落粒的关键基因。开花和授粉后 30d，用数字张力计测量 *ZlqSH1a* 和 *ZlqSH1b* 过表达植株及野生型（WT）中籽粒和花梗之间的断裂张力（BTS）。结果表明，*ZlqSH1a* 和 *ZlqSH1b* 过表达植株的最大抗拉强度均低于野生型植株（图 2-6A）。与野生型相比，*ZlqSH1a* 和 *ZlqSH1b* 过表达植株成熟后的自然种子脱落率显著增加（图 2-6 B1、C1、D1）。谷物和花梗断裂表面的扫描电子显微镜（SEM）观察表明，*ZlqSH1a* 和 *ZlqSH1b* 都参与了水稻离层发育，并且在 *ZlqSH1a* 和 *ZlqSH1b* 过表达植株中断裂表面相对光滑（图 2-6C2~C5、D2~D5）。相比之下，野生型断裂表面更粗糙、更破碎（图 2-6 B2~B5）。结果表明，*ZlqSH1a* 和 *ZlqSH1b* 过表达植株种子成熟后具有较高的种子落粒率，离层发育比野生型更完整。

为了准确揭示 *ZlqSH1a* 和 *ZlqSH1b* 过表达植株与野生型之间离层的组织学差异，使用激光扫描共聚焦显微镜（LSCM）比较开花期小穗的纵切面。来自 *ZlqSH1a* 和 *ZlqSH1b* 过表达植株的样本显示，在花梗和籽粒之间有一条完整的离层细胞带。纵切面显示连续的细胞线，表明花梗和籽粒之间有离层形成（图 2-6C6、D6）。相比之下，在野生型中没有离层形成（图 2-6B6）。在水稻开花后 3~5d，这些解剖特征被观察到，并且在成熟的籽粒中也保持了相似的特征。考虑到 *ZlqSH1a* 和 *ZlqSH1b* 过表达植株的自然脱粒行为，BTS 和 SEM 分析结果表明，*ZlqSH1a* 和 *ZlqSH1b* 过表达株系植株的种子落粒性明显高于野生型植株。这与离层纵向切片的观察结果一致，说明 *ZlqSH1a* 和 *ZlqSH1b* 参与了水稻离层组织的发育。

2.3.6 *ZlqSH1a* 和 *ZlqSH1b* 过表达对水稻离层转录组的影响

为了分析 *ZlqSH1a* 和 *ZlqSH1b* 基因功能，利用 WT、*ZlqSH1a* 和 *ZlqSH1b* 过表达的离层组织进行转录组测序实验，并进一步分析两组样本中基因表达的差异，使用火山图可视化统计学上的显著差异（图 2-7A、B）。通过对所选的差异表达基因（DEGs）进行层次聚类分析（hierarchical clustering），对具有相似表达模式的基因进行了聚类（图 2-7C、D）。与野生型相比，在 *ZlqSH1a* 过表达植株中鉴定出 327 个 DEGs，其中 155 个上调表达、172 个下调表达。与野生型相比，在 *ZlqSH1b* 过表达植株中则鉴定出 696 个 DEGs，其中 323 个上调表达、373 个下调表达。

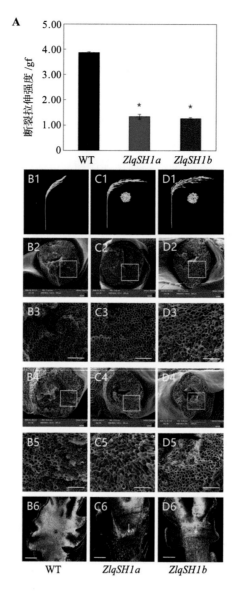

图 2-6 野生型（WT）与 ZlqSH1a/b 过表达植株的断裂表面的断裂拉伸强度（BTS）和扫描电镜（SEM）和激光共聚焦显微镜结果的比较

注：A. WT、ZlqSH1a 和 ZlqSH1b 过表达植株的在授粉后 30d 过表达植株 BTS 的比较，该值为平均值 ± SD（n = 50），gf 是张力计所用单位，1N ≈ 102gf，* 表示 P < 0.05。B1、C1 和 D1 分别表示 WT、ZlqSH1a 和 ZlqSH1b 过表达植株的穗形和自然种子落粒状态，照片的中间部分显示了收集在袋子中的自发脱落的种子。标尺 =10 cm。B2、C2 和 D2 分别表示 WT、ZlqSH1a 和 ZlqSH1b 过表达植株的离层脱落后花梗 - 种子连接处花梗面的扫描电子显微照片；B3、C3 和 D3 分别为 B2、C2 和 D2 白框中区域的放大特写图像，标尺 =200μm。B4、C4 和 D4 分别表示 WT、ZlqSH1a 和 ZlqSH1b 过表达植株的离层脱落后花梗 - 种子连接处种子面的扫描电子显微照片；B5、C5 和 D5 分别为 B4、C4 和 D4 白框中区域的放大特写图像，标尺 =200μm。B6、C6 和 D6 分别表示用吖啶橙染色的 WT、ZlqSH1a 和 ZlqSH1b 过表达植株的花梗 - 种子连接的纵向截面的荧光图像，白色箭头指向与 WT、ZlqSH1a 和 ZlqSH1b 过表达植株中的横隔层相对应的区域，标尺 =100μm。

　　这两组 DEGs 共有的基因有 172 个，对这些 DEGs 进行了基因本体（gene ontdogy，GO）和 KEGG 的富集分析。在 GO 数据库中搜索 DEGs，对正常化的基因功能进行分类，并阐明参与离层发育的细胞成分、生物学过程和分子功能。该基因的通路注释和富集分析有助于进一步解释该基因的功能。共 562 个 DEGs 被分为 3 类（生物过程、分子功能和细胞成分）和 44 个亚类（图 2-7E、F）。主要亚类为细胞组分中的"细胞部分""细胞"和"细胞器"，生物学过程中的"代谢过程""细胞过程"和"单生物过程"，以及分子功能中的"结合""催化活性"和"转运体活性"等。对所有 DEGs 进行 KEGG 通路富集分析，以了解转录组复杂的生物学过程（图 2-7G、H）。结果表明，411 个 DEGs 在多个 KEGG 通路中被注释和富集，包括"MAPK（mitogen-activated protein kinase，丝裂原活化蛋白激酶）信号通路 - 植物"、"淀粉和蔗糖代谢"、"碳代谢"和"植物激素信号转导"等。

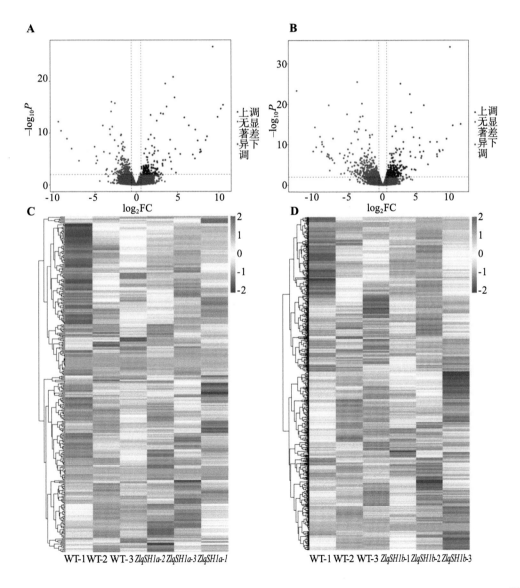

E

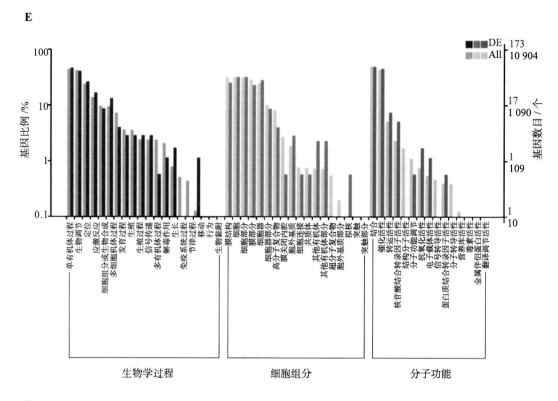

F

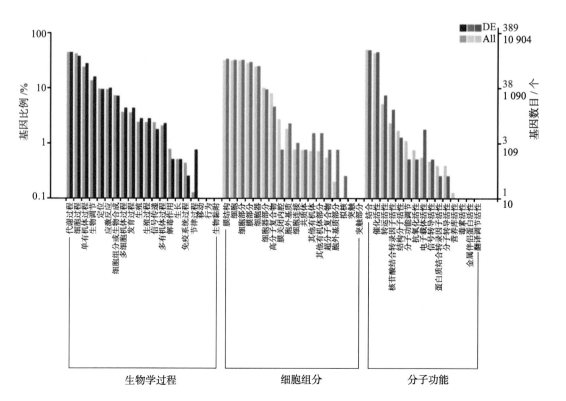

G

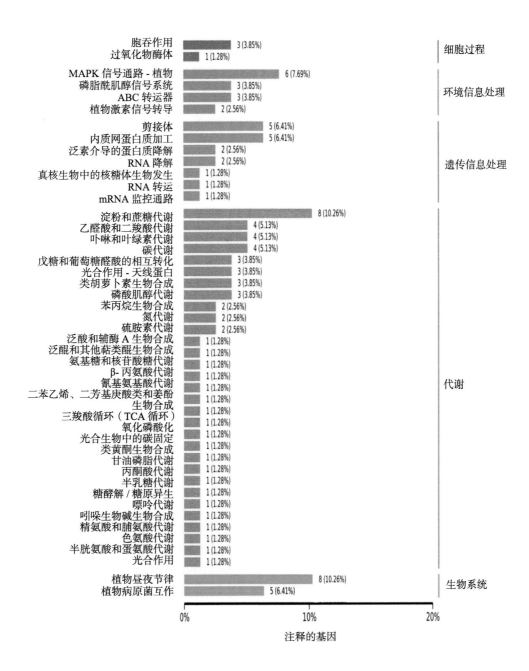

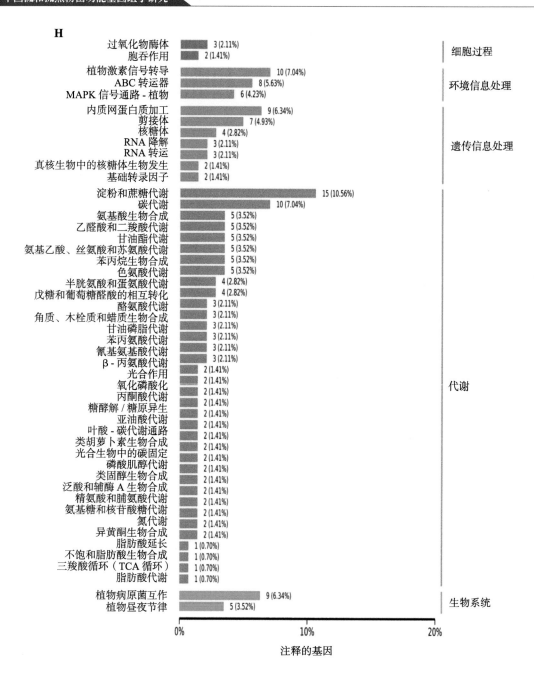

图 2-7 野生型（WT）和 *ZlqSH1a/b* 基因过表达植株离层组织的转录组测序结果分析。

注：A、B 分别表示 WT、*ZlqSH1a* 和 *ZlqSH1b* 基因过表达植物差异表达的火山图，绿点代表下调的差异表达基因（DEGs），红点代表上调的 DEGs，黑点代表非 DEGs。C、D 分别表示 WT、*ZlqSH1a* 和 *ZlqSH1b* 基因过表达植物组织之间的 DEGs 聚类图，横坐标为样本名称和样本的聚类模式，纵坐标表示 DEGs 的聚类模式，不同的列代表不同的样本，不同的行代表不同的基因，颜色代表样本中的基因表达水平（log10-transformed）（FPKM+0.000001）。E、F 分别表示 WT、*ZlqSH1a* 和 *ZlqSH1b* 基因过表达植物中 DEGs 的基因本体 GO 注释相关的统计，横坐标显示 GO 分类，纵坐标的左侧是基因数量的百分比，右侧是基因数量。G、H 分别表示 WT、*ZlqSH1a* 和 *ZlqSH1b* 基因过表达植物中 DEGs 的 KEGG 注释的统计数据，纵坐标为 KEGG 代谢途径的名称，横坐标为相应途径下注释的基因的数量和比例。

2.3.7 种子落粒相关基因的表达及 qRT-PCR 验证

乙烯作为一种重要的植物激素，可以调节种子和花的脱落；多聚半乳糖醛酸酶活性的增加与果实脱落过程中的细胞分离有关（Rui et al., 2017）。前期研究结果表明，*ZlqSH1a* 和 *ZlqSH1b* 过表达的植株在种子落粒相关的形态和组织学特征上与野生型植株有显著差异。基于两组 DEGs 的注释，我们选择了 3 个与种子落粒相关的基因进行 qRT-PCR 验证。在 *ZlqSH1a* 和 *ZlqSH1b* 过表达植株中，这 3 个候选基因包括 2 个下调基因和 1 个上调基因，即多聚半乳糖醛酸酶 1（*PG1*）、多聚半乳糖醛酸酶 2（*PG2*）和乙烯反应转录因子（*ERF*）。所有候选基因均在野生型和转基因植株的离层中表达。我们利用水稻管家基因 *UBQ5* 作为内参，使基因表达水平正常化。与野生型植株相比，*ZlqSH1a* 和 *ZlqSH1b* 过表达植株中 *PG1* 和 *PG2* 的表达水平显著下调，而 *ERF* 的表达水平则显著上调（*P*<0.05）（图 2-8），这与转录组测序结果一致（图 2-7）。

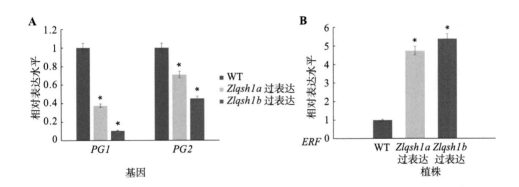

图 2-8　野生型（WT）、*ZlqSH1a* 和 *ZlqSH1b* 基因过表达植株离层组织中种子落粒性相关基因的相对表达水平

注：A 为 *PG1* 和 *PG2* 的相对表达水平；B 为 *ERF* 的相对表达水平。以水稻管家基因 *UBQ5* 作为内参，对基因表达数据进行规范化。采用 T 检验比较野生型、*ZlqSH1a* 和 *ZlqSH1b* 过表达植物的表达水平（* *P*< 0.05）。*PG1*，聚半乳糖醛酸酶 1；*PG2*，聚半乳糖醛酸酶 2；*ERF*，乙烯反应转录因子。

2.4　讨论

2.4.1 中国菰 BELL 家族转录因子的全基因组分析

研究表明，大约在 3 亿年前，至少有一个 BELL 基因已经存在于植物的共同祖先中，并且该基因结构域是高度保守的（Champagne et al., 2001）。迄今为止，在所有被研究的植物中都发现了 BELL 家族的成员。BELL 家族的基因参与了植物的营养生长、果实发育和种子脱落。在苹果中，BELL 基因 *MDH1* 主要在发育和成熟的花和果实中表达。在拟南芥中，BELL 基因 *MDH1* 的异位表达导致矮化、育性降低、心皮变形和角状褶皱变形（Dong et al., 2000）。在水稻中，BELL 基因 *qSH1* 和 *SH5* 通过促进离区发育和抑制木质素合成参与种子落粒过程（Yoon et al., 2014）。

本研究首次系统地鉴定了中国菰中的 BELL 转录因子，鉴定到 48 个 ZlBELL 基因（图 2-2、表 2-2）。染色体定位分析表明，ZlBELL 基因在中国菰的染色体上分布不均匀，部分 ZlBELL 基因位于染色体的顶部和底部（图 2-2），与 Sharma 等（2014）在马铃薯中的研究结果一致。这说明 ZlBELL 基因经历了一定程度的收缩和扩张，而内含子和外显子可以通过扩增、丢失、插入或删除来进化（Xu et al., 2012）。在本研究中，我们发现 ZlBELL 基因家族的外显子数量在 4 个到 6 个之间，大部分基因（77.08%）包含 4~5 个外显子，长度超过 1.6 kb，而内含子的数量在 3~5 个之间，差异不大。对该基因家族的结构进行分析，揭示了编码关键功能域的内含子和外显子的长度，并显示了其剪接模式的保守程度（图 2-4）。结果表明，在 ZlBELL 基因中，内含子和外显子的插入或丢失在进化过程中相对稳定，导致外显子和内含子的数量差异相对较小。这在一定程度上保证了这些基因的生物学功能的稳定性。对中国菰 48 个 ZlBELL 基因的保守基序进行分析，发现了 3 个高度保守的氨基酸基序。同一亚家族中大部分保守基序相似，表明每个亚家族中编码蛋白功能的稳定性。几乎所有的 ZlBELL 蛋白都包含 Motif 1 和 Motif 2，它们总是彼此相邻，共同构成了 ZlBELL 结构域。这些基序在同一亚家族中的独特性和保守性也支持了 ZlBELL 基因家族的进化分类（图 2-4C）。中国菰的 48 个 ZlBELL 基因分布在 9 个亚家族中（图 2-3），C 亚家族包含最多的成员（16 个），而 E 亚家族只有 2 个成员。这表明该亚家族成员的进化速度相对较慢，推测该基因家族的功能相对保守。

2.4.2　*ZlqSH1a* 和 *ZlqSH1b* 过表达植物与野生型之间离层组织学比较

水稻籽粒在小枝之间的交界处离层脱落，离层由一层或数层形态相似的致密细胞组成。水稻种子落粒是一个复杂的生物学性状，主要由离层的形成和断裂控制（Simons et al., 2006）。*qSH1* 是水稻中控制种子落粒的主效基因之一（Konishi et al., 2006），包含该基因的位点（LOC_Os01g62920）解释了籼稻和粳稻落粒性 68.6% 的表型变异。在小穗基部表达编码 BELL 型同源蛋白的基因 *qSH1* 能够促进离层的形成。如上所述，1 个 SNP 导致"日本晴"水稻植株的 *qSH1* 离层表达模式发生改变，导致种子脱落。Yan 等（2022）对中国菰和水稻进行基因组共线性和同源性分析，发现中国菰的 *ZlqSH1a*（Zla04G033720）和 *ZlqSH1b*（Zla02G027130）是水稻 *qSH1*（LOC_Os01g62920）基因的同源基因。据此推测，*ZlqSH1a* 和 *ZlqSH1b* 可能与中国菰的种子落粒性有关。

本研究将 *ZlqSH1a* 和 *ZlqSH1b* 基因转入到不落粒水稻品种，构建了 *ZlqSH1a* 和 *ZlqSH1b* 基因过表达水稻植株。随后，使用数字张力计测量同一发育时期野生型和 *ZlqSH1a* 和 *ZlqSH1b* 过表达植株籽粒和花梗之间的 BTS。结果表明，*ZlqSH1a* 和 *ZlqSH1b*

过表达植株的最大抗拉强度低于野生型（图 2-6A）。此外，*ZlqSH1a* 和 *ZlqSH1b* 过表达植株成熟后自然脱落的种子数量明显高于野生型（图 2-6B1、C1、D1）。扫描电子显微镜观察显示，*ZlqSH1a* 和 *ZlqSH1b* 过表达植株与野生型之间的离层表型有很大差异，特别是 *ZlqSH1a* 和 *ZlqSH1b* 过表达植株的离层断裂表面相对光滑（图 2-6C2~C5、D2~D5），而野生型中更粗糙、更破碎（图 2-6B2~B5）。对离层纵切面的观察发现，在 *ZlqSH1a* 和 *ZlqSH1b* 基因过表达植株的花梗和籽粒之间有离层形成（图 2-6C6、D6）；相比之下，野生型植株中没有形成离层（图 2-6B6）。这些结果表明，*ZlqSH1a* 和 *ZlqSH1b* 过表达通过控制离层的发育影响水稻种子落粒。为了验证这一推论的可靠性，本研究利用转录组测序对 *ZlqSH1a* 与 *ZlqSH1b* 基因过表达和野生型植株离层的落粒性相关基因表达进行了比较和分析。

2.4.3 *ZlqSH1a* 和 *ZlqSH1b* 参与调控离层发育

基于转录组测序分析，本研究选取了 *ZlqSH1a* 和 *ZlqSH1b* 过表达与野生型植株离层的两组 DEGs，结果显示两组 DEGs 之间共有 172 个基因。对这些 DEGs 的 GO 和 KEGG 富集分析可以阐明离层发育过程中涉及的细胞成分、生物学过程和分子功能。本研究选取了 3 个与种子落粒相关的基因进行 qRT-PCR 验证。植物激素作为植物产生的信号分子，在植物的生长发育调节中起着重要作用。乙烯是一种植物激素，可调节花和种子的脱落，而乙烯水平的升高通常与组织衰老和细胞应激有关（Sexton et al., 1982）。乙烯是生长素的有效抑制剂，离层中的生长素含量调节了该位点对乙烯的敏感性（Taylor et al., 2001）。在本研究中，*ZlqSH1a* 和 *ZlqSH1b* 过表达植株中 *ERF* 基因的表达水平显著高于野生型（图 2-8），提示 *ERF* 可能与转基因植株中种子落粒性的增强有关。除了植物激素外，一些细胞壁水解酶也会影响植物器官的脱落。前人研究表明，多聚半乳糖醛酸酶活性的增加与果实脱落过程中的细胞分离有关，这是因为多聚半乳糖醛酸酶能促进果胶在细胞壁中的水解，从而改变其质地和硬度（Rui et al., 2017; Swain et al., 2011; Xiao et al., 2017）。几种植物的离层在叶片、花和果实脱落前表现出多聚半乳糖醛酸酶活性的增加（Gonzalez-Carranza et al., 1998），而多聚半乳糖醛酸酶诱导的细胞壁降解是离层中细胞间黏附丧失的重要步骤（Taylor et al., 2001）。在本研究中，GO 功能注释显示，候选基因 *PG1* 和 *PG2* 参与调控多聚半乳糖醛酸酶活性。*PG1* 和 *PG2* 在 *ZlqSH1a* 和 *ZlqSH1b* 过表达植株离层中的表达水平显著低于野生型，表明这些基因受 *ZlqSH1a* 和 *ZlqSH1b* 调控，参与了水稻离层的发育和落粒的产生。研究结果表明，*ZlqSH1a* 和 *ZlqSH1b* 参与了水稻离层的发育，从而调控其种子落粒性。

2.5 结论

本研究首次对中国菰 BELL 转录因子家族基因进行了系统鉴定与分析，共鉴定出 48

个 ZIBELL 基因。位于中国菰 4 号染色体上的 *ZlqSH1a*（Zla04G033720）和 2 号染色体上的 *ZlqSH1b*（Zla02G027130）是中国菰落粒性关键候选基因。进一步研究发现，*ZlqSH1a* 和 *ZlqSH1b* 是参与调控离层发育的关键基因，且定位于细胞核。*ZlqSH1a* 和 *ZlqSH1b* 过表达导致水稻籽粒成熟后种子落粒性显著增强，谷粒和花梗断裂面相对光滑平整，在谷粒和花梗之间可观察到一层由小的等径扁平实质细胞组成的完整离层；而野生型种子落粒性相对较低，谷粒和花梗断裂面较为破碎和粗糙，没有离层形成，也没有一条明显的脱落细胞线。另外，利用转录组测序技术发现，与野生型相比，*ZlqSH1a* 过表达植株离层中鉴定出 327 个 DEGs，其中上调表达基因 155 个、下调表达基因 172 个；*ZlqSH1b* 过表达植株离层中鉴定出 696 个 DEGs，其中上调表达基因 323 个、下调表达基因 373 个。两个 DEGs 集共有基因为 172 个，本研究筛选了 3 个种子落粒性相关的基因用于 qRT-PCR 验证。结果显示，候选基因 *PG1*、*PG2* 和 *ERF* 在过表达植株中的表达量差异与转录组测序结果相符。这些研究表明，*ZlqSH1a* 和 *ZlqSH1b* 基因参与水稻离层组织发育，进而调控种子落粒性。本研究通过对中国菰 BELL 转录因子 *ZlqSH1a* 和 *ZlqSH1b* 基因功能的挖掘，发现了 *ZlqSH1a* 和 *ZlqSH1b* 基因过表达对水稻种子落粒性的影响。本研究结果也将有助于进一步研究和完善中国菰及其他谷类作物的种子落粒性遗传改良。

参考文献

苟亚军，杨维丰，林少俊，等 . 2019. 水稻落粒性的研究进展 [J]. 中国水稻科学，33(6)：479–488.

ARNAUD N, PAUTOT V, 2014. Ring the BELL and tie the KNOX: roles for TALEs in gynoecium development[J]. Frontiers in Plant Science, 5: 93.

BECKER A, BEY M, BURGLIN T R, et al., 2002. Ancestry and diversity of BEL1-like homeobox genes revealed by gymnosperm (*Gnetum gnemon*) homologs[J]. Development Genes and Evolution, 212: 452–457.

BERTOLINO E, REIMUND B, WILDTPERINIC D, et al., 1995. A novel homeobox protein which recognizes a TGT core and functionally interferes with a retinoid-responsive motif[J]. Journal of Biological Chemistry, 270(52): 31178–31188.

BELLAOUI M, PIDKOWICH M S, SAMACH A, et al., 2001. The *Arabidopsis* BELL1 and KNOX TALE homeodomain proteins interact through a domain conserved between plants and animals[J]. Plant Cell, 13(11): 2455–2470.

BIAN Z Y, GAO H H, WANG C Y, 2021. NAC transcription factors as positive or negative regulators during ongoing battle between pathogens and our food crops[J]. International Journal of Molecular Sciences, 22(1): 81.

BULL S E, SEUNG D, CHANEZ C, et al., 2018. Accelerated *ex situ* breeding of GBSS- and PTST1-edited cassava for modified starch[J]. Science Advances, 4(9): eaat6086.

CHAMPAGNE C E, ASHTON N W, 2001. Ancestry of KNOX genes revealed by bryophyte (*Physcomitrella patens*) homologs[J]. New Phytologist, 150(1): 23–36.

CHEN H, ROSIN F M, PRAT S, et al., 2003. Interacting transcription factors from the three-amino acid loop extension superclass regulate tuber formation[J]. Plant Physiology, 132(3): 1391–1404.

CHEN Y Y, CHU H J, LIU H, et al., 2012. Abundant genetic diversity of the wild rice *Zizania latifolia* in central China revealed by microsatellites[J]. Annals of Applied Biology, 161(2): 192–201.

CHEN Y, LIU Y, FAN X, et al.,2017. Landscape-scale genetic structure of wild rice *Zizania latifolia*: the roles of rivers, mountains and fragmentation[J]. Frontiers in Ecology and Evolution, 5: 17.

COLE M, NOLTE C, WERR W, 2006. Nuclear import of the transcription factor SHOOT MERISTEMLESS depends on heterodimerization with BLH proteins expressed in discrete sub-domains of the shoot apical meristem of *Arabidopsis thaliana*[J]. Nucleic Acids Research, 34(4): 1281–1292.

DOEBLEY J, 2004. The genetics of maize evolution[J]. Annual Review of Genetics, 38: 37–59.

DONG Y H, YAO J L, ATKINSON R G, et al., 2000. MDH1: an apple homeobox gene belonging to the BEL1 family[J]. Plant Molecular Biology, 42: 623–633.

DRENI L, KATER M M, 2014. MADS reloaded: Evolution of the AGAMOUS subfamily genes[J]. New Phytologist, 201(3): 717–732.

FAN X R, REN X R, LIU Y L, et al., 2016. Genetic structure of wild rice *Zizania latifolia* and the implications for its management in the Sanjiang Plain, Northeast China[J]. Biochemical Systematics and Ecology, 64: 81–88.

FU Z Y, SONG J C, ZHAO J Q, et al., 2019. Identification and expression of genes associated with the abscission layer controlling seed shattering in *Lolium perenne*[J]. AoB Plants, 11(1): ply076.

GEHRING W J,1987. Homeo boxes in the study of development[J]. Science, 236(4806): 1245–1252.

GONZALEZ-CARRANZA Z H, LOZOYA-GLORIA E, ROBERTS J A, 1998. Recent developments in abscission: shedding light on the shedding process[J]. Trends in Plant Science, 3(1): 10–14.

GUO H B, LI S M, PENG J, et al., 2007. *Zizania latifolia* Turcz. cultivated in China[J]. Genetic Resources and Crop Evolution, 54: 1211–1217.

HACKBUSCH J, RICHTER K, MULLER J, et al., 2005. A central role of *Arabidopsis thaliana* ovate family proteins in networking and subcellular localization of 3-aa loop extension homeodomain proteins[J]. Proceedings of the National Academy of Sciences of the United States of America, 102(13): 4908–4912.

HAMANT O, PAUTOT V, 2010. Plant development: A TALE story[J]. Comptes Rendus Biologies, 333(4): 371–381.

JI H S, CHU S H, JIANG W Z, et al., 2006. Characterization and mapping of a shattering mutant in rice that corresponds to a block of domestication genes[J]. Genetics, 173(2): 995–1005.

JIANG L Y, MA X, ZHAO S S, et al., 2019. The APETALA2-like transcription factor SUPERNUMERARY

BRACT controls rice seed shattering and seed size[J]. Plant Cell, 31(1): 17–36.

KANRAR S, BHATTACHARYA M, ARTHUR B, et al., 2008. Regulatory networks that function to specify flower meristems require the function of homeobox genes PENNYWISE and POUND-FOOLISH in *Arabidopsis*[J]. Plant Journal, 54(5): 924–937.

KANRAR S, ONGUKA O, SMITH H M S, 2006. *Arabidopsis* inflorescence architecture requires the activities of KNOX-BELL homeodomain heterodimers[J]. Planta, 224: 1163–1173.

KIM D, PERTEA G, TRAPNELL C, et al., 2013. TopHat2: accurate alignment of transcriptomes in the presence of insertions, deletions and gene fusions[J]. Genome Biology, 14: R36.

KONISHI S, IZAWA T, LIN S Y, et al., 2006. An SNP caused loss of seed shattering during rice domestication[J]. Science, 312(5778): 1392–1396.

LI C B, ZHOU A L, SANG T, 2006a. Rice domestication by reducing shattering[J]. Science, 311(5769): 1936–1939.

LI C B, ZHOU A L, SANG T, 2006b. Genetic analysis of rice domestication syndrome with the wild annual species, *Oryza nivara*[J]. New Phytologist, 170(1): 185–193.

LI L F, OLSEN K M, 2016. To have and to hold: selection for seed and fruit retention during crop domestication[J]. Current Topics in Developmental Biology, 119: 63–109.

LIN Z W, GRIFFITH M E, LI X R, et al., 2007. Origin of seed shattering in rice (*Oryza sativa* L.)[J]. Planta, 226: 11–20.

LU R, CHEN M, FENG Y, et al., 2022. Comparative plastome analyses and genomic resource development in wild rice (*Zizania* spp., Poaceae) using genome skimming data[J]. Industrial Crops and Products, 186: 115244.

MIZOI J, SHINOZAKI K, YAMAGUCHI-SHINOZAKI K, 2012. AP2/ERF family transcription factors in plant abiotic stress responses[J]. Biochimica et Biophysica Acta (BBA) - Gene Regulatory Mechanisms, 1819(2): 86–96.

MUKHERJEE K, BROCCHIERI L, BURGLIN T R, 2009. A comprehensive classification and evolutionary analysis of plant homeobox genes[J]. Molecular Biology and Evolution, 26(12): 2775–2794.

MULLER J, WANG Y M, FRANZEN R, et al., 2001. *In vitro* interactions between barley TALE homeodomain proteins suggest a role for protein-protein associations in the regulation of *Knox* gene function[J]. Plant Journal, 27(1): 13–23.

NIU X, FU D, 2022. The roles of BLH transcription factors in plant development and environmental response[J]. International Journal of Molecular Sciences, 23(7): 3731.

POURKHEIRANDISH M, HENSEL G, KILIAN B, et al., 2015. Evolution of the grain dispersal system in barley[J]. Cell, 162(3): 527–539.

RUI Y, XIAO C, YI H, et al., 2017. Polygalacturonase involved in expansion3 functions in seedling development, rosette growth, and stomatal dynamics in *Arabidopsis thaliana*[J]. Plant Cell, 29(10): 2413–2432.

SALAMINI F, OZKAN H, BRANDOLINI A, et al., 2002. Genetics and geography of wild cereal domestication in the near east[J]. Nature Reviews Genetics, 3: 429–441.

SEXTON R, ROBERTS J A, 1982. Cell biology of abscission[J]. Annual Review of Plant Physiology, 33: 133–162.

SHAN X H, LIU Z L, DONG Z Y, et al., 2005. Mobilization of the active MITE transposons mPing and Pong in rice by introgression from wild rice (*Zizania latifolia* Griseb.)[J]. Molecular Biology and Evolution, 22(4): 976–990.

SHARMA P, LIN T, GRANDELLIS C, et al., 2014. The BEL1-like family of transcription factors in potato[J]. Journal of Experimental Botany, 65(2): 709–723.

SIMONS K J, FELLERS J P, TRICK H N, et al., 2006. Molecular characterization of the major wheat domestication gene Q[J]. Genetics, 172(1): 547–555.

SUMCZYNSKI D, KOTASKOVA E, ORSAVOVA J, et al., 2017. Contribution of individual phenolics to antioxidant activity and *in vitro* digestibility of wild rices (*Zizania aquatica* L.)[J]. Food Chemistry, 218: 107–115.

SWAIN S, KAY P, OGAWA M, 2011. Preventing unwanted breakups: using polygalacturonases to regulate cell separation[J]. Plant Signaling & Behavior, 6(1): 93–97.

SWEENEY M, MCCOUCH S, 2007. The complex history of the domestication of rice[J]. Annals of Botany, 100(5): 951–957.

TANKSLEY S D, MCCOUCH S R, 1997. Seed banks and molecular maps: unlocking genetic potential from the wild[J]. Science, 277(5329): 1063–1066.

TAYLOR J E, WHITELAW C A, 2001. Signals in abscission[J]. New Phytologist, 151(2): 323–340.

TRAPNELL C, WILLIAMS B A, PERTEA G, et al., 2010. Transcript assembly and quantification by RNA-Seq reveals unannotated transcripts and isoform switching during cell differentiation[J]. Nature Biotechnology, 28: 511–515.

WU W G, LIU X Y, WANG M H, et al., 2017. A single-nucleotide polymorphism causes smaller grain size and loss of seed shattering during African rice domestication[J]. Nature Plants, 3: 17064.

XIAO C, BARNES W J, ZAMIL M S, et al., 2017. Activation tagging of *Arabidopsis POLYGALACTURONASE INVOLVED IN EXPANSION2* promotes hypocotyl elongation, leaf expansion, stem lignification, mechanical stiffening, and lodging[J]. Plant Journal, 89(6): 1159–1173.

XIN Y, ZHOU D, ZHEN S, 2013. PlantGSEA: a gene set enrichment analysis toolkit for plant community[J]. Nucleic Acids Research, 41(W1): 98–103.

XU G, GUO C, SHAN H, et al., 2012. Divergence of duplicate genes in exon-intron structure[J]. Proceedings of the National Academy of Sciences of the United States of America, 109(4): 1187–1192.

XU X W, WU J W, QI M X, et al., 2015. Comparative phylogeography of the wild-rice genus *Zizania* (Poaceae) in Eastern Asia and North America[J]. American Journal of Botany, 102(2): 239–247.

YAN H X, MA L, WANG Z, et al.,2015. Multiple tissue-specific expression of rice seed-shattering gene *SH4* regulated by its promoter pSH4[J]. Rice, 8: 12.

YAN N, DU Y, LIU X, et al., 2018. Morphological characteristics, nutrients, and bioactive compounds of *Zizania latifolia*, and health benefits of its seeds[J]. Molecules, 23(7): 1561.

YAN N, YANG T, YU X T, et al., 2022. Chromosome-level genome assembly of *Zizania latifolia* provides insights into its seed shattering and phytocassane biosynthesis[J]. Communications Biology, 5: 36.

YOON J, CHO L H, KIM S L, et al., 2014. The BEL1-type homeobox gene SH5 induces seed shattering by enhancing abscission-zone development and inhibiting lignin biosynthesis[J]. Plant Journal, 79(5): 717–728.

YU X, CHU M, CHU C, et al., 2020.Wild rice (*Zizania* spp.): a review of its nutritional constituents, phytochemicals, antioxidant activities, and health-promoting effects[J]. Food Chemistry, 331: 127293.

YU X, QI Q, LI Y, et al., 2022. Metabolomics and proteomics reveal the molecular basis of colour formation in the pericarp of Chinese wild rice (*Zizania latifolia*)[J]. Food Research International, 162: 112082.

YU X, YANG T, QI Q, et al., 2021. Comparison of the contents of phenolic compounds including flavonoids and antioxidant activity of rice (*Oryza sativa*) and Chinese wild rice (*Zizania latifolia*)[J]. Food Chemistry, 344: 128600.

ZHAI C K, TANG W L, JANG X L, et al., 1996. Studies of the safety of Chinese wild rice[J]. Food And Chemical Toxicology, 34(4): 347–352.

ZHANG L B, ZHU Q, WU Z Q, et al., 2009. Selection on grain shattering genes and rates of rice domestication[J]. New Phytologist, 184(3): 708–720.

ZHOU Y, LU D F, LI C YATE L., 2012. Genetic control of seed shattering in rice by the APETALA2 transcription factor *SHATTERING ABORTION1*[J]. Plant Cell, 24(3): 1034–1048.

3

代谢组-蛋白组学联合分析揭示中国菰米发育过程中籽粒着色的分子机制

于秀婷，祁倩倩，李亚丽，解颜宁，丁安明，杜咏梅，刘新民，张忠锋，闫宁

（中国农业科学院烟草研究所）

摘要

中国菰米（*Zizania latifolia*）富含黄酮类化合物，其籽粒的特征颜色与类黄酮化合物的积累相关。本研究利用代谢组学与蛋白质组学联合分析的方法，探究了中国菰米发育过程中籽粒颜色变化的分子机制。根据酚类化合物含量、游离氨基酸含量以及类黄酮生物合成关键酶的表达水平和活性，对中国菰开花后 10 d、20 d 和 30 d 的整粒种子进行了表征。结果显示，在中国菰种子发育过程中，总酚和原花青素含量逐渐增加，而总黄酮和游离氨基酸含量逐渐降低。代谢组学分析显示，57 种类黄酮化合物的相对含量在种子发育过程中呈逐渐上升趋势，与籽粒颜色变化相关。蛋白质组分析表明，不同发育时期中国菰米间的差异表达蛋白主要富集在与类黄酮生物合成相关的苯丙烷生物合成途径。中国菰米中的无色花青素还原酶和 WD40 重复蛋白可能参与中国菰米发育过程中类黄酮的生物合成，该结果通过 qRT-PCR 得到了验证。本研究探讨了中国菰米发育过程中籽粒颜色变化的分子机制，为中国菰米类黄酮生物合成和积累提供了新的见解。

3.1 前言

菰米（wild rice）为禾本科（Gramineae）菰亚族（Zizaniinae Benth）菰属（*Zizania*）植物的种子（Yan et al., 2018）。全球范围内的菰属植物共有 4 种，分别来自东亚的中国菰（*Zizania latifolia*）以及北美的水生菰（*Zizania aquatica*）、沼生菰（*Zizania palustris*）和得

克萨斯菰（*Zizania texana*）（Chu et al., 2018；Yan et al., 2018；Yu et al., 2018）。中国菰米食用历史悠久，最早可追溯到 3 000 多年前。北美菰米曾是北美原住民印第安人的主食，自 1960 年开始商业化，现已形成完整而成熟的商业化生产系统（Yu et al., 2020）。2006年，菰米被美国食品药品监督管理局（Food and Drug Administration, FDA）认定为全谷物，其不仅营养价值较高，还富含多种生物活性物质，尤其是酚酸和类黄酮等酚类化合物（Chu et al., 2018；Sumczynski et al., 2017；Yu et al., 2020）。研究显示，菰米的减轻胰岛素抵抗、降低脂毒性、预防动脉粥样硬化和抗氧化等保健作用与其所含的酚类化合物密切相关（Qi et al., 2022；Yu et al., 2020）。

类黄酮化合物是由两个芳香环和一个杂环 C3 结构（C6-C3-C6）组成的一类酚类化合物，根据杂环结构的差异性，主要分为黄烷 -3- 醇、黄酮醇、黄烷酮、黄酮、花青素和异黄酮六大类（Kamiloglu et al., 2021）。其中，黄烷 -3- 醇（主要是儿茶素、表儿茶素）聚合后可生成原花青素，原花青素是中国菰米类黄酮化合物中的特征性成分（Chu and Du et al., 2019）。类黄酮化合物还可以起到器官着色作用（Desta et al., 2022；Shen et al., 2022），富含类黄酮的花、果实等表现出从红色到蓝色的一系列颜色（Qi et al., 2022；Shen et al., 2022；Zhang et al., 2020）。水稻籽粒颜色多样，包括白色、棕色、红色和黑色等，黑米主要是由于籽粒中积累了花青素和原花青素，而红米主要是由于籽粒中积累了原花青素（Mbanjo et al., 2020；Qi et al., 2022）。根据类黄酮化合物合成路径，与类黄酮合成相关的酶包括苯丙氨酸解氨酶（phenylalanine ammonia lyase，PAL）、查尔酮异构酶（chalcone isomerase，CHI）等早期结构基因编码的酶，以及无色花青素还原酶（leucoanthocyanidin reductase，LAR）等晚期结构基因编码的酶。此外，MYB、bHLH和 WD40 等多种转录因子对类黄酮合成过程起调控作用（Nabavi et al., 2020；Shen et al., 2022；Sun et al., 2018）。

单一组学数据难以解析生物系统的宏观发育过程，而多组学数据联合分析可提出分子生物学变化机制模型（Pinu et al., 2019）。目前，多组学联合分析已经被应用于基础生物学研究、育种、食品品质鉴定等多个方面，在判断黑松露成熟度与品质的关系（Zhang et al., 2021）、探究香蕉果肉类胡萝卜素积累机制（Heng et al., 2019）、确定曲霉在普洱茶发酵过程中的作用（Ma et al., 2021）以及分析热处理与牛油果成熟过程的关系（Uarrota et al., 2019）等多种不同方向的研究中都已经发挥了重要的作用。彩色稻米种子发育过程中的颜色变化与类黄酮化合物，尤其是与其富含的花青素和原花青素的积累密切相关（Shao et al.,2014）。但是，有关中国菰米发育过程中类黄酮化合物积累的分子机制及该积累与其籽粒颜色显著变化之间的关系还未有相关报道。

本研究确定了与中国菰米类黄酮生物合成的候选基因，并利用串联质谱标签（TMT）蛋白组学 - 黄酮代谢组学联合分析，研究了中国菰米籽粒在 3 个发育时期颜色变化的分子机制。本研究还阐明了总酚含量（total phenolic content，TPC）、总黄酮含量（total flavonoid content，TFC）、原花青素总含量（total proanthocyanidin content，TPAC）、游离氨基酸（free amino acids，FAAs）含量以及类黄酮生物合成关键酶的表达水平和活性的变化趋势。该研究结果为揭示中国菰米发育过程中类黄酮化合物的积累机制及其与籽粒颜色变化的联系奠定了理论基础。

3.2 材料和方法

3.2.1 样品和前处理

本研究以不同发育时期中国菰米为试验材料，于 2021 年 9—10 月在江苏省淮安市金湖县白马湖村（33° 11′ 9″ N，119° 9′ 37″ E）采集了具有代表性的不同发育时期中国菰米（Yan et al.，2019，2022）。淮安中国菰从开花到收获的周期约为 30d。中国菰开花时，做好开花的时间标记，并分别于开花后 10d（F10）、20d（F20）、30d（F30）收取各时期的种子，每个时期设置 3 个重复。取样过程中，中国菰米籽粒从浅绿色（F10）变为深绿色（F20），最后变为棕黑色（F30），这是其 3 个代表性发育阶段。收集到的种子于 −80℃保存待用。

3.2.2 不同发育时期中国菰米的长度和重量测定

随机取 F10、F20 和 F30 时期的中国菰米各 10 粒，手工去壳，用游标卡尺（91511，SATA，中国）测定不同时期中国菰米的粒长、粒宽，每个数据重复测量 3 次并取平均值。不同发育时期的中国菰米粒长和粒宽以该时期 10 粒菰米平均值记录。取 F10、F20、F30 时期的中国菰米 1 000 粒，手工去壳，测定不同发育时期中国菰米千粒鲜重。测定完成后将样品于冷冻干燥机（Alpha 1–2 LD Plus；Martin Christ 公司，德国）干燥至恒重，并测定不同发育时期中国菰米的千粒干重。

3.2.3 酚类化合物提取

取适量 F10、F20 和 F30 时期的中国菰米，手工去壳后使用冷冻干燥机干燥至恒重，用磨粉机磨粉（MM-1B，日本），过 100 目筛得到样品粉末，于 4℃保存待用。游离态酚类化合物和结合态酚类化合物的提取方法参考之前的研究（Yu et al.，2021）进行。准确称取 0.200 0g（精确至 0.000 1）不同发育时期的中国菰米粉末，加入 5mL 提取液（纯甲醇），采用超声萃取法提取样品中游离态酚类化合物。提取游离态酚类化合物后的残渣经 4mol/L NaOH 碱解、乙酸乙酯萃取、6mol/L 盐酸酸化、旋蒸、5mL 甲醇复溶等步骤后，得到样品结合态酚类化合物的提取液。将游离态酚类化合物和结合态酚类化合物提取液分别过 0.22μm 有机滤膜后等体积混合，得到最终样品溶液，样品溶液于 4℃保存。

3.2.4 总酚、总黄酮和总原花青素含量测定

不同发育时期中国菰米中总酚、总黄酮和总原花青素含量测定方法参考 Yu 等（2021）的研究。不同发育时期中国菰米的总酚、总黄酮和总原花青素含量分别以每 100g 样品的当量没食子酸毫克数（mg GAE/100g）、每 100g 样品的当量儿茶素毫克数（mg CE/100g）和每 100g 样品的当量儿茶素毫克数表示（mg CE/100g）。

3.2.5 基于 UHPLC-QqQ-MS 的类黄酮代谢组分析

3.2.5.1 样品制备和提取

中国菰米样品前处理方法参考 Yu 等（2021）的研究，并进行了部分修改。将中国菰米样品真空冷冻干燥并磨粉后，称取 100mg 的粉末，溶解于 1.2mL 70% 甲醇提取液中。样本每 30min 涡旋 1 次，每次持续 30s，共涡旋 6 次，置于 4℃ 冰箱过夜；过夜后的样本于 4℃、10 000×g 条件下离心 10min 后，吸取上清液，过 0.22μm 滤膜，并保存于进样瓶中，用于后续 UPLC-MS/MS 分析。

3.2.5.2 色谱质谱采集条件

数据采集仪器系统主要包括超高效液相色谱（UPLC）（SHIMADZU Nexera X2，岛津，日本）和串联质谱（MS/MS）（Applied Biosystems 4500 QTRAP，美国）。超高效液相色谱分析条件如下：色谱柱，Agilent SB-C18（1.8μm，2.1mm× 100mm）；流动相，A 相为超纯水（加入 0.1% 甲酸），B 相为乙腈（加入 0.1% 甲酸）；洗脱梯度，0min B 相比例为 5%，9.00min 内 B 相比例线性增加到 95%，并维持在 95% 1min，10.00~11.10min，B 相比例降为 5%，并以 5% 平衡至 14min；流速，0.35mL/min；柱温，40℃；进样量，4μL。串联质谱仪器信息及相关参数参考 Chu 等（2020）的研究。

3.2.5.3 差异类黄酮代谢物筛选、KEGG 功能注释及富集分析

对数据进行正交偏最小二乘判别分析（OPLS-DA），原始数据进行 log2 转换后，再进行中心化处理，公式为 $x^*=x-x$，式中，x^* 表示原始数据，x 表示中心化后的数据，x 表示原始数据的平均值。利用 R 软件中的 MetaboAnalystR 包进行 OPLSR.Anal 函数分析。对 OPLS-DA 进行排列验证（n=200，即进行 200 次排列实验），以避免过度拟合。基于 OPLS-DA 结果，获得多变量分析 OPLS-DA 模型的变量重要性投影（variable importance in projection，VIP）。利用 VIP 值结合 P 值或差异倍数（fold change, FC）筛选不同发育阶段样品之间的差异类黄酮代谢物。不同发育时期中国菰米间的差异代谢物的筛选条件参考 Chu 等（2020）的研究。差异代谢物在生物体内相互作用，形成不同的通路。利用 KEGG 数据库对差异代谢物进行注释并展示，随后对差异代谢物进行聚类和富集分析（Kanehisa et al., 2000；Yu et al., 2021）。利用 R 中的 "boxplot" 函数绘制不同发育时期中国菰米间的差异代谢物箱线图（Yan et al., 2019）。差异类黄酮代谢物使用 KEGG 数据库进行功能注

释，然后进行聚类和富集分析（Kanehisa et al., 2000；Yu et al., 2021）。

3.2.6　游离氨基酸的提取和测定

不同发育时期中国菰米游离氨基酸含量的测定方法参考 Chu 和 Yan 等（2019）的研究，并进行了部分修改。称取 0.500 0 g（精确至 0.000 1）不同时期的中国菰米粉末，加入 5 mL 0.1 mol/L 盐酸提取液（含正亮氨酸内标）。将混合物在常温条件下超声提取 30 min，4 ℃、15 300 × g 条件下离心 10 min。吸取上清液过 0.22 μm 有机滤膜，利用 Biochrom 30 氨基酸分析仪进行游离氨基酸含量的测定，其中脯氨酸在 440 nm 处测定，其他 17 种游离氨基酸在 570 nm 处测定，含量以每克中国菰米粉末中所含游离氨基酸的量（μg/g）表示。

3.2.7　蛋白质组分析

3.2.7.1　样品制备和提取

取适量样品，加液氮研磨成粉末状，加入裂解缓冲液（裂解液：蛋白酶抑制剂 =50∶1），涡旋混匀至完全溶解，超声 1 s，停 1 s，累计 2 min。14 000 × g 离心 20 min，取上清，分装，留取 10 uL 定量，其余部分保存于 −80 ℃ 冰箱。采用 Bradford 法（Marion，1976）测定提取的蛋白浓度。每例样品取 10 μg 进行 SDS-PAGE 电泳，考马斯亮蓝染色 30 min，脱色直至背景清晰，确定样品蛋白质量。

3.2.7.2　蛋白质酶解脱盐

取 100 ug 蛋白，加入终浓度为 10 mmol/L 的二硫苏糖醇（dithiothreitol，DTT），置于 37 ℃ 条件下 1 h，然后恢复至室温。加入终浓度为 40 mmol/L 的碘乙酰胺（iodoacetamide，IAM），避光室温放置 45 min。使用碳酸氢铵稀释样本，调节 pH 至 8，并按照蛋白：胰蛋白酶 =50∶1 加入胰酶，37 ℃ 过夜酶解。次日，加入 50 μL 0.1% 甲酸终止反应。使用 C18 脱盐柱对样本进行脱盐，先用 100% 乙腈活化脱盐柱，再用 0.1% 甲酸平衡柱子，加载样本到柱子上，随后使用 0.1% 甲酸洗涤柱子，洗掉杂质，最后使用 70% 乙腈洗脱，收集洗脱液并冻干。

3.2.7.3　串联质谱标签标记

取出串联质谱标签（tandem mass tag，TMT）试剂，放置室温解冻后开盖，加入 41 μL 乙腈。振荡 5 min，离心。将 TMT 试剂加入 100 μg 酶切好的样本中，室温反应 1 h。加入氨水终止反应。混合标记后的样品，涡旋振荡，离心至管底。真空冷冻离心干燥。

3.2.7.4　高效液相色谱分馏

采用色谱柱为 Durashell-C18（4.6 mm × 250 mm，5 μm，博纳艾杰尔公司，中国）。流动相 A 为含 2% 乙腈的 ddH$_2$O（pH 10.0），流动相 B 为含 2% ddH$_2$O 的乙腈（pH 10.0）。混合标记后的样品用 100 μL 流动相 A 溶解，14 000 × g 离心 20 min，取上清，使用高效液

相色谱进行分级处理。流速 0.7mL/min。分离梯度如下：5%~8% B，0~5min；8%~18% B，5~40min；18%~32% B，40~62min；32%~95% B，62~64min；95% B，64~68min；95%~5% B，68~72min。洗脱液收集、干燥。

3.2.7.5　LC-MS/MS 质谱分析

配制流动相 A（100% 水、0.1% 甲酸）和 B（80% 乙腈、0.1% 甲酸）。使用 10μL A 液溶解冻干粉末，4℃下 14 000×g 离心 20min，取上清 1μg 样品进样，进行液质检测。分离流速 600nL/min，分离梯度如下：7%~15% B，0~7min；15%~25% B，7~34min；25%~40% B，34~49min；40%~100% B，49~50min；100% B，50~60min。

使用 Orbitrap Exploris™480 质谱仪配备 FAIMS Pro™ Interface 和 Nanospray Flex™（NSI）离子源，补偿电压在 −45cV 和 −65cV 之间每 1s 切换 1 次。质谱采用数据依赖型采集模式，质谱全扫描范围为 m/z 350~1 500，一级质谱分辨率设为 60 000（m/z 200），AGC 为 Standard，C-trap 最大注入时间为 118ms；二级质谱检测采用"Top Speed"模式，AGC 为 100%，最大注入时间为 54ms，肽段碎裂碰撞能量设为 36%，生成质谱检测原始数据（.raw）。

3.2.7.6　差异表达蛋白筛选、KEGG 功能注释及富集分析

原始数据预处理参考 Chu 和 Yan 等（2019）的方法。利用 T 检验分析两组样本间蛋白表达的差异，筛选条件为显著性检验值 $P<0.01$ 和两组样本定量比值 FC>2。利用 KEGG（http://www.kegg.jp/kegg/pathway.html）数据库对鉴定到的蛋白质进行功能注释。以 KEGG 代谢通路为单位，应用超几何检验，找出与所有鉴定到蛋白背景相比在差异蛋白中显著性富集的通路。

3.2.8　中国菰米类黄酮化合物合成候选基因筛选

通过国家水稻数据中心（http://www.ricedata.cn/gene/）查询水稻基因组信息，获得水稻类黄酮生物合成基因。将水稻中的类黄酮合成基因与中国菰米基因组序列（https://ngdc.cncb.ac.cn/gwh/Assembly/22880/show）进行比较，序列比对结果的 E-value 值设置为小于 1E-10，以确定中国菰米类黄酮合成候选基因。利用 MCScan（E_VALUE: 1E-05）软件对中国菰米与水稻的类黄酮合成基因进行共线性分析，找出共线性基因，并结合中国菰米不同发育时期的蛋白相对表达量，分析候选蛋白的表达情况。

3.2.9　类黄酮生物合成关键酶基因的表达分析

根据 Wang 等（2017）的研究，对 2 个编码类黄酮生物合成关键酶的候选基因（*LAR* 和 *WD40*）进行了 qRT-PCR 测定。设计基因特异性引物用于 *LAR*（正向引物序列，5'-ACCTCAGGGCGGAGAATC-3'；反向引物序列，5'-TCACGCACGACCTCATCAC-3'）和 *WD40*（正向引物序列，5'-GTACCTGTCGTCGCGGCAGCAA-3'；反向引物序列，

5'-AGCACTCCACCATCCTCTACGA-3'）的序列分析。

3.2.10　类黄酮生物合成关键酶活性分析

采用 PAL 和 CHI 酶联免疫分析试剂盒（MM-089902 和 MM-3591402，江苏酶免实业有限公司，中国）检测不同发育时期中国菰米中 PAL 和 CHI 的酶活性。实验步骤按照说明书进行，PAL、CHI 活性使用标准曲线计算，结果以每克鲜重的酶单位（U/g FW）表示。

采用 LAR 酶联免疫分析试剂盒（BS-E19016O1，华博德亿生物技术有限公司，中国）检测不同发育时期中国菰米中 LAR 的酶活性。实验步骤按照说明书进行，LAR 活性使用标准曲线计算，结果以每升样品的酶单位（U/L）表示。

3.2.11　统计分析

不同发育时期中国菰米样品各指标测量值以平均值 $\pm SD$（$n=3$）表示。中国菰米在每个发育阶段取 3 个重复，每个重复至少测量 3 次，取平均值进行分析。采用 SASv.9.4 软件（北卡罗来纳州，美国）进行方差分析。利用 Duncan 多重比较检验，在 $P<0.05$ 水平进行数据间差异显著性分析。Pearson 相关分析在 $P<0.01$ 水平进行数据间相关性分析。

3.3　结果分析

3.3.1　不同发育时期中国菰米外观、粒径和重量

中国菰米 3 个发育时期的外观、形态学指标和重量如图 3-1A 所示。F10 时期中国菰米呈浅绿色，质地柔软，可挤压出白色乳浆状内容物；F20 时期中国菰米呈现深绿色，质地偏硬，内部为硬块蜡状；F30 时期中国菰米米粒硬固，颜色由深绿色变为棕黑色。F10 时期中国菰米的粒长为 8.21mm，显著小于 F20 和 F30 时期的 10.30mm 和 10.65mm（$P<0.05$），F20 和 F30 时期之间无显著性差异（$P>0.05$）（图 3-1B）。中国菰米 3 个发育时期的粒宽分别为 0.89mm、1.24mm 和 1.47mm，3 个时期间均存在显著性差异（$P<0.05$）（图 3-1C）。中国菰米在 3 个不同发育时期的千粒鲜重和干重如图 3-1D 和图 3-1E 所示，两个指标在发育过程中均呈现出递增的趋势，且不同时期间均存在显著性差异（$P<0.05$）。F20 和 F30 时期的千粒鲜重分别为 F10 时期的 2.07 倍和 2.76 倍。千粒干重的变化较鲜重差异更明显，F20 和 F30 时期的千粒干重可分别达 F10 时期的 3.11 倍和 5.08 倍。由此可见，随着中国菰米的不断发育，其粒长、粒宽、千粒鲜重和干重均持续增大，籽粒颜色也发生了显著变化。

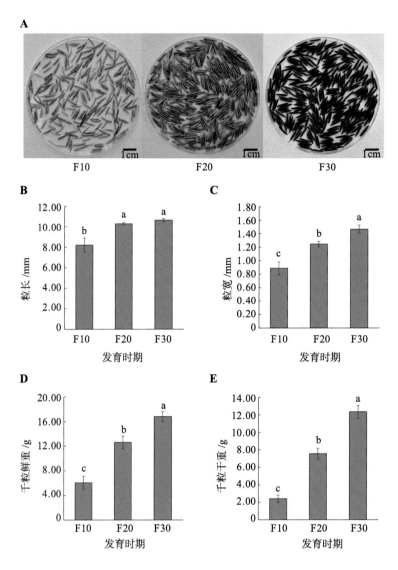

图 3-1　中国菰米 3 个发育时期的指标

注：A. 外观；B. 粒长；C. 粒宽；D. 千粒鲜重；E. 千粒干重。标尺 =1cm。不同字母代表样本之间的显著差异（$P<0.05$）。F10，开花后 10d；F20，开花后 20d；F30，开花后 30d。

3.3.2　不同发育时期中国菰米总酚、总黄酮和总原花青素含量变化

中国菰米 3 个发育时期的总酚、总黄酮和总原花青素含量如图 3-2 所示。F10、F20 和 F30 的 总 酚 含 量 分 别 为 365.59mg GAE/100g、449.01mg GAE/100g 和 455.92mg GAE/100g，其中 F20 与 F30 的总酚含量无显著差异（$P>0.05$），但均显著高于 F10 时期（$P<0.05$），分别为 F10 时期的 1.23 倍和 1.25 倍。F10、F20 和 F30 的原花青素含量分别为 610.85mg CE/100g、796.44mg CE/100g 和 887.99mg CE/100g，不同时期之间均存在显著差异（$P<0.05$），F30 的原花青素含量分别为 F10 和 F20 的 1.11 倍和 1.45 倍。与总

酚和总原花青素含量变化趋势不同，中国菰米 3 个不同发育时期的总黄酮含量呈现下降趋势，F30 的 TFC 为 463.42mg CE/100g，显著低于 F10 和 F20 时期的 555.87mg CE/100g 和 556.21mg CE/100g（$P<0.05$）。中国菰米 3 个发育时期的测定结果表明，中国菰米在发育过程中总酚含量和总原花青素含量逐渐升高，而总黄酮含量逐渐下降。

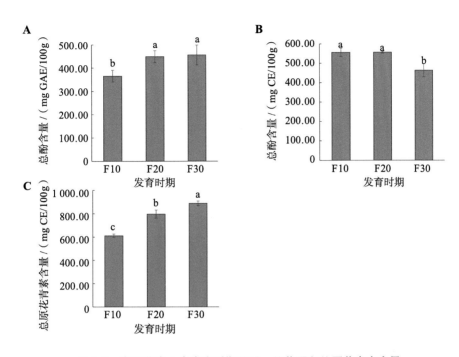

图 3-2　中国菰米 3 个发育时期总酚、总黄酮和总原花青素含量

注：A. 总酚含量；B. 总黄酮含量；C. 总原花青素含量。F10，开花后 10d；F20，开花后 20d；F30，开花后 30d。不同字母代表样本之间的显著差异（$P<0.05$）。

3.3.3　不同发育时期中国菰米类黄酮代谢物鉴定

利用 UHPLC-QqQ-MS 技术对中国菰米 3 个发育时期的样品进行黄酮差异代谢物分析。本研究共鉴定出 277 种类黄酮代谢物，包括 15 种花青素、10 种查尔酮、1 种二氢异黄酮、14 种黄烷醇、27 种二氢黄酮、11 种二氢黄酮醇、82 种黄酮、28 种黄酮碳糖苷、53 种黄酮醇、13 种异黄酮、6 种原花青素和 17 种鞣质，其详细鉴定结果可以参见 Yu 等（2022）文中的补充资料（supplementary data）中的 Table S1。基于差异代谢物筛选条件 [（FC ≥2 或 ≤0.5）和 VIP ≥1]，分别从 F10 vs F20、F10 vs F30 和 F20 vs F30 3 个比较组中分别鉴定出 129 种、161 种和 93 种差异类黄酮。图 3-3A 为中国菰米 3 个发育时期差异代谢物火山图。F10 vs F20 的差异类黄酮中，有 59 种在 F20 上调、70 种下调（图 3-3A）；F10 vs F30 的差异类黄酮中，有 73 种在 F30 上调、88 种下调（图 3-3B）；F20 vs F30 的差异类黄酮中，有 40 种在 F30 上调、53 种下调（图 3-3C）。F10 vs F20、F10 vs F30 和

F20 vs F30 3 组中的共有差异代谢物共有 37 种（图 3-4）。不同发育时期间中国菰米差异类黄酮代谢物的种类、相对含量、VIP 值、FC、log₂FC 及上调和下调的具体数据详情可以参见 Yu 等（2022）文中的补充资料（supplementary data）中的 Table S2（F10 vs F20）、Table S3（F10 vs F30）和 Table S4（F20 vs F30）。

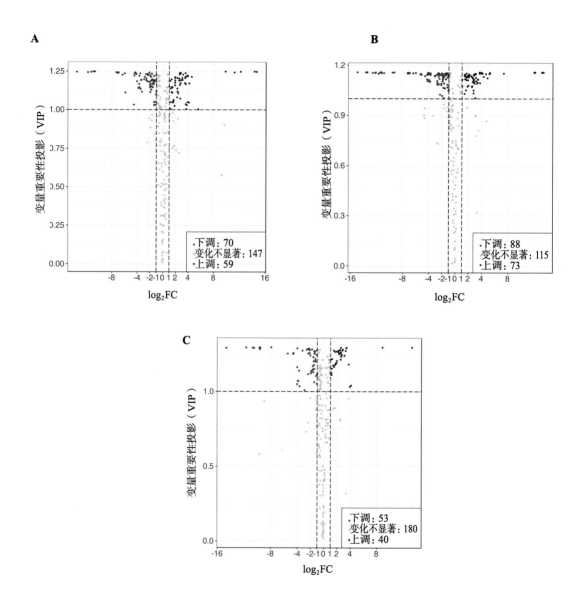

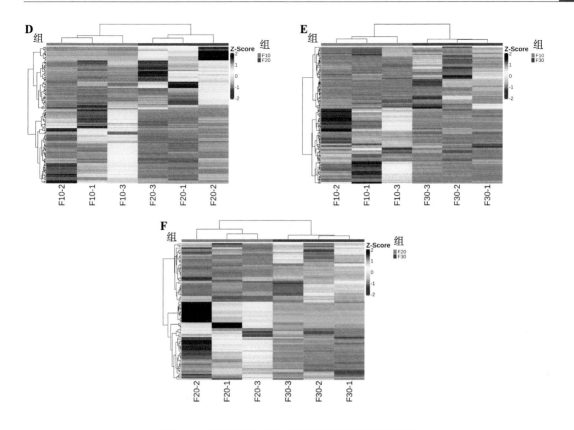

图 3-3　中国菰米 3 个发育时期差异类黄酮代谢物

注：A. F10 vs F20 火山图；B. F10 vs F30 火山图；C. F20 vs F30 火山图；D. F10 vs F20 差异类黄酮代谢物聚类热图；E. F10 vs F30 差异类黄酮代谢物聚类热图；F. F20 vs F30 差异类黄酮代谢物聚类热图。A、B、C 中的每一个点表示一种代谢物，其中绿色的点代表下调差异代谢物，红色的点代表上调差异代谢物，灰色代表检测到但变化不显著的代谢物；D、E、F 为差异类黄酮代谢物聚类热图，图中横坐标为样品名称，纵坐标为差异代谢物；对差异代谢物进行层次聚类，则热图左侧的树状图代表差异代谢物聚类结果；或对差异代谢物进行分类，则热图左侧的注释条对应物质一级分类，不同颜色代表不同的物质类别。

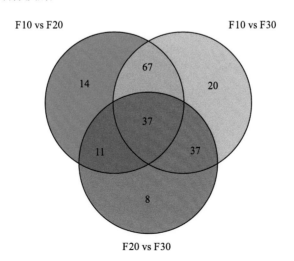

图 3-4　中国菰米 3 个发育时期差异类黄酮代谢物韦恩图

对差异代谢物进行层次聚类分析，结果如图 3-3B 所示，聚类分析结果展示了中国菰米 3 个发育时期之间非常明显的类黄酮差异代谢物分组模式。为了进一步研究代谢物在不同分组中的相对含量变化趋势，将所有分组比较中鉴定得到的全部差异代谢物的相对含量进行 Z-Score 标准化，并进行 K-Means 聚类分析。K-Means 聚类分析结果显示 194 种差异类黄酮根据趋势变化被分为 10 组（class）（图 3-5）。其中，Class 1、Class 3 和 Class 10 中共 57 种类黄酮代谢物（包括 1 种花青素、2 种查尔酮、1 种黄烷醇、2 种黄烷酮、1 种二氢黄酮醇、27 种黄酮、8 种黄酮碳糖苷、8 种黄酮醇、5 种异黄酮和 2 种鞣质）在中国菰米发育过程中呈上升趋势，推测中国菰米发育过程中的颜色变化与这 57 种类黄酮代谢物密切相关。K-Means 聚类的具体代谢物信息见 Yu 等（2022）文中的补充资料（supplementary data）中的 Table S5。此外，本研究还绘制了中国菰米发育过程中麦黄酮及其衍生物（来自 Class 1、Class 3 和 Class 10）的箱线图。如图 3-6 所示，麦黄酮及 14 种麦黄酮衍生物在中国菰米发育过程中逐渐上升。

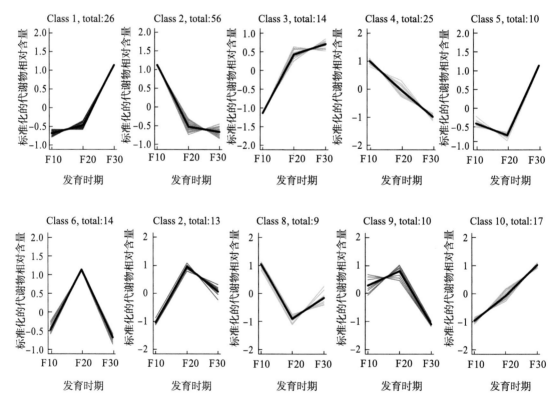

图 3-5　差异代谢物 K-Means 图

注：F10，开花后 10d；F20，开花后 20d；F30，开花后 30d。横坐标表示样品名称，纵坐标表示标准化的代谢物相对含量（standardised value），Class 代表相同变化趋势的代谢物类别编号，total 代表该类别的代谢物的数目。

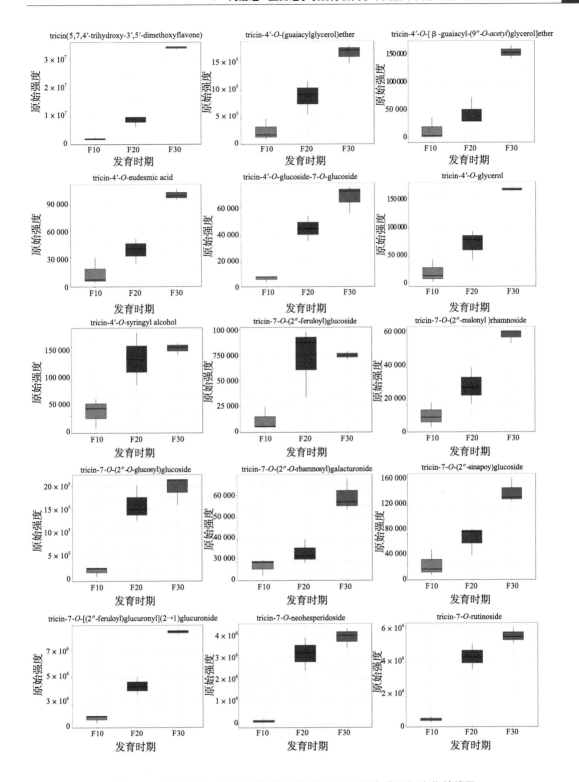

图 3-6　中国菰米 3 个发育时期差异麦黄酮和 14 种麦黄酮衍生物箱线图

注：横轴表示样品，纵轴表示代谢物的原始强度 (raw intensity)。F10，开花后 10 d；F20，开花后 20 d；F30，开花后 30 d。

3.3.4 不同发育时期中国菰米差异类黄酮代谢物 KEGG 功能注释及富集分析

将 3 个不同比较组中的差异代谢物匹配 KEGG 数据库从而获得代谢物所参与的通路信息。对注释结果进行分类和富集分析，获得差异代谢物富集较多的代谢通路。从差异代谢物 KEGG 分类和富集结果看，F10 vs F20、F10 vs F30 和 F20 vs F30 的差异代谢物主要注释和富集在"代谢途径"（6，27.27%；6，22.22%；5，21.74%）、"类黄酮生物合成"（13，59.09%；17，62.96%；14，60.87%）、"黄酮和黄酮醇生物合成"（6，27.27%；9，33.33%；6，26.09%）和"次级代谢产物生物合成"（9，40.91%；12，44.44%；10，43.48%），4 条通路下的代谢物个数占被注释代谢物总数的比例均超过 20%（图 3-7）。KEGG 分类和富集结果表明，中国菰米 3 个发育时期的差异类黄酮代谢产物主要与类黄酮合成途径有关。

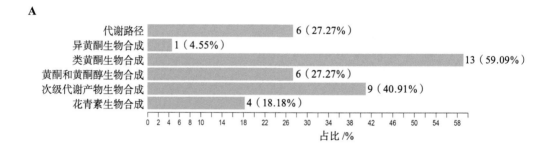

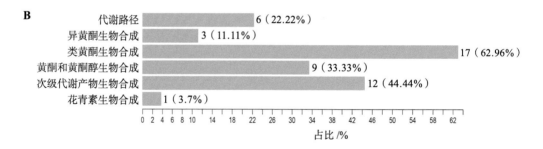

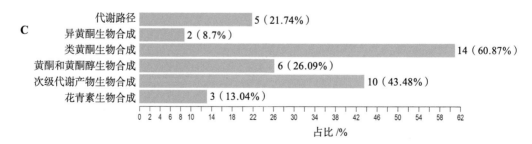

图 3-7 中国菰米 3 个发育时期差异类黄酮代谢物 KEGG 分类

注：A. F10 vs F20；B. F10 vs F30；C. F20 vs F30。

3.3.5 不同发育时期中国菰米游离氨基酸含量分析

本次试验共定量分析了 18 种游离氨基酸（FAAs），包括苏氨酸、缬氨酸、蛋氨酸、异亮氨酸、亮氨酸、赖氨酸和色氨酸 7 种必需氨基酸和天冬氨酸、丝氨酸、L– 天门冬酰胺、谷氨酸、脯氨酸、甘氨酸、丙氨酸、酪氨酸、β– 丙氨酸、γ– 氨基丁酸和精氨酸 11 种非必需氨基酸（表 3-1）。随着中国菰米的不断发育，18 种游离氨基酸含量均降低。F10 到 F20 时期，18 种氨基酸中变化最大的为天冬氨酸，变化最小的为谷氨酸。F10 到 F30 时期，18 种氨基酸中变化最大的为 L– 天门冬酰胺，变化最小的为 β– 丙氨酸。总之，中国菰米中各种游离氨基酸的含量在 3 个发育时期间均存在显著性差异（$P < 0.05$），各游离氨基酸的水平在 F10 时期最高，并均随着菰米的不断发育而下降。

表 3-1　中国菰米 3 个发育时期游离氨基酸含量变化趋势　　　　　　单位：μg/g

游离氨基酸	F10	F20	F30
天冬氨酸	1 065.64 ± 47.39a	92.53 ± 4.93b	28.01 ± 4.28c
苏氨酸	516.21 ± 6.79a	133.75 ± 4.29b	24.07 ± 1.88c
丝氨酸	510.74 ± 5.15a	155.78 ± 4.52b	23.68 ± 2.91c
L– 天门冬酰胺	3 839.54 ± 163.40a	603.09 ± 11.38b	85.35 ± 5.28c
谷氨酸	1 125.71 ± 22.58a	697.43 ± 15.38b	106.91 ± 17.03c
脯氨酸	681.39 ± 25.55a	191.70 ± 8.27b	30.83 ± 7.45c
甘氨酸	423.60 ± 7.45a	155.19 ± 1.23b	31.27 ± 0.43c
丙氨酸	1 197.03 ± 45.87a	436.27 ± 3.73b	55.76 ± 3.90c
缬氨酸	643.47 ± 12.50a	146.82 ± 14.45b	74.54 ± 5.95c
蛋氨酸	132.01 ± 9.52a	34.14 ± 3.84b	8.56 ± 1.29c
异亮氨酸	368.47 ± 17.69a	119.10 ± 10.34b	40.40 ± 6.08c
亮氨酸	491.82 ± 3.45a	147.62 ± 12.58b	39.84 ± 2.12c
酪氨酸	222.87 ± 17.90a	118.80 ± 1.93b	30.67 ± 1.41c
β– 丙氨酸	164.60 ± 7.79a	79.45 ± 13.15b	60.56 ± 2.90c
γ– 氨基丁酸	1 538.30 ± 31.57a	340.32 ± 3.68b	57.20 ± 10.48c
赖氨酸	697.74 ± 21.39a	192.01 ± 17.35b	82.36 ± 6.42c
色氨酸	535.24 ± 13.14a	193.35 ± 21.94b	72.43 ± 12.74c
精氨酸	503.84 ± 15.18a	143.06 ± 4.56b	39.99 ± 1.30c

注：不同字母代表样本之间的显著差异（$P<0.05$）。

3.3.6 不同发育时期中国菰米蛋白质鉴定和差异表达蛋白分析

为了深入了解中国菰米发育过程中类黄酮化合物含量变化的合成调控机制，对 F10、F20 和 F30 样本进行了 3 组蛋白质组学分析，共发现 7 742 种蛋白质，详情可以参见 Yu 等（2022）文中的补充资料（supplementary data）中的 Table S6。根据显著性 T 检验值

$P<0.01$ 和两组样本定量比值 $FC>2$，在 F10 vs F20、F10 vs F30 以及 F20 vs F30 之间分别筛选出 150、502 和 209 种差异蛋白。F10 vs F20 差异的 150 种蛋白中，在 F20 时期有 119 种上调、31 种下调；F10 vs F30 差异的 502 种蛋白中，在 F30 时期有 176 种上调、326 种下调；F20 vs F30 差异的 209 种蛋白中，在 F30 时期有 53 种上调、156 种下调（图 3-8）。不同发育时期差异蛋白相对表达量、$\log_2 FC$、P-value 值以及上调、下调情况详见 Yu 等（2022）文中的补充资料（supplementary data）中的 Table S7（F10 vs F20）、Table S8（F20 vs F30）和 Table S9（F10 vs F30）。

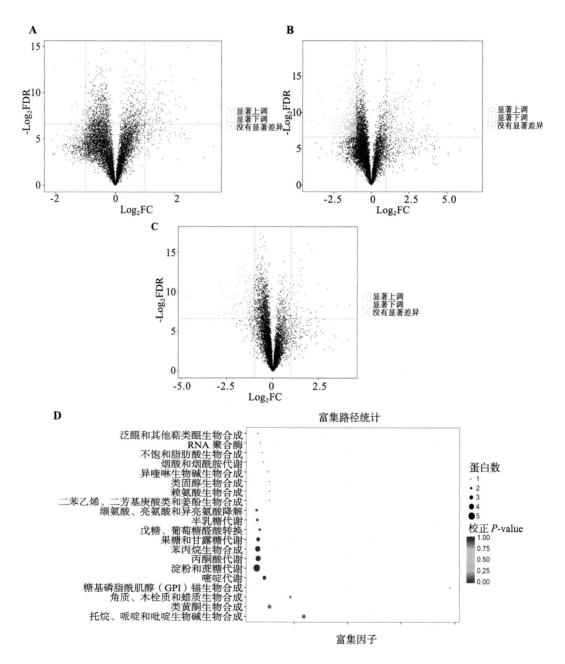

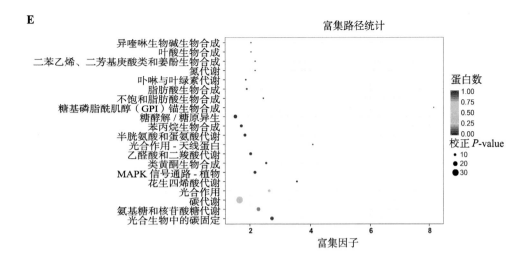

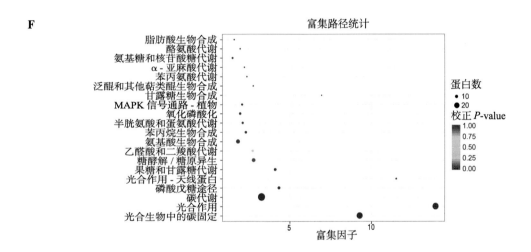

图 3-8　中国菰米 3 个发育时期间的差异表达蛋白

注：A. F10 vs F20 火山图；B. F10 vs F30 火山图；C. F20 vs F30 火山图；D. F10 vs F20 KEGG 代谢通路富集气泡图；E. F10 vs F30 KEGG 代谢通路富集气泡图；F. F20 vs F30 KEGG 代谢通路富集气泡图。A、B、C 中散点颜色代表最终筛选结果：红色为显著上调蛋白质，绿色为显著下调蛋白质，黑色为两个阶段之间水平没有显著差异的蛋白质。D、E、F 中，纵轴表示通路的名称，横轴表示每个通路的富集因子，每个点的颜色代表校正 P-value 值（颜色越红表示富集越显著），点的大小代表注释相应途径的差异代谢物的数量。

3.3.7　不同发育时期中国菰米差异表达蛋白质的 KEGG 注释和富集分析

所有样本中鉴定出的蛋白质中，有 6 358 个蛋白被注释到 KEGG 通路中，详情可以参见 Yu 等（2022）文中的补充资料（supplementary data）中的 Table S10。将差异表达蛋白的 KEGG 注释结果按照 KEGG 中通路类型进行分类和富集（图 3-8D、E、F）。根据

KEGG 代谢通路富集结果确定类黄酮化合物合成相关差异蛋白所参与的生化代谢途径和信号转导途径。F10 与 F20 时期主要涉及"苯丙烷生物合成"（4 个 DEPs）和"类黄酮生物合成"（3 个 DEPs）（图 3-8D），F10 与 F30 时期主要涉及"苯丙烷生物合成"（11 个 DEPs）和"类黄酮生物合成"（7 个 DEPs）（图 3-8E），F20 与 F30 时期主要涉及"苯丙氨酸代谢"（2 个 DEPs）和"苯丙烷生物合成"（7 个 DEPs）（图 3-8F）。中国菰米不同发育时期类黄酮代谢物合成相关差异表达蛋白主要参与的通路为"苯丙烷生物合成"。

3.3.8 不同发育时期中国菰米类黄酮化合物生物合成相关蛋白分析及其与总原花青素含量的关系

类黄酮的生物合成途径如图 3-9 所示。根据中国菰米与水稻类黄酮化合物合成基因的共线性分析寻找中国菰米类黄酮化合物合成候选基因（表 3–2、图 3–10），结合共线性分析结果在中国菰米蛋白组数据中筛选与类黄酮化合物生物合成相关的差异蛋白质数据，最终在 F10、F20 和 F30 时期鉴定出的 DEPs 包括 2 个 PAL、4 个 4CL、3 个 CHI、1 个 FLS、2 个 DFR、1 个 LAR、1 个 OMT 和 1 个 WD40 重复蛋白（表 3-3）。

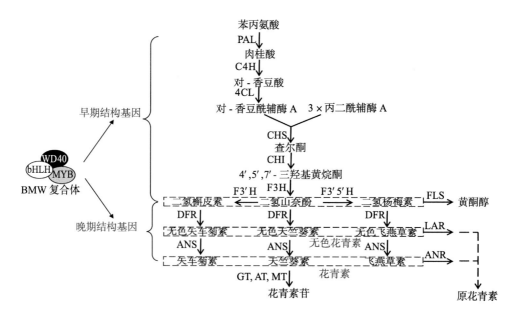

图 3-9 类黄酮化合物的生物合成途径

注：PAL，phenylalanine ammonia lyase，苯丙氨酸解氨酶；C4H，cinnamate-4-hydroxylase，肉桂酸 -4- 氢化酶；4CL，4-coumarate:coenzyme A ligase，4- 香豆酰辅酶 A 连接酶；CHS，chalcone synthase，查尔酮合成酶；CHI，chalcone isomerase，查尔酮异构酶；F3H，flavanone 3-hydroxylase，黄烷酮 3- 羟化酶；F3′H：flavonoid 3′-hydroxylase，类黄酮 3′- 羟化酶；F3′5′H，flavonoid 3′,5′-hydroxylase，类黄酮 3′,5′- 羟化酶；DFR，dihydroflavonol-4-reductase，二氢黄酮醇还原酶；ANS，anthocyanidin synthase，花青素合成酶；FLS，flavonol synthase，黄酮醇合成酶；LAR，leucoanthocyanidin reductase，无色花青苷还原酶；ANR，anthocyanidin redutase，花青素还原酶；GT，glycosyl transferases，葡萄糖基转移酶；AT，acyl transferase，酰基转移酶；MT，methyl transferase，甲基转移酶。

表 3-2　中国菰米类黄酮生物合成候选基因

基因	水稻基因组位点	基因描述	中国菰基因 ID	E-value
PAL	LOC_Os02g41630	苯丙氨酸解氨酶	Zla08G015590.1	0
	LOC_Os04g43760	苯丙氨酸解氨酶	Zla06G009160.1	0
	LOC_Os05g35290	苯丙氨酸解氨酶	Zla01G006900.1	0
		苯丙氨酸解氨酶	Zla13G005480.1	0
4CL	LOC_Os02g46970	4- 香豆酸辅酶 A 连接酶	Zla10G014100.1	9.00E-291
	LOC_Os02g08100	4- 香豆酸辅酶 A 连接酶	Zla08G004910.1	3.00E-265
		4- 香豆酸辅酶 A 连接酶	Zla10G003180.1	1.00E-262
	LOC_Os06g44620	4- 香豆酸辅酶 A 连接酶	Zla03G008730.1	2.00E-289
		4- 香豆酸辅酶 A 连接酶	Zla15G003870.1	8.00E-266
	LOC_Os08g34790	4- 香豆酸辅酶 A 连接酶	Zla04G005750.1	5.00E-281
CHS	LOC_Os01g41834	查尔酮合成酶	Zla04G024790.1	2.00E-149
	LOC_Os07g34140	查尔酮合成酶	Zla16G006610.1	8.00E-177
CHI	LOC_Os03g60509	查尔酮异构酶	Zla05G003490.1	2.00E-25
	LOC_Os12g02370	查尔酮异构酶	Zla11G009600.1	8.00E-102
		查尔酮异构酶	Zla12G007720.1	2.00E-98
F3H	LOC_Os03g03034	黄烷酮 3- 羟化酶	Zla05G026790.1	4.00E-185
F3'5'H	LOC_Os03g25150	类黄酮 3′,5′- 羟化酶	Zla09G011150.1	7.00E-269
		类黄酮 3′,5′- 羟化酶	Zla05G014420.1	2.00E-267
FLS	LOC_Os02g52840	黄酮醇合成酶	Zla10G010820.1	2.00E-169
	LOC_Os01g61610	黄酮醇合成酶	Zla04G032990.1	4.00E-178
		黄酮醇合成酶	Zla02G026280.1	1.00E-168
	LOC_Os04g57160	黄酮醇合成酶	Zla07G001700.1	4.00E-157
	LOC_Os05g03640	黄酮醇合成酶	Zla01G013960.1	7.00E-175
		黄酮醇合成酶	Zla13G015600.1	2.00E-135
	LOC_Os06g06720	黄酮醇合成酶	Zla03G001150.1	9.00E-183
	LOC_Os08g37456	黄酮醇合成酶	Zla01G027850.1	1.00E-115
	LOC_Os10g39140	黄酮醇合成酶	Zla01G016600.1	3.00E-181
	LOC_Os10g40880	黄酮醇合成酶	Zla03G020160.1	2.00E-160
DFR	LOC_Os01g44260	二氢黄酮还原酶	Zla04G025310.1	6.00E-124
	LOC_Os01g03670	二氢黄酮还原酶	Zla04G014750.1	1.00E-161
	LOC_Os01g61230	二氢黄酮还原酶	Zla04G032770.1	6.00E-160
	LOC_Os03g08624	二氢黄酮还原酶	Zla05G023360.1	6.00E-178
	LOC_Os06g46920	二氢黄酮还原酶	Zla03G009510.1	1.00E-159
	LOC_Os09g31522	二氢黄酮还原酶	Zla14G004150.1	6.00E-22
	LOC_Os10g42620	二氢黄酮还原酶	Zla01G015150.1	7.00E-134
		二氢黄酮还原酶	Zla03G021120.1	2.00E-133

（续表）

基因	水稻基因组位点	基因描述	中国菰基因 ID	E-value
LAR	LOC_Os04g53780	无色花青素还原酶	Zla07G003450.1	1.00E-140
		无色花青素还原酶	Zla06G014040.1	1.00E-105
OMT	LOC_Os02g57760	邻甲基转移酶	Zla08G025330.1	3.00E-177
	LOC_Os05g43930	邻甲基转移酶	Zla13G009210.1	9.00E-143
OsC1-Myb	LOC_Os06g10350	MYB 转录因子	Zla03G003370.1	1.00E-87
		MYB 转录因子	Zla15G015220.1	3.00E-95
OsP1	LOC_Os03g19120	MYB 转录因子	Zla05G017150.1	2.00E-132
		MYB 转录因子	Zla09G017940.1	1.00E-139
Rc	LOC_Os07g11020	褐色种皮	Zla16G011250.1	1.00E-179
OsTTG1	LOC_Os02g45810	WD40 重复蛋白	Zla08G018110.1	1.00E-189
		WD40 重复蛋白	Zla10G014710.1	2.00E-188

表 3-3 中国菰米 3 个发育阶段类黄酮生物合成相关蛋白质表达水平

蛋白质 ID	蛋白质名称	缩写	发育阶段		
			F10	F20	F30
Zla08G015590	苯丙氨酸解氨酶	PAL	7 867.06 ± 584.83a	8 250.16 ± 269.05a	5 078.96 ± 152.21b
Zla06G009160	苯丙氨酸解氨酶	PAL	5 612.93 ± 555.15a	5 023.84 ± 103.41a	3 336.16 ± 204.49b
Zla10G014100	4- 香豆酸辅酶 A 连接酶	4CL	54.80 ± 8.74a	43.18 ± 9.87a	23.59 ± 5.30b
Zla08G004910	4- 香豆酸辅酶 A 连接酶	4CL	1 300.91 ± 140.46b	1 882.89 ± 34.38a	1 071.71 ± 79.72c
Zla03G008730	4- 香豆酸辅酶 A 连接酶	4CL	291.78 ± 29.80a	329.36 ± 43.86a	176.12 ± 42.71b
Zla15G003870	4- 香豆酸辅酶 A 连接酶	4CL	344.67 ± 34.05b	414.15 ± 16.45a	314.61 ± 17.80b
Zla05G003490	查尔酮异构酶	CHI	679.21 ± 64.20a	722.96 ± 49.45a	564.63 ± 31.74b
Zla11G009600	查尔酮异构酶	CHI	1 954.19 ± 123.75a	1 628.42 ± 146.97b	1 138.18 ± 119.39c
Zla12G007720	查尔酮异构酶	CHI	933.04 ± 64.41a	701.14 ± 27.78b	474.79 ± 69.41c
Zla03G001150	黄酮醇合成酶	FLS	551.51 ± 64.21b	687.47 ± 70.22a	587.62 ± 59.37ab
Zla04G025310	二氢黄酮还原酶	DFR	3 520.12 ± 92.04a	3 129.62 ± 68.95b	2 095.54 ± 286.24c
Zla05G023360	二氢黄酮还原酶	DFR	299.26 ± 47.83a	181.64 ± 21.54b	190.36 ± 13.80b
Zla07G003450	无色花青素还原酶	LAR	34.98 ± 17.38c	129.42 ± 26.85b	180.53 ± 30.13a
Zla08G025330	邻甲基转移酶	OMT	251.73 ± 16.24a	194.34 ± 11.63b	169.88 ± 18.63b
Zla08G018110	WD40 重复蛋白	WD40	436.81 ± 104.34b	701.72 ± 68.99a	718.09 ± 38.78a

注：同一行不同小写字母表示差异显著。

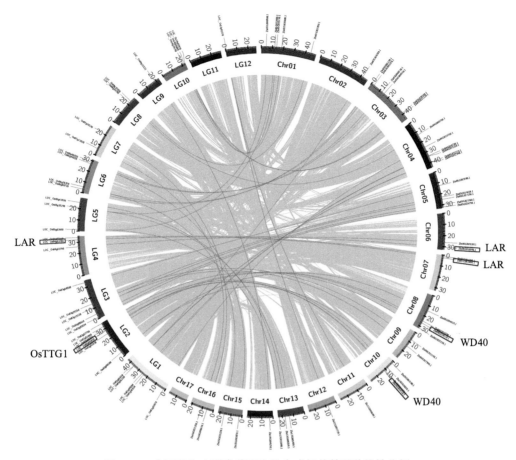

图 3-10 中国菰和水稻类黄酮生物合成相关基因共线性分析

注: Chr1~ Chr17 为中国菰 1~17 号染色体; LG1~ LG12 为水稻 1~12 号染色体。灰线表示中国菰和水稻基因组之间的共线性, 红线表示中国菰和水稻落粒性相关基因的共线性。

中国菰米 3 个发育时期类黄酮化合物生物合成相关蛋白相对表达量的多重比较结果如表 3-3 所示。2 个 PAL(Zla08G015590 和 Zla06G009160)在 F10 和 F20 时期的相对表达量无显著性差异, 在 F30 时期均显著下调。4 个 4CL 中, Zla10G014100 和 Zla03G008730 的相对表达量在 F10 和 F20 时期无显著性差异, 在 F30 时期显著下调;Zla08G004910 在 F20 时期相对表达量先上调, 又在 F30 时期下调, F30 时期的表达量相较于 F10 时期也显著下调;Zla15G003870 在 F20 时期表达量显著上调, 在 F30 时期显著下调, 在 F10 时期与 F30 时期的表达量无显著性差异。3 个 CHI 中, Zla05G003490 仅在 F30 时期出现下调, 另外 2 个蛋白(Zla11G009600 和 Zla12G007720)在 F20 和 F30 时期均表现出显著下调。与 F10 时期相比, FLS(Zla03G001150)在 F20 时期表达量显著上调, 在 F30 时期的表达量与 F10 和 F20 时期均无显著性差异。2 个 DFR 蛋白均在 F10 时期表达量较高, Zla04G025310 在 F20 和 F30 时期均出现显著下调,

Zla05G023360 在 F20 时期出现显著下调，F30 时期与 F20 时期无显著性差异。1 个 OMT 蛋白（Zla08G025330）在 F20 时期表达量显著下调，F20 与 F30 时期之间无显著性差异。值得关注的是，1 个 LAR（Zla07G003450）和 1 个 WD40 重复蛋白（Zla08G018110）在 F20 和 F30 时期的表达量较相邻上一时期均出现显著上调。对类黄酮生物合成相关蛋白相对表达量和总原花青素含量进行相关性分析（表 3-4），发现中国菰米发育过程中，PAL（Zla06G009160）、4CL（Zla10G014100）、CHI（Zla11G009600 和 Zla12G007720）、DFR（Zla04G025310 和 Zla05G023360）和 OMT（Zla08G025330）与原花青素含量呈极显著负相关（$P<0.01$）。此外，我们还观察到中国野生稻发育过程中 LAR（Zla07G003450）和 WD40（Zla08G018110）水平与 TPAC 之间存在极显著正相关（$P<0.01$）。

表 3-4　中国菰米 3 个发育时期类黄酮生物合成相关蛋白的相对表达与总原花青素含量相关性分析

蛋白质 ID	蛋白质名称	缩写	蛋白质表达与 TPAC 相关性分析
Zla06G009160	苯丙氨酸解氨酶	PAL	TPAC $=-0.099\ 0 \times$ PAL$+1\ 226.30$, $R=-0.851\ 3$, $P<0.01$
Zla08G015590	苯丙氨酸解氨酶	PAL	TPAC $=-0.051\ 0 \times$ PAL$+1\ 125.70$, $R=-0.631\ 5$, $P>0.01$
Zla03G008730	4-香豆酸辅酶 A 连接酶	4CL	TPAC $=-0.756\ 3 \times$ 4CL$+966.08$, $R=-0.470\ 0$, $P>0.01$
Zla08G004910	4-香豆酸辅酶 A 连接酶	4CL	TPAC $=-0.019\ 5 \times$ 4CL$+792.77$, $R=-0.058\ 4$, $P>0.01$
Zla10G014100	4-香豆酸辅酶 A 连接酶	4CL	TPAC $=-7.034\ 2 \times$ 4CL$+1\ 050.10$, $R=-0.873\ 0$, $P<0.01$
Zla15G003870	4-香豆酸辅酶 A 连接酶	4CL	TPAC $=-0.151\ 6 \times$ 4CL$+819.35$, $R=-0.059\ 8$, $P>0.01$
Zla05G003490	查尔酮异构酶	CHI	TPAC $=-0.601\ 7 \times$ CHI$+1\ 159.50$, $R=-0.403\ 1$, $P>0.01$
Zla11G009600	查尔酮异构酶	CHI	TPAC $=-0.282\ 8 \times$ CHI$+1\ 210.10$, $R=-0.850\ 9$, $P<0.01$
Zla12G007720	查尔酮异构酶	CHI	TPAC $=-0.562\ 8 \times$ CHI$+1\ 160.70$, $R=-0.927\ 6$, $P<0.01$
Zla03G001150	黄酮醇合成酶	FLS	TPAC $=0.462\ 0 \times$ FLS$+483.81$, $R=0.308\ 5$, $P>0.01$
Zla04G025310	二氢黄酮还原酶	DFR	TPAC $=-0.158\ 7 \times$ DFR$+1\ 227.60$, $R=-0.838\ 8$, $P<0.01$
Zla05G023360	二氢黄酮还原酶	DFR	TPAC $=-1.691\ 1 \times$ DFR$+1\ 143.50$, $R=-0.857\ 4$, $P<0.01$
Zla07G003450	无色花青素还原酶	LAR	TPAC $=1.761\ 9 \times$ LAR$+562.51$, $R=0.960\ 3$, $P<0.01$
Zla08G025330	邻甲基转移酶	OMT	TPAC $=-3.008\ 4 \times$ OMT$+1\ 382.80$, $R=-0.942\ 5$, $P<0.01$
Zla08G018110	WD40 重复蛋白	WD40	TPAC $=0.730\ 8 \times$ WD40$+312.79$, $R=0.893\ 1$, $P<0.01$

3.3.9　不同发育时期中国菰米类黄酮化合物生物合成相关基因的表达

为了确定类黄酮生物合成相关蛋白在中国菰米中的相对表达水平是否与其转录水平一致，对相关基因进行 qRT-PCR 验证。选择 LAR 和 WD40 2 个基因进行转录表达水平分析，发现在中国菰米发育过程中，LAR 和 WD40 基因的相对表达量逐渐升高（图 3-11），这与蛋白质相对表达水平所呈现的趋势一致（表 3-3）。

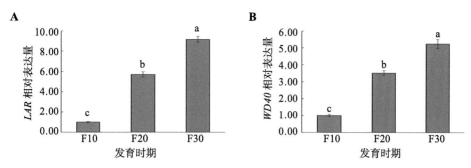

图 3-11　中国菰米 3 个发育时期类黄酮生物合成相关酶基因相对表达水平

注：A. *LAR* 相对表达量；B. *WD40* 相对表达量。F10，开花后 10 d；F20，开花后 20 d；F30，开花后 30 d。不同字母代表样本之间的显著差异（$P<0.05$）。

3.3.10　不同发育时期中国菰米类黄酮化合物生物合成关键酶活性及其与总酚、总黄酮、总原花青素含量的相关性分析

PAL 和 CHI 是类黄酮化合物合成的上游关键酶（图 3-9）。3 个时期 PAL 的酶活性分别为 0.32 U/g FW、0.39 U/g FW 和 0.37 U/g FW，CHI 为 7.2 U/g FW、8.23 U/g FW 和 8.99 U/g FW（图 3-12）。2 种酶均在 F10 时期酶活性最低，在 F20 和 F30 时期酶活性出现升高趋势。中国菰米 3 个发育时期 PAL、CHI 酶活性与总酚、总黄酮、总原花青素含量的相关性分析结果如表 3-5 所

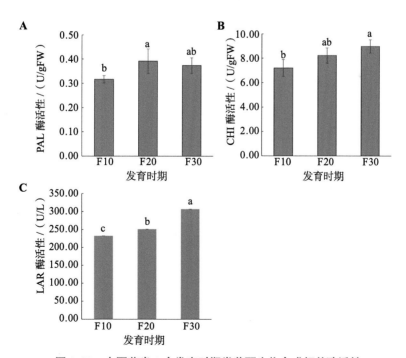

图 3-12　中国菰米 3 个发育时期类黄酮生物合成相关酶活性

注：A. PAL 酶活性；B. CHI 酶活性；C. LAR 酶活性。F10，开花后 10 d；F20，开花后 20 d；F30，开花后 30 d。不同字母代表样本之间的显著差异（$P<0.05$）。

示。在种子的发育过程中，PAL、CHI 酶活性与总酚含量和总原花青素含量均呈现极显著正相关（$P < 0.01$）。PAL、CHI 酶活性与 TFC 之间的相关性并不显著（$P > 0.05$）。因此，PAL 与 CHI 活性的升高主要促进了中国菰米发育过程中总酚和总原花青素的积累。

表 3-5　中国菰米 3 个发育时期酚类生物合成相关酶活性与总酚（TPC）、总黄酮（TFC）和总原花青素（TPAC）含量相关性分析

项目	TPC	TFC	TPAC
PAL 酶活性	TPC = 1 020.6 × PAL activity+55.361, $R = 0.900\,1$, $P < 0.01$	TFC = 86.27 × PAL activity + 498.59, $R = -0.083\,6$, $P > 0.05$	TPAC = 2 111.6 × PAL activity−13.416, $R = 0.812\,4$, $P < 0.01$
CHI 酶活性	TPC = 57.656 × CHI activity−36.737, $R = 0.834\,1$, $P < 0.01$	TFC = −42.271 × CHI activity + 862.50, $R = -0.429\,5$, $P > 0.05$	TPAC = 101.32 × CHI activity − 44.87, $R = 0.869\,7$, $P < 0.01$
LAR 酶活性	TPC = 1.151 × LAR activity+138.26, $R = 0.799\,1$, $P < 0.05$	TFC = −1.280 × LAR activity + 865.750, $R = -0.845\,8$, $P > 0.05$	TPAC = 2.870 × LAR activity + 19.687, $R = 0.849\,6$, $P < 0.05$

LAR 是类黄酮化合物合成晚期结构基因编码的酶。3 个时期 LAR 的酶活性分别为 232.33U/L、251.17U/L 和 307.03U/L（图 3-12）。在中国菰米的发育过程中，LAR 酶活性逐渐增加，这与相应蛋白相对表达水平的变化趋势一致（表 3-3）。中国菰米 3 个发育时期 LAR 酶活性与总酚、总黄酮、总原花青素含量的相关性分析结果如表 3-5 所示。在种子的发育过程中，LAR 酶活性与总酚和总原花青素含量均呈现极显著正相关关系（$P < 0.01$）。LAR 酶活性与 TFC 之间的相关性并不显著（$P > 0.05$）。因此，LAR 活性的升高主要促进了中国菰米发育过程中总酚和总原花青素的积累。

3.4　讨论

3.4.1　不同发育时期中国菰米形态、总酚、总黄酮和总原花青素含量比较

灌浆后的中国菰米随着碳水化合物不断积累，在 F10~F20 时期，粒长、粒宽、千粒鲜重、千粒干重均显著增加（$P < 0.05$），籽粒颜色由浅绿色变为深绿色（图 3-1）。在 F20~F30，中国菰米水分含量降低，千粒干重显著增加（$P < 0.05$），籽粒颜色由深绿色变为棕黑色（图 3-1）。本研究首次揭示了中国菰米发育过程中总酚、总黄酮、总原花青素含量的变化规律。从 F10 到 F30，中国菰米中的总酚和总原花青素含量均呈上升趋势（图 3-2）。研究普遍认为，无壳大麦籽粒颜色与类黄酮化合物的积累密切相关（Yao et al.，2018）。然而，中国菰米发育过程中，随着籽粒颜色加深，总黄酮含量下降。Shao 等（2014）在黑米的发育过程中也发现了类似的现象，随着籽粒颜色的加深，黑米中的总花青素含量先增加后减少。由于类黄酮主要存在于籽粒中，推测这种现象可能与籽粒灌浆速率和籽粒生长速率不同有关（Shao et al.，2014）。在中国菰米发育过程中，籽粒颜色加深，总酚和总原花青素含量呈升高趋势而总类黄酮含量呈下降趋势。

3.4.2　不同发育时期中国菰米类黄酮代谢物比较

在本研究中，我们在 3 个不同发育时期的中国菰米中共鉴定出 277 种类黄酮代谢物，显著高于之前在成熟中国菰米和稻米中鉴定出的 159 种（Yu et al.，2021）。且 3 个不同发育时期中国菰米中鉴定出的花青素、查尔酮、黄酮醇、黄烷酮、二氢黄酮醇、黄酮、黄酮碳糖苷、黄酮醇、原花青素和鞣质的种类均多于成熟中国菰米和水稻种子（Yu et al.，2021）。这表明，在中国菰米种子发育的过程中，由于类黄酮化合物处于不断积累和转化的过程中，种子中有多种在种子成熟后不再含有的类黄酮代谢物（Yu et al.，2021）。差异类黄酮代谢物的 KEGG 注释、分类和富集结果表明，中国菰米 3 个发育阶段的差异类黄酮代谢物主要富集在"类黄酮生物合成"途径。在 Yu 等（2021）的研究中，中国菰米和无色稻米间的类黄酮代谢物差异主要富集在"花青素生物合成"途径。中国菰米中 8 种花青素的相对含量显著高于无色稻米（Yu et al.，2021），而在中国菰米发育过程中，只有一种花青素（矢车菊素 -3-O- 芸香糖苷）的含量逐渐增加，即中国菰米和无色稻米籽粒颜色差异的原因与中国菰米发育过程中籽粒颜色变化的原因不同。

本研究首次鉴定了中国菰米发育过程中黄酮类代谢产物的变化规律。K-Means 聚类结果显示，Class1、Class3 和 Class10 中的 57 种差异类黄酮代谢物在整个种子发育过程中逐渐积累，其中包括一些菰米中常见类黄酮化合物，例如柚皮素查尔酮（Class1）和矢车菊素 -3-O- 芸香苷（Class10）（图 3-5）。其中，柚皮素查尔酮是黄酮醇生物合成的重要中间体（图 3-9），并通过 CHI 酶的催化可合成柚皮素，而柚皮素是类黄酮生物合成途径的关键平台化合物，可以进一步转化为多种重要的黄酮类化合物，例如黄烷酮、黄酮醇和花青素（Shen et al.，2022；Zhao et al.，2020）。矢车菊素 -3-O- 芸香苷是一种常见的花青素，多存在于红甜樱桃、黑加仑、桑葚以及一些深颜色的水果中（Adisakwattana et al.，2011；Qi et al.，2022）。中国菰米发育过程中，麦黄酮及 14 种麦黄酮衍生物相对含量均上升，并与籽粒颜色变化有关。麦黄酮是谷物中的色素（Lachman et al.，2017），且从中国菰中分离出的麦黄酮衍生物具有显著的抗氧化、抗炎和抗过敏活性（An et al.，2020；Lee et al.，2015；Park et al.，2019）。水果、蔬菜和谷物籽粒颜色均受到类黄酮化合物的影响（Shen et al.，2022；Sun et al.，2018；Zhang et al.，2020）。因此，推测 K-Means 聚类结果中的 57 种类黄酮（Class1、Class3 和 Class10）与籽粒颜色变化有关。

3.4.3 不同发育时期中国菰米游离氨基酸含量、差异表达蛋白及类黄酮生物合成关键酶

苯丙氨酸是酚类化合物生物合成的直接底物（Chu C et al., 2019），因此本研究测定了中国菰米发育过程中的游离氨基酸含量（表 3-1）。中国菰米种子发育过程中，游离氨基酸含量逐渐下降，这与其发芽过程中的游离氨基酸含量变化规律相反（Chu MJ et al., 2019）。中国菰米发育过程中游离氨基酸含量的下降与蛋白质的合成有关。本研究首次确定了中国菰米发育过程中蛋白质的变化。分析不同发育时期中国菰米的蛋白组数据发现，差异表达蛋白主要参与的与类黄酮生物合成有关的途径为"苯丙烷生物合成"（图 3-8B）。原花青素生物合成涉及 3 个连续步骤，第一步为苯丙烷生物合成，第二步和第三步分别为类黄酮 - 花青素途径和原花青素特异路径（Lepiniec et al., 2006；Shen et al., 2022）。Yan 等（2022）最新研究显示，中国菰和水稻基因组之间存在显著的共线性。因此，中国菰和水稻基因组的共线性分析和序列比对有助于挖掘中国菰米中相对应功能的基因。结合中国菰与水稻类黄酮生物合成基因的共线性分析结果和蛋白组数据，从蛋白组数据中筛选出 15 个类黄酮生物合成相关蛋白。其中，1 个 LAR 蛋白（Zla07G003450）和 1 个 WD40 重复蛋白（Zla08G018110）随着中国菰米种子的发育相对表达量不断上调，与 *LAR* 和 *WD40* 基因的相对表达量变化趋势一致（图 3-11）。

原花青素是中国菰米中的一类特征类黄酮（Chu MJ et al., 2019），因此本研究对参与类黄酮生物合成的相关蛋白与总原花青素含量进行了相关性分析。结果表明，在中国菰米的发育过程中，LAR（Zla07G003450）和 WD40 重复蛋白（Zla08G018110）的相对表达量与总原花青素含量之间呈极显著正线性相关（$P<0.01$），表明 LAR（Zla07G003450）和 WD40 重复蛋白（Zla08G018110）表达的变化是中国菰米发育过程中总原花青素积累的主要原因。此外，LAR 酶活性与总酚含量和总原花青素含量呈极显著正相关（$P<0.01$）（表 3-4）。*LAR* 参与原花青素合成的一个下游分支，催化无色花青苷生成黄烷 -3- 醇，即原花青素结构单元（Peng et al., 2012）。WD40 重复蛋白参与调控花青素的生物合成，水稻中与此蛋白对应的 OsTTG1 可与调控花青素生物合成的转录因子互作（Yang et al., 2021）。*LAR* 和 *WD40*（图 3-11）及其编码的蛋白在中国菰米种子发育过程中的上调表达可能导致中国菰米中原花青素和花青素的积累，并最终导致中国菰米籽粒颜色的变化。

PAL 是类黄酮生物合成的起始酶（图 3-9），关系到各种类黄酮化合物的合成（He et al., 2010）。在水稻中敲除 *OsPAL06* 基因后，几乎丧失柚皮素等类黄酮的合成能力（Duan et al., 2014）。CHI 是类黄酮生物合成的关键限速酶之一，其将柚皮素查尔酮修饰成具有 C6-C3-C6 结构的二氢黄酮（Shi et al., 2017）。Hong 等（2012）研究证实，OsCHI 在稻壳类黄酮代谢途径中具有重要作用，并表明类黄酮代谢可能与稻壳着色有关。在本研究中，

中国菰米的 PAL 酶活性在 F20 显著高于 F10（$P<0.05$），而 CHI 酶活性在 F30 显著高于 F10（$P<0.05$）（图 3-12），且两种酶的活性与中国菰米的总酚和总原花青素含量呈极显著正相关（$P<0.01$）（表 3-5）。类似地，在中国菰米发芽过程中，PAL 和 CHI 酶活性的变化趋势与酚类化合物含量的变化趋势相同（Chu C et al.，2019；Chu et al.，2020）。因此，PAL 和 CHI 酶活性在中国菰米种子发育过程中的上调可催化类黄酮生物合成，最终导致中国菰米籽粒颜色的变化。

3.5 结论

本研究首次利用代谢组 - 蛋白组联合分析研究中国菰米发育过程中籽粒着色的分子机制。在中国菰米发育过程中，籽粒颜色从浅绿色变为棕黑色，总酚和总原花青素逐渐积累。黄酮代谢组分析共鉴定出 277 种类黄酮代谢物，而不同发育时期的差异类黄酮代谢物主要富集在"类黄酮生物合成途径"。共有 57 种类黄酮代谢物在中国菰米发育过程中呈逐渐上升趋势（Class1、Class3 和 Class10），推测其与中国菰米的籽粒颜色变化有关。中国菰米中各种游离氨基酸含量在发育过程中呈现降低趋势。在蛋白组分析中，KEGG 注释到 6 358 个蛋白，不同发育时期 DEPs 富集的代谢通路中与类黄酮生物合成相关的为"苯丙烷生物合成"途径。结合中国菰与水稻的共线性分析，在蛋白组数据中筛选出 2 个上调蛋白 LAR 和 WD40 重复蛋白，推测其调控的类黄酮生物合成与籽粒颜色变化相关。值得注意的是，*LAR* 和 *WD40* 重复蛋白基因的相对表达水平也在种子发育过程中上调。此外，类黄酮合成早期酶 PAL 和 CHS 以及晚期酶 LAR 也与酚类化合物的积累密切相关。本章探究了中国菰米发育过程中籽粒颜色变化机制，为研究中国菰米中类黄酮生物合成和积累提供了新的思路，也对富含类黄酮化合物谷物的育种改良具有一定的参考价值。

参考文献

ADISAKWATTANA S, YIBCHOK-ANUN S, CHAROENLERTKUL P, et al., 2011. Cyanidin-3-rutinoside alleviates postprandial hyperglycemia and its synergism with acarbose by inhibition of intestinal α-glucosidase[J]. Journal of Clinical Biochemistry and Nutrition, 49(1): 36–41.

AN M, KIM H, MOON J M, et al., 2020. Enzyme-treated *Zizania latifolia* ethanol extract protects from UVA irradiation-induced wrinkle formation via inhibition of lysosome exocytosis and reactive oxygen species generation[J]. Antioxidants, 9(10): 912.

BRADFORD M M, 1976. A rapid and sensitive method for the quantitation of microgram quantities of protein utilizing the principle of protein-dye binding[J]. Analytical Biochemistry, 72(1–2): 248–254.

CHU C, DU Y, YU X, et al., 2020. Dynamics of antioxidant activities, metabolites, phenolic acids, flavonoids, and phenolic biosynthetic genes in germinating Chinese wild rice (*Zizania latifolia*) [J]. Food Chemistry, 318: 126483.

CHU C, YAN N, DU Y, et al., 2019. iTRAQ-based proteomic analysis reveals the accumulation of bioactive compounds in Chinese wild rice (*Zizania latifolia*) during germination[J]. Food Chemistry, 289: 635–644.

CHU M J, DU Y M, LIU X M, et al., 2019. Extraction of proanthocyanidins from Chinese wild rice (Zizania latifolia) and analyses of structural composition and potential bioactivities of different fractions[J]. Molecules, 24(9): 1681.

CHU M J, LIU X M, YAN N, et al., 2018. Partial purification, identification, and quantitation of antioxidants from wild rice (*Zizania latifolia*) [J]. Molecules, 23(11): 2782.

DESTA K T, HUR O S, LEE S, et al., 2022. Origin and seed coat color differently affect the concentrations of metabolites and antioxidant activities in soybean (*Glycine max* (L.) Merrill) seeds[J]. Food Chemistry, 381: 132249.

DUAN L, LIU H, LI X, et al., 2014. Multiple phytohormones and phytoalexins are involved in disease resistance to *Magnaporthe oryzae* invaded from roots in rice[J]. Physiologia Plantarum, 152(3): 486–500.

HE F, MU L, YAN G L, et al., 2010. Biosynthesis of anthocyanins and their regulation in colored grapes[J]. Molecules, 15(12): 9057–9091.

HENG Z, SHENG O, HUANG W, et al., 2019. Integrated proteomic and metabolomic analysis suggests high rates of glycolysis are likely required to support high carotenoid accumulation in banana pulp[J]. Food Chemistry, 297: 125016.

HONG L, QIAN Q, TANG D, et al., 2012. A mutation in the rice chalcone isomerase gene causes the golden *hull* and *internode* 1 phenotype[J]. Planta, 236: 141–151.

KAMILOGLU S, TOMAS M, OZDAL T, et al., 2021. Effect of food matrix on the content and bioavailability of flavonoids[J]. Trends in Food Science & Technology, 117: 15–33.

KANEHISA M, GOTO S, 2000. KEGG: Kyoto Encyclopedia of Genes and Genomes[J]. Nucleic Acids Research, 28(1): 27–30.

LACHMAN J, MARTINEK P, KOTÍKOVÁ Z, et al., 2017. Genetics and chemistry of pigments in wheat grain– A review[J]. Journal of Cereal Science, 74: 145–154.

LEE S S, BAEK Y S, EUN C S, et al., 2015. Tricin derivatives as anti-inflammatory and anti-allergic constituents from the aerial part of *Zizania latifolia*[J]. Bioscience, Biotechnology, and Biochemistry, 79(5): 700–706.

LEPINIEC L, DEBEAUJON I, ROUTABOUL J M, et al., 2006. Genetics and biochemistry of seed flavonoids[J]. Annual Review of Plant Biology, 57: 405–430.

MA Y, LING T J, SU X Q, et al., 2021. Integrated proteomics and metabolomics analysis of tea leaves fermented by *Aspergillus niger*, *Aspergillus tamarii* and *Aspergillus fumigatus*[J]. Food Chemistry, 334: 127560.

MBANJO E G N, KRETZSCHMAR T, JONES H, et al., 2020. The genetic basis and nutritional benefits of pigmented rice grain[J]. Frontiers in Genetics, 11: 229.

NABAVI S M, ŠAMEC D, TOMCZYK M, et al., 2020. Flavonoid biosynthetic pathways in plants: Versatile targets for metabolic engineering[J]. Biotechnology Advances, 38: 107316.

PARK S H, LEE S S, BANG M H, et al., 2019. Protection against UVB-induced damages in human dermal fibroblasts: Efficacy of tricin isolated from enzyme-treated *Zizania latifolia* extract[J]. Bioscience, Biotechnology, and Biochemistry, 83(3): 551−560.

PENG Q Z, ZHU Y, LIU Z, et al., 2012. An integrated approach to demonstrating the ANR pathway of proanthocyanidin biosynthesis in plants[J]. Planta, 236: 901−918.

PINU F R, BEALE D J, PATEN A M, et al., 2019. Systems biology and multi-omics integration: viewpoints from the metabolomics research community[J]. Metabolites, 9(4): 76.

QI Q Q, CHU M J, YU X T, et al., 2022. Anthocyanins and proanthocyanidins: chemical structures, food sources, bioactivities, and product development[J]. Food Reviews International. https://doi.org/10.1080/87559129.2022.2029479.

SHAO Y F, XU F F, SUN X, et al., 2014. Phenolic acids, anthocyanins, and antioxidant capacity in rice (*Oryza sativa* L.) grains at four stages of development after flowering[J]. Food Chemistry, 143: 90−96.

SHEN N, WANG T, GAN Q, et al., 2022. Plant flavonoids: Classification, distribution, biosynthesis, and antioxidant activity[J]. Food Chemistry, 383: 132531.

SHI P, LI B, CHEN H, et al., 2017. Iron supply affects anthocyanin content and related gene expression in berries of *Vitis vinifera* cv. Cabernet Sauvignon[J]. Molecules, 22(2): 283.

SUMCZYNSKI D, KOTÁSKOVÁ E, ORSAVOVÁ J, et al., 2017. Contribution of individual phenolics to antioxidant activity and in vitro digestibility of wild rices (*Zizania aquatica* L.) [J]. Food Chemistry, 218: 107−115.

SUN X, ZHANG Z, CHEN C, et al., 2018. The C-S-A gene system regulates hull pigmentation and reveals evolution of anthocyanin biosynthesis pathway in rice[J]. Journal of Experimental Botany, 69(7): 1485−1498.

UARROTA V G, FUENTEALBA C, HERNÁNDEZ I, et al., 2019. Integration of proteomics and metabolomics data of early and middle season *Hass avocados* under heat treatment[J]. Food Chemistry, 289: 512−521.

WANG Z D, YAN N, WANG Z H, et al., 2017. RNA-seq analysis provides insight into reprogramming of culm development in *Zizania latifolia* induced by *Ustilago esculenta*[J]. Plant Molecular Biology, 95(6): 533−547.

YAN N, DU Y, LIU X, et al., 2018. Morphological characteristics, nutrients, and bioactive compounds of *Zizania latifolia*, and health benefits of its seeds[J]. Molecules, 23(7): 1561.

YAN N, DU Y, LIU X, et al., 2019. A comparative UHPLC-QqQ-MS-based metabolomics approach for evaluating Chinese and North American wild rice[J]. Food Chemistry, 275: 618−627.

YAN N, YANG T, YU X T, et al., 2022. Chromosome-level genome assembly of *Zizania latifolia* provides insights into its seed shattering and phytocassane biosynthesis[J]. Communications Biology, 5: 36.

YANG X, WANG J, XIA X, et al., 2021. OsTTG1, a WD40 repeat gene, regulates anthocyanin biosynthesis in rice[J]. The Plant Journal, 107(1): 198–214.

YAO X, WU K, YAO Y, et al., 2018. Construction of a high-density genetic map: genotyping by sequencing (GBS) to map purple seed coat color (Psc) in hulless barley[J]. Hereditas, 155: 37.

YU X, CHU M, CHU C, et al., 2020. Wild rice (*Zizania* spp.): A review of its nutritional constituents, phytochemicals, antioxidant activities, and health-promoting effects[J]. Food Chemistry, 331: 127293.

YU X, YANG T, QI Q, et al., 2021. Comparison of the contents of phenolic compounds including flavonoids and antioxidant activity of rice (Oryza sativa) and Chinese wild rice (*Zizania latifolia*) [J]. Food Chemistry, 344: 128600.

YU X T, QI Q Q, LI Y L, et al., 2022. Metabolomics and proteomics reveal the molecular basis of colour formation in the pericarp of Chinese wild rice (*Zizania latifolia*) [J]. Food Research International, 162: 112082.

ZHANG B, ZHANG X, YAN L, et al., 2021. Different maturities drive proteomic and metabolomic changes in Chinese black truffle[J]. Food Chemistry, 342: 128233.

ZHANG J, QIU X, TAN Q, et al., 2020. A comparative metabolomics study of flavonoids in radish with different skin and flesh colors (*Raphanus sativus* L.) [J]. Journal of Agricultural and Food Chemistry, 68(49): 14463–14470.

ZHAO C, WANG F, LIAN Y, et al., 2020. Biosynthesis of citrus flavonoids and their health effects[J]. Critical Reviews in Food Science and Nutrition, 60(4): 566–583.

4

中国菰 bHLH 转录因子家族的全基因组分析及 *ZlRc* 促进稻米酚类代谢的功能解析

祁倩倩[1]，李宛鸿[1]，于秀婷[1]，张彬涛[2]，商连光[2]，解颜宁[1]，丁安明[1]，窦玉青[1]，
杜咏梅[1]，张忠锋[1]，闫宁[1]

（1. 中国农业科学院烟草研究所；2. 中国农业科学院深圳农业基因组研究所）

摘要

碱性螺旋 - 环 - 螺旋蛋白（basic helix-loop-helix，bHLH）是植物中最大的转录因子家族之一。本研究在中国菰中鉴定了 203 个 bHLH 转录因子基因，其中，*ZlbHLH196*（Zla16G011250）基因为中国菰 *ZlRc* 基因，定位于细胞核中。野生型（wild-type，WT）水稻种子的种皮为无色，而 *ZlRc* 基因过表达（OE）水稻种子种皮为棕色。*ZlRc* 基因过表达水稻的总酚、总黄酮、原花青素含量、抗氧化活性和酶抑制活性均显著高于野生型水稻。在 *ZlRc* 基因过表达和野生型水稻之间共鉴定出 221 种差异酚类代谢物，其中 198 种酚类代谢物在 OE 中上调。本研究在 *ZlRc* 基因过表达和野生型水稻之间共鉴定出 227 个差异表达基因（DEGs），其中包括 173 个上调基因。KEGG 注释、分类和富集分析显示，差异酚类代谢物主要富集在异黄酮生物合成途径、黄酮和黄酮醇生物合成途径以及类黄酮生物合成途径。与野生型水稻相比，四种关键类黄酮生物合成相关基因（*PAL*、*CHS*、*CHI* 和 *DFR*）的表达量在 *ZlRc* 过表达水稻中显著上调，且其对应酶的活性显著提高。本研究结果表明，*ZlRc* 基因过表达促进了酚类代谢和积累，可应用于提高水稻和其他谷物的酚类化合物含量。

4.1 前言

水稻（*Oryza sativa*）属于禾本科（Gramineae）稻族（Oryzeae Dumort）稻属（*Oryza*），是全球2/3人口的主食（Kasote et al., 2022）。尽管人们的饮食结构发生了较大变化，但水稻仍然是世界上主要的粮食作物之一。稻米满足了亚洲近5.2亿人50%的饮食热量需求，并富含多种营养物质（Peanparkdee et al., 2019）。因此，稻米是世界上最重要且营养丰富的谷物之一，是碳水化合物、蛋白质、纤维素、矿物质、维生素和生物活性物质的重要来源（Burlando et al., 2014）。根据种皮颜色不同，稻米可以分为有色米和无色米。由于不同的类黄酮化合物的积累，有色米的种皮可呈现红色、棕色或黑色等，例如原花青素在种皮中的积累导致稻米种皮呈红色，而花青素和原花色素的积累导致稻米种皮呈黑色（Yu et al., 2021）。有色稻米具有较好的生物活性，已被证明具有抗氧化、抗炎、抗肥胖、抗糖尿病、抗癌和抗衰老特性（Verma et al., 2020）。近年来，有色稻米因其生物活性强、营养价值高以及对保健作用而备受消费者以及营养学家的广泛关注。

菰属（*Zizania* spp.）植物属于禾本科稻族菰亚族（Zizaniinae Benth），包括东亚的中国菰（*Zizania latifolia*）和北美的水生菰（*Zizania aquatica*）、沼生菰（*Zizania palustris*）和得克萨斯菰（*Zizania texana*）（Xu et al., 2010；Xu et al., 2015）。中国菰的种子去除颖壳后得到的颖果即中国菰米，其种皮在种子发育过程中依次呈现淡绿色、深绿色和棕黑色（Yu et al., 2022）。中国菰米和去除颖壳的红米、黑米和糙米一样都属于全谷物（Yu et al., 2021）。与其他水稻品种相似，中国菰含有丰富的营养物质（如碳水化合物、蛋白质、必需氨基酸、不饱和脂肪酸、维生素和矿物质）和生物活性物质（如植物甾醇、γ-谷维素、γ-氨基丁酸、酚酸和类黄酮），其主要功能包括抗氧化、改善脂肪毒性和胰岛素抵抗以及抗动脉粥样硬化等（Yu et al., 2020）。原花青素是中国菰中的特征性类黄酮化合物（Chu et al., 2018）。中国菰米中的原花青素含量是红米的3倍，是无色米的6倍；其抗氧化活性是红米的3倍，是无色米的5倍（Yu et al., 2021）。虽然中国菰米含有丰富的原花青素，但是目前关于中国菰米原花青素合成代谢调控基因的相关报道很少。黑米和红米的种皮含有花青素和原花青素，它们的合成受MYB-bHLH-WD40转录因子复合体调控，尤其是bHLH转录因子（Zhu et al., 2017）。bHLH转录因子是仅次于MYB类的第二大转录因子家族，广泛存在于植物、动物和微生物中（Jones, 2004）。bHLH转录因子有2个功能不同的高度保守结构域，大约由60个不同功能的氨基酸残基组成，分别为氨基末端碱性区和羧基末端螺旋区（Zhang et al., 2018）。bHLH转录因子既可以作为转录激活子，又可以作为转录抑制子，广泛参与植物生长发育、逆境响应以及次生代谢调控（Lim et al.,2017）。bHLH转录因子在调节类黄酮生物合成中起着关键作用（Hichri et al.,2011）。大多数栽培水稻（*Oryza sativa* L.）的种皮是无色的，而大多数野生稻的种皮是红色的

（Sweeney et al., 2006）。红米的红色种皮主要是由于原花青素的积累，该性状受控于 7 号染色体上的 *Rc* 和 1 号染色体上的 *Rd* 2 个基因的表达（Furukawa et al., 2007）。*Rc* 基因属于水稻 bHLH 转录因子家族，是类黄酮合成的调控基因。*Rd* 基因编码二氢黄酮醇 -4- 还原酶（DFR），是类黄酮合成的结构基因（Furukawa et al., 2007）。*Rc* 是调节水稻种皮中原花青素生物合成的决定性因素，且与 *Rd* 基因存在互补作用。当只有 *Rc* 存在时，水稻种皮呈棕色，只有 *Rd* 存在时，种皮无颜色；当 *Rc* 和 *Rd* 同时存在时，水稻种皮才呈现红色（Xia et al., 2021）。

类黄酮是重要的天然生物活性化合物，包括中间体（如黄酮醇和黄酮）和下游产物（如花青素和原花青素），具有很强的抗氧化活性（Deng et al., 2013）。体外和动物模型研究表明，天然类黄酮是治疗和预防糖尿病及其并发症的有效补充剂（Cardullo et al., 2020; Wang et al., 2010）。通常，化学药物会产生不同程度的副作用，从食用植物中提取有效的天然化合物来控制和预防相关的慢性疾病是一个可以广泛探索的研究领域（Buchholz et al., 2015）。食物中的类黄酮化合物有助于改善碳水化合物代谢和血脂水平，调节人体激素和酶水平，抑制 α - 葡萄糖苷酶、α - 淀粉酶、胰脂肪酶和酪氨酸酶的活性（Batubara et al., 2014; Yuan et al., 2018），预防心血管疾病、肥胖、糖尿病及其并发症（Vinayagam et al., 2015）。提高水稻和其他主要作物中的酚类化合物（如黄酮、花青素和原花青素）含量是促进人类健康和治疗相关疾病的有效途径。在普通白米中，与花青素合成途径相关的关键结构基因（如 *DFR*）和转录因子（如 *Rc*）都是功能缺失型突变，这导致大部分稻米种皮没有颜色（Zhu et al., 2017）。生物强化技术结合传统育种实践技术和现代生物技术，能够使营养物质富集在主粮作物中，成为一种解决全球营养不良问题的新技术。通过基因工程进行生物强化，可以有效提高水稻中的花青素含量，使人类能够通过食用稻米获得所需的花青素（Zhu et al., 2017）。

目前，对中国菰全基因组 bHLH 转录因子家族分析和某个 *bHLH* 基因功能的研究均未见相关报道。中国菰和水稻的基因组共线性和同源性分析表明，中国菰 *ZlRc* 基因（Zla16G011250）和水稻 *Rc* 基因（LOC_Os07g11020）为直系同源基因（Yu et al., 2022）。本研究对中国菰全基因组 bHLH 转录因子家族进行生物信息学分析，利用亚细胞定位和转水稻基因过表达对 *ZlRc* 的基因功能进行验证，并测定 *ZlRc* 基因过表达（OE）和野生型（WT）水稻种子的总酚含量（TPC）、总黄酮含量（TFC）、总原花青素含量（TPAC）和抗氧化活性。同时，测量了 OE 和 WT 稻米甲醇提取物对 α - 葡萄糖苷酶、α - 淀粉酶、胰脂肪酶和酪氨酸酶的抑制作用。最后，对 OE 和 WT 水稻种子进行酚类代谢组和转录组分析，使用 qRT-PCR 分析关键类黄酮生物合成相关基因，并验证相应酶活性。通过对 *ZlRc* 基因进行功能分析，探讨其在提高稻米酚类化合物含量和抗氧化活性中的作用，为开发富含酚类化合物（尤其是类黄酮）的功能型水稻品种提供了理论支持和新的遗传资源。

4.2 材料与方法

4.2.1 样品

本研究使用的中国菰植株采自江苏省淮安市金湖县白马湖村（33° 11′ 9″ N，119° 9′ ″E）。水稻品种"日本晴"（*Oryza sativa* cv. Nipponbare）由合肥戬谷生物科技有限公司提供。大肠杆菌感受态 DH5α 和 T 载体购自生工生物工程（上海）股份有限公司。过表达载体 1390-ubi 由合肥戬谷生物科技有限公司提供。pCAMBIA1390-ubiquitin 过表达载体由武汉艾迪晶生物科技有限公司提供。每个种植盒加入等量水稻土和等体积水，试验设 3 次重复。

4.2.2 中国菰全基因组 bHLH 转录因子家族分析

4.2.2.1 中国菰 bHLH 转录因子家族的鉴定

在 PlantTFDB v3.0（http://planttfdb.gao-lab.org/）中下载水稻和拟南芥 bHLH 蛋白序列。中国菰的全基因组数据（基因组序列、编码序列和蛋白质序列）由 Genome Warehouse（https://ngdc.cncb.ac.cn/gwh/Assembly/22880/show）下载。检测水稻和拟南芥 bHLH 基因序列作为查询序列，首先利用 BLAST 鉴定出中国菰基因组中候选 bHLH 基因，而后在 PFAM 数据库（http://pfam.xfam.org/）下载 bHLH 家族基因的隐马尔科夫模型（hidden markov model，HMM），最后使用 PFAM、NCBI（http://www.ncbi.nlm.nih.gov/Structure/cdd/wrpsb.cgi）和 SMART 数据库（http://smart.embl-heidelberg.de/）核对以确定 bHLH 保守结构域的存在。

4.2.2.2 染色体定位分析

提取 bHLH 基因在中国菰基因组中的位置信息，利用在线工具 MapGene2Choromosomev2（http:/mg2c.iask.in/mg2c_v2.0/）绘制 ZlbHLH 家族基因的染色体定位图谱。

4.2.2.3 系统进化分析

利用 MEGA7 软件，使用邻接法（neighbor-joining，NJ）对中国菰和水稻的蛋白序列进行系统进化树的构建，其中校验参数 Bootstrap=1 000，其他参数均使用系统默认值。

4.2.2.4 基因结构和保守基序分析

利用 MEME（http://meme-suite.org/tools/meme；最佳匹配长度为 6~50，最大基序数为 10）在线工具对提取到的 bHLH 蛋白序列进行保守基序（motif）分析。使用基因结构显示系统 GSDS（http://gsds.gao-lab.org/index.php）绘制基因结构示意图。

4.2.3 *ZlRc* 同源基因氨基酸序列比对

采用 DNAMAN 软件对 *ZlRc*（*Zla16G011250*）基因推导的氨基酸序列与水稻 *Rc*（LOC_Os07g11020）和玉米 *Lc*（ZEAMMB73_Zm00001d026147）的氨基酸序列进行比对。

4.2.4 *ZlRc* 基因克隆

4.2.4.1 中国菰叶片总 RNA 提取与反转录

总 RNA 提取试剂盒（货号：RC401）购自于南京诺唯赞生物科技股份有限公司。根据说明书提取中国菰总 RNA，并用超微量分光光度计 [OSE-260，天根生化科技（北京）有限公司] 测定提取的 RNA 浓度。以提取的 RNA 为模板，使用 PrimeScript™ Ⅱ 1st Strand cDNA Synthesis Kit 进行反转录，获得的 cDNA 产物于 –20℃冰箱保存备用。

4.2.4.2 *ZlRc* 扩增、转化和测序

以制备得到的 cDNA 作为模板进行 PCR 扩增，所用引物为 ZlRc-F 和 ZlRc-R（表4-1）。对扩增产物进行琼脂糖凝胶电泳，检查扩增产物片段大小以及是否有杂带。对 PCR 产物进行 DNA 沉淀回收。取沉淀回收所得 10μL 混合液加入 10μL taq 酶 [R001A，宝生物工程 (大连) 有限公司]，72℃ 15min 连接 A 尾。产物经琼脂糖凝胶电泳后，切胶，回收产物。目的基因连接 T 载体：T 载体 0.5μL，DNA 4.5μL，Buffer 5μL 加入至离心管中，于 4℃条件下过夜连接。*ZlRc* 基因连接 T 载体后转化大肠杆菌感受态 DH5α。筛选出阳性克隆并进行测序。

表 4-1　本章研究中使用的引物序列

引物名称	引物序列 (5'–3')
ZlRc-F	ATGCACGCCATGGCC
ZlRc-R	TCATGGTGAGGAGAGGACAAG
ZLRc-F'	ACTAGGGTCTCGCACCATGCACGCCATGGCCGGCGGCGA
ZLRc-R'	ACTAGGGTCTCTCGCCTGGTGAGGAGAGGACAAGATGGATTGCC
ZLRc-C1-R	TCTCTGAAACTGGCAGGTAGT
ZLRc-C2-R	CCTTGCAAATGCCCTTCCAG
ZlRc-J-F	CGCGGCGACAAACAGAATTA
eGFP-cx	GACACGCTGAACTTGTGG
FP	CAGGTCGACTCTAGAGGATCCATGCACGCCATGGCCGGC
FR	TTGCGGACTCTAGAGGATCCTTGATTCTTGATTCCGAAATCT
1390-FP	AGCCCTGCCTTCATACGCTA
1390-RP	GCCGGCCATGGCGTGCAT
Actin-F	ACCACTTCGACCGCCACTACT
Actin-R	ACGCCTAAGCCTGCTGGTT

（续表）

引物名称	引物序列 (5'–3')
PAL-F	GCACCGAAATAAGAAAGG
PAL-R	ACACGGATAAATACAGCAAG
CHS-F	TCGTCGTCTTCGTCATCG
CHS-R	TGTGCTCGCTCTTGGTG
CHI-F	GTTTCAGTTTCGGCTCC
CHI-R	CGATGGCGTTGTATTTG
DFR-F	GGCGGTTGGTGCTGAAA
DFR-R	CTCGCATTGTGAAATAGACG

4.2.5　ZlRc 亚细胞定位分析

4.2.5.1　pEGOEP35s-H-ZlRc-GFP 过表达载体构建

pEGOEP35s-H-GFP 目的载体通过 *Bsa* I-HF 限制性内切酶酶切，PCR 管中加入 1.5μL 10×CutSmart Buffer、100ng 空载质粒、50ng 目的片段、10 U *Bsa* I-HF、1.5μL 10mmol/L ATP、35 U T4 DNA ligase，最终体系 15μL，以 ddH$_2$O 补齐。反应条件：37℃，5min；20℃，5min；15 个循环。

4.2.5.2　pEGOEP35s-H-ZlRc-GFP 过表达载体的筛选

将连接产物转化入大肠杆菌 DH5α 化学感受态细胞。向离心管中加入 500μL 不含抗生素的 Luria-Bertani（LB）液体培养基，于摇床中 37℃条件下振荡培养 45min。振荡培养结束后，将菌液均匀涂布于卡那霉素（Kana）抗性的 LB 固体培养基平板上，静置 30min 后于恒温培养箱过夜，恒温培养箱设置为 37℃。次日，使用 ZlRc-J-F/eGFP-cx 进行菌落 PCR 检测，挑取阳性菌斑摇菌，并用质粒抽提试剂盒提取质粒。用上述阳性菌斑提取的质粒进行测序，测序引物为 eGFP-cx/ZlRc-C1-R/ZlRc-C2-R（表 4-1）。测序结果序列与目的片段序列比对一致，即为该过表达载体构建成功。

4.2.5.3　原生质体在水稻细胞中的亚细胞定位

暗培养水稻幼苗后取茎，除去最外层叶鞘，将茎切成长度约 0.5mm 的碎段后用酶解液全部浸泡组织，抽真空并用封口膜包好，30℃条件下避光缓慢震荡（80~100r/min）酶解 4h。将原生质体用 40μm 尼龙纱布过滤，留取中间部分过滤液，于 4℃条件下 600r/min 离心 5min，弃上清。用预冷 W5 溶液〔154 mmol/L NaCl$_2$，125mmol/L CaCl$_2$，5mmol/L MES（pH 5.7）〕1mL 洗涤弃上清 2 次。加 1mL W5 溶液轻轻悬浮，冰上静置 30min 后 600r/min 离心 5min，去上清。加入 MMG 溶液〔0.4 mol/L 甘露醇，15mmol/L MgCl$_2$，4mmol/L MES（pH 5.7）〕悬浮（每 10μL 质粒需 50μL 原生质体溶液），静置 8~10min 后镜检。

混合物制备如下：10μL 目的基因质粒 +10μL 标记（marker）基因质粒 +100μL 原生质体 +120μL 40% PEG4000 溶液。将混合物缓慢颠倒混匀，24.5℃水浴 15~20min。原生质体过滤至水浴前的所有操作均在冰上轻缓进行，水浴结束后，加入 1mL W5 溶液稀释原生质体，混匀终止反应。将混合物 600r/min 离心 5min，弃上清加入 1mL W5 溶液洗涤 2 次。加入 1mL W5 溶液，缓慢混匀，在 30℃条件下暗培养过夜；过夜后的混合物于 600r/min 离心 5min，弃上清，利用激光共聚焦显微镜（FV10-ASW，OLYMPUS，日本）观察并拍照。

4.2.6 *ZlRc* 基因过表达水稻植株的构建

4.2.6.1 *ZlRc* 过表达载体的构建

用无缝克隆扩增引物（FP、RP）扩增出包含 *ZlRc* 全长的 DNA 片段（表 4-1）。扩增产物进行琼脂糖凝胶电泳检测，在紫外灯下切取目标片段并进行纯化。利用限制性内切酶 *Bam*H I 酶切 1390-ubi 载体，用琼脂糖凝胶电泳对酶切产物进行分离，回收线性化的 1390-ubi 大片段。回收完毕后，将酶切后的 *ZlRc* 基因片段和 1390-ubi 载体进行连接。取 5μL 连接产物转化 DH5α 感受态细胞。次日，挑取单克隆菌落，设计菌液 PCR 引物 1390-FP 和 1390-RP（表 4-1），PCR 检测单克隆阳性的菌落送测序验证。测序结果正确的单菌落菌液置于含有卡那霉素液体 LB 培养基内，37℃ 200r/min 震荡过夜。提取过表达载体进行载体转化。

4.2.6.2 农杆菌介导的水稻转化

利用活化好的农杆菌 EHA105 和准备好的水稻愈伤组织进行农杆菌侵染和液体共培养。向愈伤组织中加入 25mL 农杆菌重悬液浸泡 15min，其间轻轻晃动。浸泡结束后倒掉重悬液，将愈伤组织置于垫有多张无菌滤纸的培养皿中，用无菌滤纸吸去愈伤组织表面的残留菌液。在一次性培养皿中垫 3 张无菌滤纸后加入 2.5mL 接种培养基，将吸干后的愈伤组织均匀分散在滤纸上，23℃黑暗培养 48h。将经共培养的愈伤组织均匀稀疏散布于恢复培养基中。约 5d 后，将愈伤组织转至筛选培养基。筛选 3~4 周后，每个独立转化体挑选 3~5 个生长状态良好、新鲜的抗性愈伤组织，转至再生培养基。当苗生长至长度 2~5cm 时，从每个独立转化体中选取一株生长良好的苗，移至生根培养基。恢复培养至生根培养过程的培养条件为 30℃培养（16h 光照 /8h 黑暗）。

4.2.6.3 转基因水稻植株的鉴定

设计跨启动子的过表达载体转化阳性鉴定引物 1390-FP 和 1390-RP（表 4-1）。PCR 体系：KOD OneTM PCR Master Mix，25μL；1390-FP，2μL；RP-1390，2μL；模板，1μL；ddH$_2$O，20μL。PCR 程序：94℃，5min——94℃，30s；60℃，30s；72℃，30s；30 个循环——72℃，5min。阳性转基因水稻植株 PCR 产物的琼脂糖电泳图如图 4-1 所示。

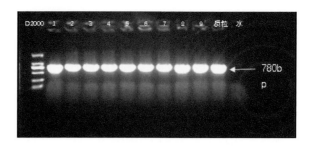

图 4-1 转基因水稻阳性植株鉴定的琼脂糖电泳胶图

4.2.7 *ZlRc* 过表达和野生型水稻种子总酚、总黄酮和总原花青素含量的测定

将 *ZlRc* 过表达 T$_2$ 代和野生型水稻种子冷冻干燥至恒重后磨粉过 100 目筛。种子总酚类化合物提取方法以及总酚、总黄酮和总原花青素含量的检测方法参考 Yu 等（2021）和 Chu 等（2019a）的实验方法。中国菰米与稻米总酚含量以每 100g 样品中含有的当量没食子酸毫克数（mg GAE/100g）表示，总黄酮和总原花青素含量以每 100g 样品中含有的当量儿茶素毫克数（mg CE/100g）表示。参考 Yu 等（2021）的实验方法，测定了 2,2- 联苯基 -1- 苦基肼基（2,2 diphenyl-1-picrylhydrazyl，DPPH）自由基清除能力和 2,2- 联氮 - 二（3- 乙基 - 苯并噻唑 -6- 磺酸 ）（2,2′-azino-bis-3-ethylbenzthioazoline-6-sulfonic acid，ABTS ）自由基吸收能力。中国菰米与稻米的 DPPH 值和 ABTS 值以每 100g 样品中含有的当量水溶性维生素 E 微摩尔数（μmol TE/100g）表示。

4.2.8 *ZlRc* 过表达和野生型水稻种子对 α- 葡萄糖苷酶、α- 淀粉酶、胰脂肪酶和酪氨酸酶抑制作用的测定

参考 Yu 等（2021）的实验方法提取样本酚类化合物。吸取等体积游离酚和结合酚，涡旋混合均匀。取混合液 5mL，45℃条件下氮吹至干，加入 1mL DMSO 复溶配置成 100mg/mL 储备液，于 4℃条件储存。试验时，以对应缓冲液稀释原液后，参考 Chu 等（2019b）和 Yuan 等（2018）的方法测定样品对 α- 葡萄糖苷酶、α- 淀粉酶、胰脂肪酶和酪氨酸酶的抑制作用。

4.2.9 酚类代谢组分析

4.2.9.1 *ZlRc* 过表达和野生型水稻种子中酚类代谢物的检测与数据分析

样品提取、电喷雾电离 - 四极离子阱 - 串联质谱（ESI-QTRAP-MS/MS）和超高效液相色谱（UPLC）条件参考 Yu 等（2021）。参考 Yan 等（2019）的方法进行代谢物的定性和定量测定以及原始数据预处理。参考 Yan 等（2019）的方法，对数据进行主成分分析（PCA）

和正交偏最小二乘判别分析（OPLS-DA），以便更好地实现数据可视化和后续分析。

4.2.9.2 差异酚类代谢物的筛选

OPLS-DA 用于生成变量投影重要性（VIP）值和得分图（Yu et al., 2021）。酚类代谢物 VIP≥1 的条件下，FC≥2 或 FC≤0.5 时，认为其在组间存在显著差异。利用 R 软件中的 MetaboAnalystR 包 OPLSR.Anal 函数进行 OPLS-DA 分析，采用 VIP 值进行排序。在进行 OPLS-DA 分析之前，对数据进行对数转换（$\log_2$）和均值居中处理。进行排列测试（200 次排列），避免过度拟合。使用 R 语言中的"箱线图"函数绘制 *ZIRc* 过表达和野生型水稻种子之间差异槲皮素衍生物的箱线图（Yan et al., 2019）。

4.2.9.3 KEGG 注释和富集分析

利用 KEGG 数据库（http://www.kegg.jp/kegg/compound/）对鉴定到的代谢物进行注释，将注释的代谢物映射到 KEGG 通路数据库（http://www.kegg.jp/kegg/pathway.html）。对具有显著差异的代谢途径进行代谢物富集分析，并根据 *P* 值确定其显著性。

4.2.10 转录组分析

取花后 14d 的 OE 和 WT 水稻种子。取 10 株 WT 水稻种子和 15 株 OE-6 水稻种子，每穗取 3/4 种子，留 1/4 种子进行标记鉴定。去壳后立即将种子储存在 –80℃的冰箱中。成熟后，将种子脱壳，观察 15 株 OE-6 水稻种子的外皮是否呈棕色。然后，保留带有棕色种皮的种子进行 RNA 提取，并储存在 –80℃的冰箱中。通过 Illumina NovaSeq 6 000 对构建的文库进行加载和测序，并使用 DEseq2 对两组进行差异表达分析。本研究使用 KOBAS（Mao et al., 2005）软件测试 KEGG 途径中差异表达基因（DEGs）的统计富集。

4.2.11 类黄酮生物合成中关键基因的表达及 qRT-PCR 验证

根据 Wang 等（2017）的实验方法，对编码类黄酮生物合成关键酶的 4 个关键基因（苯丙氨酸氨裂解酶，*PAL*；查尔酮合酶，*CHS*；查尔酮黄烷酮异构酶，*CHI*；二氢黄酮醇 4- 还原酶，*DFR*）进行 qRT-PCR 分析。引物序列如表 4-1 所示，使用 $2^{-\Delta\Delta Ct}$ 方法计算相对基因表达。

4.2.12 类黄酮生物合成中关键酶活性的测定

根 据 PAL（BS-E19026O1）、CHS（BS-E18003O1）、CHI（BS-E18767O1）和 DFR（BS-E18537O1）酶联免疫分析试剂盒（北京华博意德生物技术有限公司的，北京）说明书，测定 *ZIRc* 过表达和野生型水稻种子中 PAL、CHS、CHI、DFR 的酶活性。利用标准曲线计算样品 PAL、CHS、CHI、DFR 酶活性，单位以 U/L 表示。

4.2.13 统计分析

样品各指标测量值以平均值 ±SD（$n=3$）表示。采用 SAS v9.4（SAS Institute）软件进行方差分析。利用邓肯多重比较检验在 $P < 0.05$ 水平进行数据间差异显著性分析。

4.2.14 基因和转录组登记号码

ZlRc 序列可在 GenBank 中获得（登录号：OP874954）。本章中的水稻基因序列数据来自水稻 MSU 基因组注释第 7 版，登录号如下：*Rc*（LOC_Os07g11020）、*PAL*（LOC_Os04g43760）、*CHS*（LOC_Os11g32650）、*CHI*（LOC_Os12g02370）和 *DFR*（LOC_Os01g44260）。OE 和 WT 稻米种子的转录组数据可通过 NCBI 的 SRA 数据库（登录号：PRJNA903368）访问。

4.3 结果

4.3.1 中国菰 bHLH 转录因子家族基因的鉴定及全基因组分析

4.3.1.1 *ZlbHLH* 转录因子家族成员及其染色体位置的鉴定

在中国菰基因组中共鉴定得到 203 个 bHLH 基因。根据它们在染色体上的位置分布，依次命名为 *ZlbHLH001~ZlbHLH203*。ZlbHLH 家族的基因 ID 参见 Qi 等（2023）补充资料（supplementary data）中 Table S2。ZlbHLH 基因染色体定位分析表明，203 个 ZlbHLH 基因分布在中国菰基因组的 17 条染色体上（图 4-2）。其中，4 号染色体上分布最多，有 24 个基因，占总 ZlbHLH 基因的 11.82%；其次为 2 号染色体，占总个数的 9.85%（20 个）；12 号染色体上分布的基因最少，只有 4 个基因，占总个数的 1.97%（图 4-2）。在 1、3、5、8 号染色体的底端以及 9、11、14 号染色体顶端发现了 ZlbHLH 基因的基因簇。

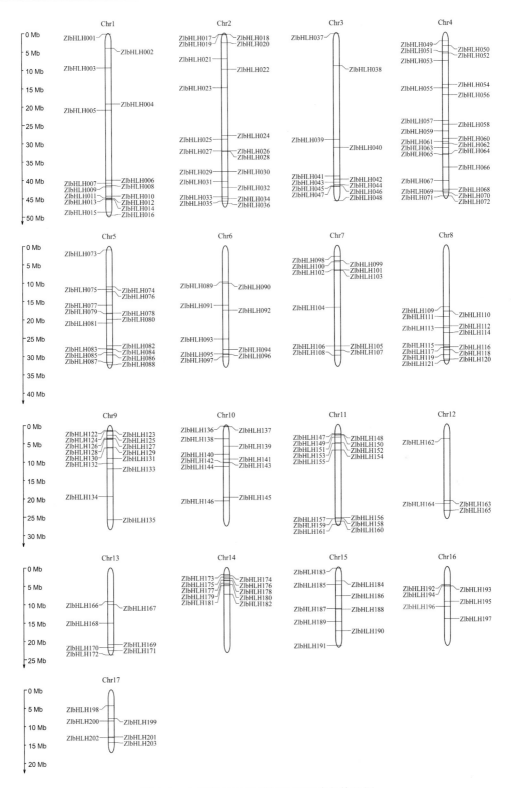

图 4-2 中国菰 bHLH 基因家族的染色体位置

4.3.1.2 ZlbHLH 基因家族、基因结构及保守基序分析

通过对 ZlbHLH 蛋白序列进行系统进化树分析发现，中国菰中的 bHLH 可以分为 15 个组（图 4-3A）。对每个 ZlbHLH 基因的结构（图 4-3B）进行分析发现，ZlbHLH 基因中外显子数目为 1~13 个不等，大多数基因（91.63%）含有 1~8 个外显子，且长度在 4 kb 以上。ZlbHLH 基因内含子的数目差异较大，最多的是 *ZlbHLH084*，为 12 个；有 17 个 ZlbHLH 基因不存在内含子。ZlbHLH 蛋白结构域预分析表明：ZlbHLH 蛋白结构较为保守，共鉴定得到 10 个比较保守的 Motif（Motif 1~Motif 10），其中 Motif 1 和 Motif 2 最为保守，是各组共有基序（图 4-3C）。除共有基序外，各组基序还具有一定特异性，如 Motif 9 仅在 XI 亚组中存在，Motif 7 只在 IV 亚组中存在。

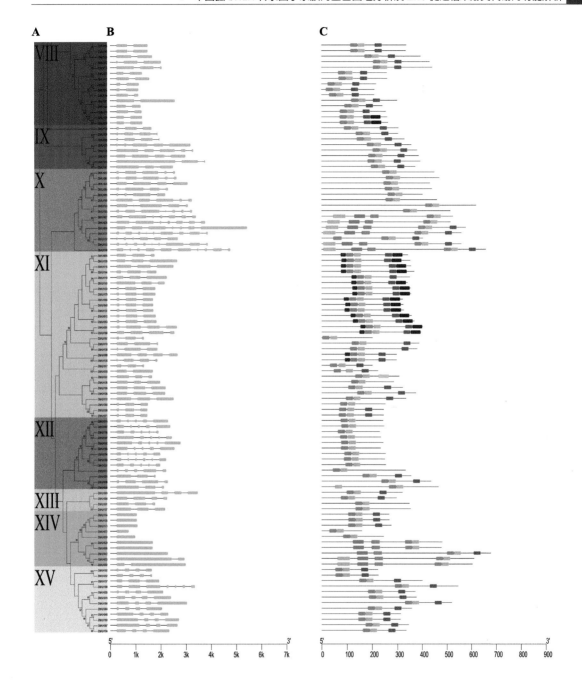

图 4-3　中国菰 bHLH 转录因子保守基序分析

注：A. 系统发育树；B. 基因结构；C. 保守基序。A 中，不同的背景颜色代表不同的亚科；B 中，绿色框和黑线分别代表外显子和内含子；C 中，不同的颜色代表不同的保守基序。

4.3.1.3　ZlbHLH 基因家族的系统发育分析

利用中国菰的 203 个和水稻的 211 个 bHLH 蛋白序列，对中国菰和水稻中的 bHLH 蛋白进行系统进化关系分析，详情参见 Qi 等（2023）补充资料（supplementary data）中

Table S2 和 Table S3。与水稻的 22 个亚家族相比较，中国菰的 203 个 ZlbHLHs 成员分布在 18 个亚家族中（图 4-4）。其中，U 亚家族（28 个 ZlbHLH）的成员数量最多，其次为 P 亚家族（10 个 ZlbHLH），L 亚家族（1 个 ZlbHLH）的成员数量最少。同时，A、C、M、R 亚家族中不包含 *ZlbHLH* 基因。

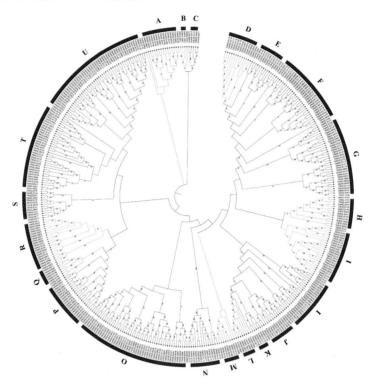

图 4-4　中国菰和水稻 bHLH 转录因子的系统发育分析

注：主要分支上的数字表示 Bootstrap 对 1 000 次重复分析的估计。A~U 代表不同的子类。

4.3.2　中国菰 *ZlRc* 同源基因的氨基酸序列比对

在 ZlbHLH 转录因子家族成员的鉴定中发现，位于中国菰 16 号染色体上的 *ZlbHLH196*（Zla16G011250）即为中国菰中的 *ZlRc* 基因（图 4-2）。中国菰 *ZlRc* 与水稻 *Rc*、玉米 *Lc* 基因的氨基酸序列比对结果如图 4-5A 所示。在图 4-5A 中，背景颜色表示不同序列之间的相似性（黑色代表 100%，蓝色代表 50%）。*ZlRc* 基因与水稻 *Rc*、玉米 *Lc* 基因的氨基酸序列具有较高的相似度，而水稻 *Rc* 和玉米 *Lc* 都是 bHLH 家族的转录因子，且分别与水稻和玉米类黄酮合成密切相关。因此，推测 *ZlRc* 为参与调控类黄酮生物合成的关键 *bHLH* 基因。

4.3.3　ZlRc 蛋白的亚细胞定位

为了探明 ZlRc 蛋白在细胞内的定位，构建了 ZlRc-GFP 融合蛋白过表达载体。构建好的融合表达载体转入水稻原生质体瞬时表达 ZlRc-GFP 融合蛋白，通过共聚焦显微镜观察荧光信号。为了进一步确认 ZlRc 的表达位点，利用红色荧光蛋白 mCherry 作为共定位标记。如图 4-5B 所示，ZlRc 荧光信号与核 mCherry 信号融合良好，即 ZlRc 蛋白定位于细胞核。

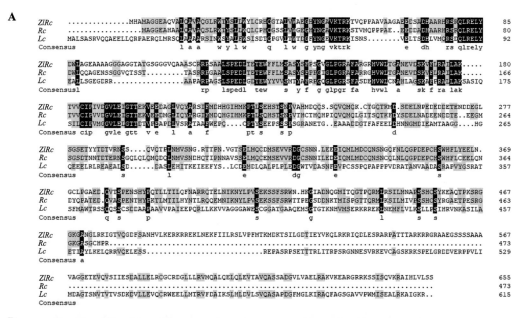

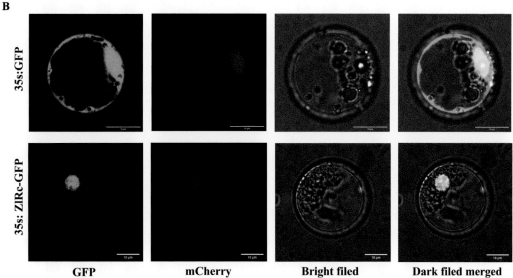

图 4-5 ZlRc、Rc、Lc 的氨基酸序列比对和 ZlRc 亚细胞定位

注：A. ZlRc 的氨基酸序列；B. ZlRc 亚细胞定位在 A 中。*ZlRc*，中国菰 Zla16G011250；*Rc*，水稻 LOC_Os07g11020；*Lc*，玉米 ZEAMMB73-Zm00001d026147。在 B 中，GFP 是一种绿色荧光蛋白，在扫描共焦显微镜激光照射下发出绿色荧光。使用共聚焦荧光显微镜对蛋白质进行定位。图 B 最左边的图像显示 GFP 荧光信号；左起第二列显示 mCherry 荧光；从左起的第三列显示开放式通道（Bright filed）；最右边的列显示荧光整合的暗场图像（Dark filed merged）。比例尺 =10μm。

4.3.4 *ZlRc* 过表达和野生型水稻种子的表型以及酚类化合物含量和抗氧化活性

在 *ZlRc* 过表达（OE）和野生型水稻（WT）结实并黄熟后，将谷粒和穗分离晾干，并手动去除谷粒颖壳。OE-1~OE-6 水稻种子呈现棕色，而 WT 水稻种子是无色的（图 4-6A）。因此，*ZlRc* 过表达水稻的种子相对野生型在种皮着色方面表现出更显著的差

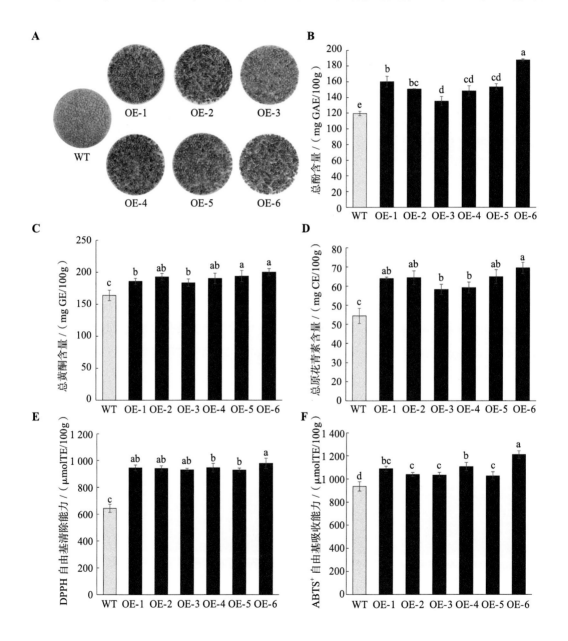

图 4-6 野生型（WT）和过表达 *ZlRc*（OE）水稻种子的外观、酚类化合物含量和抗氧化活性

注：A. 外观；B. 总酚含量；C. 总黄酮含量；D. 总原花青素含量；E. DPPH 自由基清除能力；F. ABTS⁺ 自由基吸收能力。WT，野生型水稻；OE-1~OE-6，6 个 *ZlRc* 过表达株系 T$_2$ 代。不同小写字母表示差异显著（$P < 0.05$）。

异。WT 水稻种子和 6 个独立 T$_2$ 代（OE1~OE6）的 OE 水稻种子的总酚、总黄酮和总原花青素含量如图 4-6B~D 所示。OE 水稻种子的总酚、总黄酮和总原花青素含量分别为 135.28~187.61mg GAE/100g、183.70~200.31mg CE/100g 和 58.25~69.51mg CE/100g。WT 水稻种子的总酚、总黄酮和总原花青素含量分别为 119.41mg GAE/100g、164.12mg CE/100g 和 44.40mg CE/100g。OE 水稻种子的总酚、总黄酮和总原花青素含量显著高于 WT（$P<0.05$），因此 *ZlRc* 基因在水稻中的过表达增加了水稻种子的酚类化合物含量。

6 个独立 T$_2$ 代（OE1~OE6）的 OE 和 WT 水稻种子的 DPPH 自由基清除能力和 ABTS$^+$ 自由基吸收能力如图 4-6D~E 所示。OE 和 WT 水稻种子的 DPPH 自由基清除能力分别为 928.15~978.90μmol TE/100g 和 644.79μmol TE/100g。OE 和 WT 水稻种子的 ABTS$^+$ 自由基吸收能力分别为 1 026.20~1 210.58μmol TE/100g 和 936.1μmol TE/100g。OE 水稻种子的 DPPH 自由基清除能力和 ABTS$^+$ 自由基吸收能力显著高于 WT（$P<0.05$），因此水稻中 *ZlRc* 基因的过表达提高了水稻种子的抗氧化活性。

4.3.5 *ZlRc* 过表达和野生型水稻种子的酶抑制作用

6 个独立 T$_2$ 代（OE1~OE6）提取物对 α- 葡萄糖苷酶、α- 淀粉酶、胰脂肪酶和酪氨酸酶活性的抑制作用如图 4-7A~D 所示。OE 水稻种子的 α- 葡萄糖苷酶、α- 淀粉酶、胰脂肪酶、酪氨酸酶的抑制率范围分别在 5.42%~8.32%、19.17%~23.34%、22.28%~31.88% 和 22.47%~26.39%，而 WT 的抑制率分别为 2.02%、12.02%、12.92% 和 17.01%。OE 水稻种子对 α- 葡萄糖苷酶、α- 淀粉酶、胰脂肪酶和酪氨酸酶活性的抑制率分别高于 WT 水稻种子的 3.25 倍、1.77 倍、2.14 倍和 1.44 倍。因此，OE 水稻种子对 α- 葡萄糖苷酶、α- 淀粉酶、胰脂肪酶和酪氨酸酶活性的抑制率显著高于 WT 水稻种子（$P<0.05$）。此外，阳性对照对 4 种酶活性的抑制率显著高于 OE 和 WT 水稻种子（$P<0.05$）。

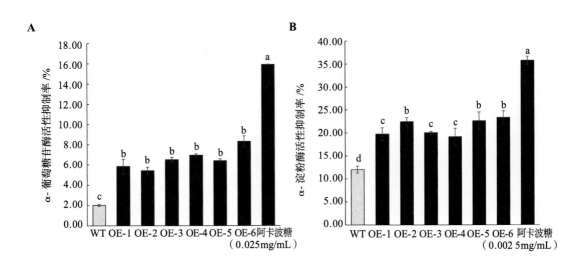

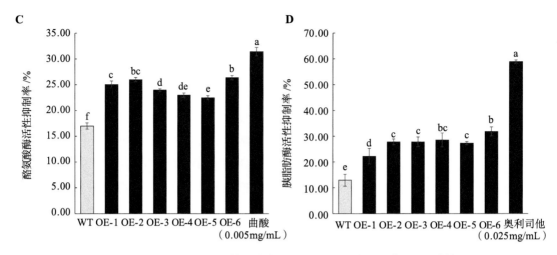

图 4-7　野生型（WT）和 *ZlRc* 基因过表达（OE）水稻种子甲醇提取物酶抑制作用

注：A. α- 葡萄糖苷酶活性抑制率；B. α- 淀粉酶活性抑制率；C. 胰脂肪酶活性抑制率；D. 酪氨酸酶。WT，野生型水稻；OE-1~OE-6，6 个 *ZlRc* 过表达株系 T_2 代。不同小写字母表示差异显著（$P < 0.05$）。

4.3.6　*ZlRc* 过表达和野生型水稻种子酚类代谢组比较

ZlRc 过表达和野生型水稻种子酚类代谢组的 PCA 得分散点图和 3D 图分别如图 4-8A 和 B 所示。PC1、PC2 和 PC3 的贡献率分别为 73.01%、9.44% 和 6.81%。组间比较 PCA 评分散点图显示 *ZlRc* 过表达与野生型组间的差异具有统计学意义。因此，2 组的酚类代谢物之间存在明显差异，即 *ZlRc* 基因过表达导致水稻种子酚类代谢物含量的变化（图 4-8A、B）。

根据 OPLS-DA 模型分析代谢组数据，绘制了 *ZlRc* 过表达与野生型组的评分图，进一步揭示了两者之间的差异。评价模型的预测参数有 R^2X、R^2Y 和 Q^2，其中 R^2X 和 R^2Y 分别表示所建模型对 X 和 Y 矩阵的解释率，Q^2 表示模型的预测能力，$Q^2>0.5$ 时可认为是有效的模型，$Q^2>0.9$ 时为出色的模型。这 3 个指标越接近于 1 时，表示模型越稳定可靠。如图 4-8D 所示，R^2X、R^2Y 和 Q^2 分别为 0.805、1 和 0.989，表明该模型稳定可靠。各组间比较 OPLS-DA 评分散点图显示，*ZlRc* 过表达与野生型水稻的组间差异具有统计学意义（图 4-8C）。因此，两组样品在酚类代谢物上存在显著差异。如图 4-8C 所示，3 个 *ZlRc* 过表达水稻样品的组内差异大于 3 个野生型水稻样品的组内差异，说明 *ZlRc* 过表达水稻内部的变异程度大于野生型水稻内部的变异程度。图 4-8D 为 OPLS-DA 验证图，横坐标表示模型 R^2Y、Q^2 值，纵坐标表示模型分类效果出现的频数，即本模型对数据进行 200 次随机排列组合实验，Q^2 的 P 值为 0，说明在此次 Permutation 检测中共有 0 个随机分组模型的预测能力优于本 OPLS-DA 模型，R^2Y 的 P 值为 0，说明在此次 Permutation 检测中共有 0 个随机分组模型其对 Y 矩阵的解释率优于本 OPLS-DA 模型。一般情况下，$P < 0.05$ 时模型最佳，因此本研究中的模型是有意义的。

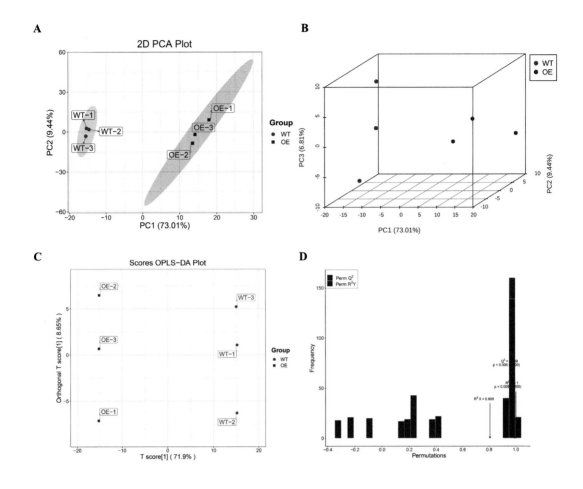

图 4-8 野生型（WT）组与 *ZlRc* 过表达（OE）组的主成分分析（PCA）和对潜在结构的

正交投影判别分析（OPLS-DA）结果

注：A. PC1 对 PC2（2D）；B. PC1 与 PC2 对 PC3（3D）；C. OPLS-DA 模型的得分散点图；D. WT 与 OE OPLS-DA 模型的置换试验。

4.3.7 *ZlRc* 过表达和野生型水稻种子差异酚类代谢物的鉴定以及 KEGG 注释和分类

本研究利用代谢组学分析来鉴定总共 383 种酚类代谢产物，包括 122 种酚酸、100 种黄酮、83 种黄酮醇、24 种黄烷酮、22 种异黄酮、9 种木脂素、7 种二氢黄酮醇、6 种香豆素、4 种查尔酮、4 种其他黄酮及 2 种黄烷醇，详情可以参见 Qi 等（2023）补充资料（supplementary data）中 Table S4。基于差异代谢物筛选条件 [（FC≥2 或≤0.5）和 VIP≥1] 的筛选标准，在 WT 组和 OE 组之间鉴定出 221 种差异酚类代谢物，详情可以参见 Qi 等（2023）补充资料中（supplementary data）Table S5。图 4-9A 为酚类代谢物的火山图。WT 组和 OE 比较组中，有 198 种酚类代谢物在 OE 组中上调、23 种下调，其余

162 种代谢物差异不显著（图 4-9A）。其中，用红点表示的 198 种差异酚类代谢物主要集中在图的右上角，说明筛选到的 198 种差异酚类代谢物是可靠的，并且 WT 和 OE 中的相对含量差异显著。差异酚类代谢物、VIP、FC、log$_2$FC 以及上调和下调代谢物的相对含量详情可以参见 Qi 等（2023）补充资料中（supplementary data）Table S6。OE 水稻种子中酚类代谢物的相对含量显著高于 WT，这与 OE 中的总酚含量高于 WT 的结果一致（图4-6）。考虑到槲皮素衍生物的显著生物活性，绘制了 WT 和 OE 水稻种子中槲皮素衍生物的箱线图。如图 4-10 所示，OE 水稻种子中 20 种槲皮素衍生物的含量均高于 WT。

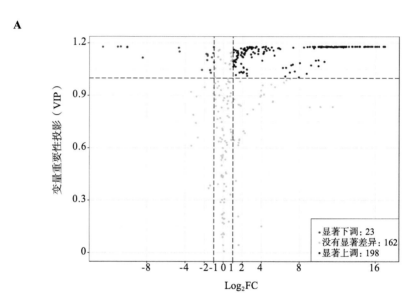

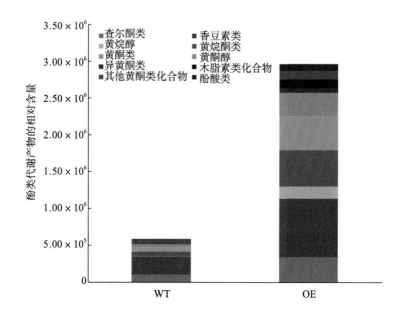

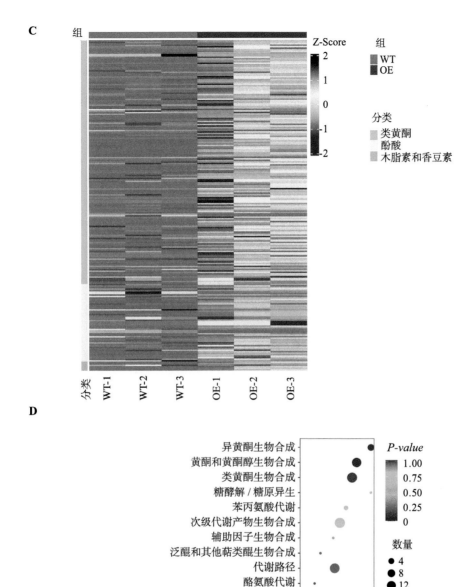

图 4-9　野生型（WT）和 *ZlRc* 过表达（OE）水稻种子之间的差异酚类代谢物

注：A. 火山图；B. 酚类代谢物相对含量；C. 层次聚类分析；D. KEGG 富集。A 中每个散点的颜色表示最终筛选结果：红色＝显著上调的酚类代谢物，绿色＝显著下调的酚类代谢产物，灰色＝WT 和 OE 种子之间水平没有显著差异的酚类代谢物。B 中横轴表示样本簇，相似性随着簇长的减小而增加。纵轴上的簇表示 WT 和 OE 种子之间差异酚类代谢物簇的表达模式。D 中，纵轴表示路径的名称，横轴表示每个路径的富集因子，图中每个点的颜色表示其 P 值（P-value），紫色到红色表示低到高的显著富集，点大小表示注释到其相应途径的差异代谢物的数量。

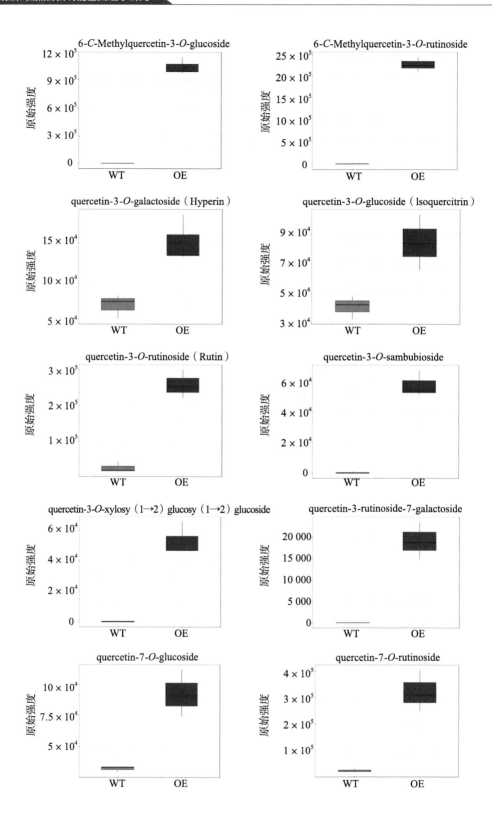

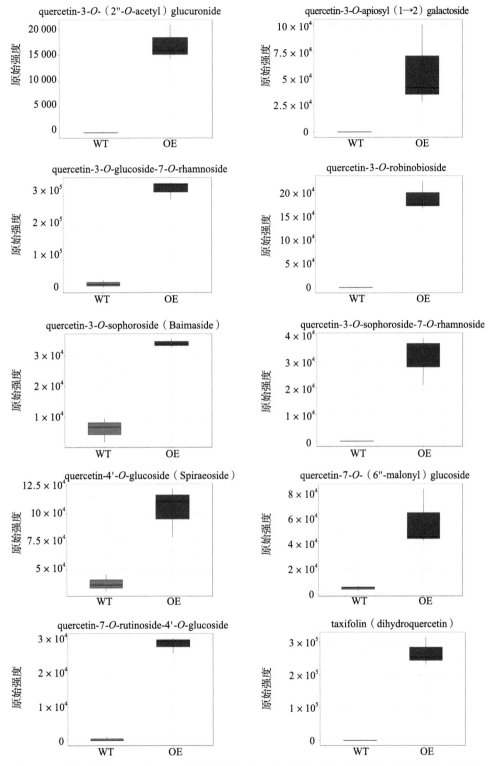

图 4-10 野生型（WT）和 *ZIRc* 基因过表达（OE）水稻种子之间差异槲皮素衍生物箱线图

注：横轴表示样品，纵轴表示代谢物的原始强度。

对差异代谢物进行层次聚类分析，结果如图 4-9C 所示。聚类图（图 4-9C）表明 WT 和 OE 样品被明显分为 2 类，表明它们具有代谢物显著不同。热图中不同颜色代表差异代谢物相对含量归一化处理后得到的数值；红色表示高含量，绿色表示低含量。KEGG 分类和富集结果（图 4-9D）显示，共有 11 条 KEGG 通路，其中 WT 和 OE 组之间显著富集的 KEGG 通路为"异黄酮生物合成"（6/63，9.53%）、"黄酮和黄酮醇生物合成"（16/63，25.40%）和"类黄酮生物合成"（20/63，31.75%）生物合成途径，详情可以参见 Qi 等（2023）补充资料中（supplementary data）Table S7。

4.3.8 *ZlRc* 过表达和野生型水稻种子的转录组分析

使用转录组测序筛选 WT 和 OE 水稻种子之间差异表达基因，共筛选出 227 个 DEGs，详情参见 Qi 等（2023）补充资料（supplementary data）中 Table S8。DEGs 中有 173 个基因上调、54 个基因下调（图 4-11A）。此外，对 DEGs 进行层次聚类分析。在图 4-11B 中，横轴表示样本簇，纵轴表示 DEGs 簇，颜色表示样本中的基因表达水平（红色表示基因表达上调，蓝色表示基因表达下调）。此外，对 OE 和 WT 水稻之间 DEGs 参与的代谢通路进行富集分析，结果如图 4-11C 所示。前 20 个富集通路（取最小 q 值）如图 4-11C 左侧纵坐标所示（富集因子越大、q 值越小表示该通路的富集程度越高）。图 4-11C 显示 WT 和 OE 水稻之间的 DEGs 在类黄酮生物合成途径、淀粉和蔗糖代谢以及 α-亚麻酸代谢中高度富集。值得关注的是，类黄酮生物合成途径中富集到的 4 个 DEGs 与 OE 棕色种皮的形成相关。

A

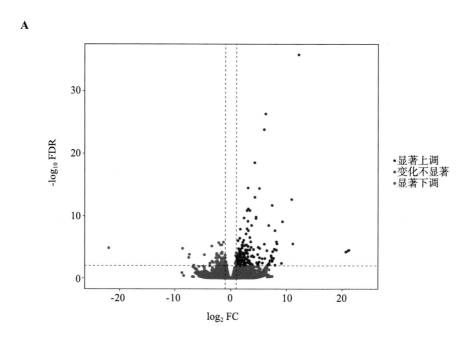

B

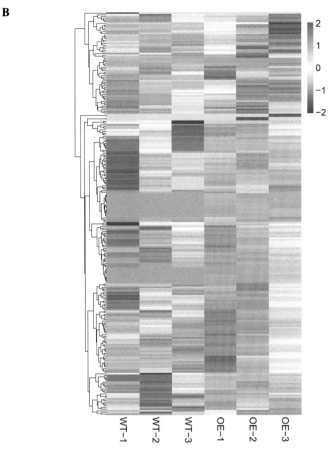

C

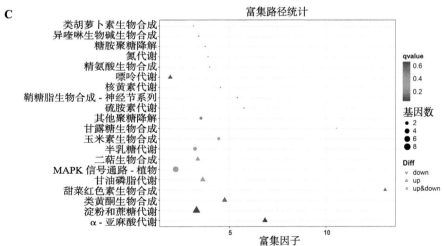

图 4-11　野生型（WT）和 *ZlRc* 过表达（OE）水稻种子的转录组分析

注：在 A 中，每个点代表一个基因。距离 *y*=0 更远的点表示两个样本之间表达差异较大的基因。距离 *x*=0 更远的点代表具有更可靠差异的基因。B 中，每列代表一个样本，每行代表基因。基因的表达水平通过 $\log_{10}$ 标准化，并根据比例尺表示为不同的颜色。C 中，每个点代表 KEGG 通路。富集因子大说明该途径富集更显著。点的颜色代表 q 值（qvalue）。q 值越小，富集越显著。点的大小代表在该途径中富集的 DEGs 的数量。点越大，包含的基因就越多。

4.3.9 *ZlRc* 过表达和野生型水稻种子类黄酮生物合成关键基因表达

图 4-12A 为植物类黄酮生物合成途径。为了确定关键类黄酮生物合成相关基因与转录组所获得基因表达水平的一致性，利用 qRT-PCR 进行了验证。如图 4-12B~D 显示 OE1、OE-2、OE-3、OE-4、OE-5、OE-6 中 4 个基因（*PAL*、*CHS*、*CHI*、*DFR*）的表达量显著高于 WT 水稻（$P<0.05$）；*PAL*、*CHS*、*CHI*、*DFR* 在 OE-1、OE-2、OE-3、OE-4、OE-5、OE-6 中的平均表达值分别比 WT 水稻高 20.34 倍、24.43 倍、21.99 倍和 25.02 倍。

A

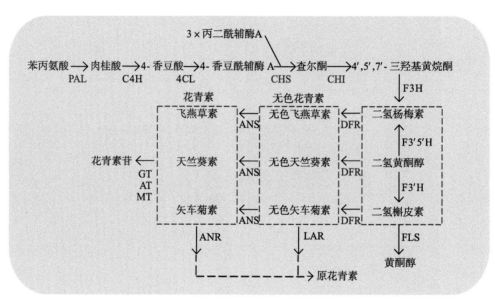

B

C

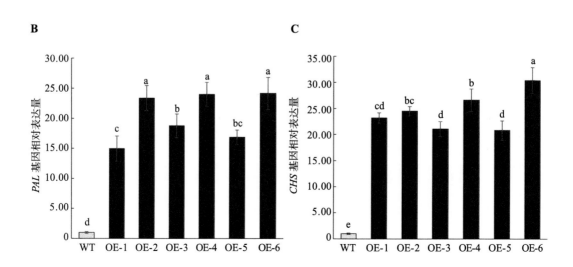

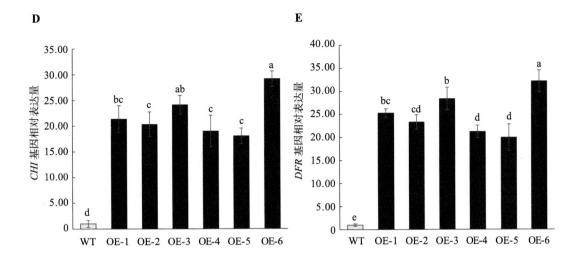

图 4-12 类黄酮生物合成路线图（A）及其关键基因 *PAL*（B）、*CHS*（C）、*CHI*（D）、*DFR*（E）在野生型（WT）和 *ZlRc* 基因过表达（OE）水稻种子中的表达分析。

注：PAL，苯丙氨酸解氨酶；C4H，肉桂酸 4- 羟化酶；4CL，4- 香豆素酸辅酶 A 连接酶；CHS，查尔酮合成酶；CHI，查尔酮 - 黄烷酮异构酶；F3H，黄酮醇 3- 羟化酶；F3′5′H，类黄酮 3′, 5′- 羟化酶；F3′H，类黄酮 3′- 羟化酶；FLS，黄酮醇合酶；DFR，二氢黄酮醇 4- 还原酶；LAR，无色花青素还原酶；ANS，花青素合成酶；ANR，花青素还原酶；GT，糖基转移酶；AT，酰基转移酶；MT，甲基转移酶。不同的小写字母表示显著差异（$P<0.05$）。

4.3.10　*ZlRc* 过表达和野生型水稻种子中关键类黄酮生物合成酶活性

ZlRc 过表达和野生型水稻种子 4 种类黄酮生物合成关键相关酶（PAL、CHS、CHI 和 DFR）的活性如图 4-13 所示。OE 水稻种子中 PAL、CHS、CHI 和 DFR 的活性显著高于 WT 水稻种子（$P < 0.05$），OE-1、OE-2、OE-3、OE-4、OE-5 和 OE-6 中 PAL、CHS、CHI、DFR 的平均活性值分别比 WT 水稻高 1.23 倍、1.22 倍、1.10 倍和 1.15 倍。

4.4　讨论

4.4.1　中国菰中 bHLH 转录因子家族成员的全基因组分析

本研究首次系统地鉴定了中国菰 bHLH 转录因子家族基因，共得到 203 个 bHLH 基因，详情参见 Qi 等（2023）补充资料中（supplementary data）Table S2。染色体定位分析发现，ZlbHLH 基因在中国菰染色体上分布不均匀，一些 ZlbHLH 基因被定位到染色体的顶端和底端（图 4-2），与二穗短柄草（*Brachypodium distachyon*）中的研究结果相似，这表明 ZlbHLH 基因进行了一定程度的收缩和扩张。已有研究发现，内含子和外显子通过丢失、插入或删除等方式进化（Xu et al., 2012）。本章研究发现 203 个 ZlbHLH 基因，它们

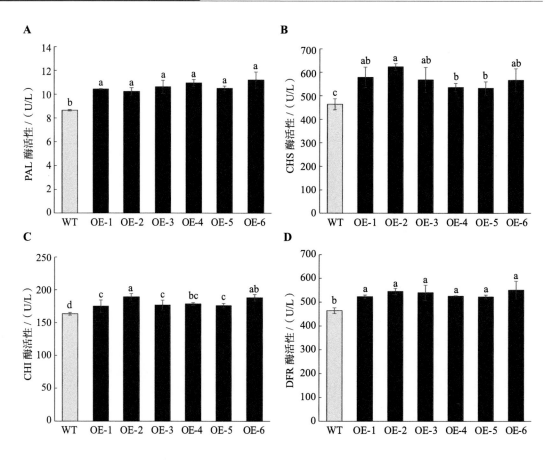

图 4-13　野生型（WT）和 *ZlRc* 基因过表达（OE）水稻种子中类黄酮生物合成的关键酶活性

注：A. PAL 酶活性；B. CHS 酶活性；C. CHI 酶活性；D. DFR 酶活性。不同的小写字母表示显著差（$P < 0.05$）。

分别包含 1~13 个外显子和 0~12 个内含子不等（图 4-3B），表明在 *ZlbHLH* 基因的进化过程中发生了内含子和外显子的插入或丢失，导致内含子和外显子个数差异较大。这种现象在一定程度上影响 *ZlbHLH* 基因的生物学功能（Guo et al., 2013）。

对中国菰 203 个 *bHLH* 基因的保守基序进行分析，发现 *ZlbHLH* 基因存在 10 个高度保守的氨基酸基序。同一亚家族中的大多数保守基序相似，表明每个亚家族编码的蛋白的功能具有保守性。所有 ZlbHLH 蛋白均包含 Motif1 和 Motif2，且总是相邻，共同构成 bHLH 结构域。同一个亚科中，这些 bHLH 保守基序的唯一性和保守性也是对 ZlbHLH 基因家族的进化分类的佐证（图 4-3C）。研究表明，小麦 bHLH 基因存在 15 个保守基序（Guo et al., 2017），二穗短柄草存在 20 个保守基序（Xin et al., 2017）。水稻中的 167 个 bHLH 转录因子被划分为 22 个亚家族（Li et al., 2006），小麦中的 225 个 bHLH 转录因子，被划分为 23 个亚家族（Guo et al., 2017）；玉米中的 208 个 bHLH 转录因子，被划分为 18 个亚家族；番茄中的 152 个 bHLH 蛋白，被划分为 24 个亚家族（Wang et al., 2015）；油菜中的 203 个 bHLH 蛋白，被划分为 24 个亚家族（Song et al., 2014）。本研究结果表明，中国菰的 203 个 ZlbHLH 成员分布在 18 个亚家族中（图 4-4）。此外，ZlbHLH 家族在 L 亚家族中的成员最少（图 4-4），表明该亚家族成员进化速度相对缓慢，推测该家族基因在功能上相对保守。

4.4.2 *ZlRc* 过表达和野生型水稻种子表型、酚类化合物含量、抗氧化活性和酶抑制作用比较

植物 bHLH 转录因子能够调节生物活性物质的合成。值得关注的是，类黄酮化合物中的花青素和原花青素的合成由 MYB-bHLH-WD40 复合体控制（Oikawa et al., 2015）。花青素能够使水稻组织呈现紫色或黑色，水稻中的 OsbHLH013、OsbHLH016 和 OsbHLH165 以及拟南芥中的 bHLH 家族成员 JAM1/2/3 和 AtMYC1 都参与了花青素的生物合成（Pires et al., 2010；Sasaki-Sekimoto et al., 2013）。*Rc* 是位于水稻 7 号染色体的 bHLH 基因，参与水稻种皮发育；它是水稻种皮中原花青素生物合成的决定性基因（Sweeney et al., 2006）。*Rc* 编码 bHLH 转录因子，14bp 片段的丢失或 1 个 C → A 突变导致提前终止和缺少 bHLH 结构域的截短蛋白可使种皮从红色变为白色（Sweeney et al., 2006; Sweeney et al., 2007）。研究表明，红米和棕色米中未观察到 bHLH 基因第 7 个外显子的 14 bp 缺失，而在白米中均发现这个 14bp 缺失（Furukawa et al., 2007）。在一些非洲栽培稻中，白色种皮也是由于 *Rc* 基因的特异突变引起的（Gross et al., 2010）。不同水稻品种中花青素生物合成途径基因序列分析表明，转录因子 *OsB1* 和 *OsB2* 在不产生花青素的水稻品种中存在功能缺陷（Zhu et al., 2017）。

Rc 基因控制水稻种皮颜色（Sweeney et al., 2006），而玉米 *Lc* 基因的异源表达可以激活苜蓿花青素合成途径（Ray et al., 2003）。*ZlRc* 基因与水稻 *Rc* 和玉米 *Lc* 为同源基因（图 4-5A），说明它们是调节中国菰米类黄酮生物合成的关键 bHLH 基因。亚细胞定位分析显示 *ZlRc* 受核基因调控并在细胞核中表达（图 4-5B）。OE 水稻的系统进化和表型分析显示 OE 水稻的种皮颜色发生了由无色变为棕色的显著变化（图 4-6A）。因此，*ZlRc* 是参与调节类黄酮生物合成的关键 *bHLH* 基因。与野生稻米相比，OE 水稻种子的总酚、总黄酮、总原花青素含量和抗氧化活性显著升高（图 4-6），这表明 *ZlRc* 基因过表达促进了水稻种子中酚类化合物的生物合成和积累。与本研究的结果一致的是，水稻中 *Lc* 的过表达增加了花器官（穗、花药和子房）中的花青素含量（Li et al., 2013）。另外，有研究通过基因工程技术实现了在水稻胚乳中合成花青素的营养强化目标，培育出首例胚乳富含花青素的新型功能营养型水稻种质"紫晶米"（Zhu et al., 2017）。与酚类化合物相关的数量性状位点分析表明，*Rc* 基因标记与籽粒颜色性状密切相关，有色米中酚类化合物的抗氧化活性也高于无色米（Shao et al., 2015）。

通过分析 OE 和 WT 水稻种子中甲醇提取物的体外酶抑制作用，发现 OE 水稻种子对 α- 葡萄糖苷酶、α- 淀粉酶、胰脂肪酶和酪氨酸酶活性的抑制作用显著高于 WT 水稻种子，

但显著低于活性对照中的阿卡波糖（0.002 5mg/mL 和 0.025mg/mL）、奥利司他（0.25mg/mL）和曲酸（0.005mg/mL）（图 4-7）。从中国菰米中分离出的不同原花青素成分对 α- 葡萄糖苷酶和胰脂肪酶表现出不同的抑制作用（Chu et al., 2019b）。研究表明，来自有色米及其米糠的酚类提取物能够有效抑制 α- 葡萄糖苷酶活性（Yao et al., 2010）。此外，有色米米糠提取物能有效抑制 α- 淀粉酶和 α- 葡萄糖苷酶的活性，抑制淀粉在小肠内转化为葡萄糖，成为结肠肠道菌群所必需的抗性淀粉来源（Boue et al., 2016; Chiou et al.,2018）。藻类酚类化合物可有效抑制 α- 淀粉酶、α- 葡萄糖苷酶、胰脂肪酶和酪氨酸酶（Yuan et al., 2018）。总之，OE 水稻种子中的相关酶抑制率大于 WT 水稻种子中的相关酶抑制率，这可能与 OE 水稻种子提取物中相关酚类化合物的单体含量较高有关。因此，*ZlRc* 基因过表达能够提高稻米酚类化合物含量、抗氧化活性和酶抑制作用。

4.4.3 *ZlRc* 基因过表达对水稻种子酚类代谢的促进作用分析

在本研究中，评估了 OE 和 WT 之间酚类代谢物的差异，共鉴定出 383 种酚类代谢物。其中，OE 和 WT 之间有 221 种差异酚类代谢物，在 OE 中，有 198 种上调的酚类代谢物，包括 2 种查尔酮、3 种香豆素、2 种黄烷醇、20 种黄烷酮、52 种黄酮、59 种黄酮醇、12 种异黄酮、3 种木脂素、2 种其他黄酮、43 种酚酸（图 4-9），详情可以参见 Qi 等（2023）补充资料（supplementary data）中 Table S6。与无色米相比，红米的特征类黄酮是原花青素，黑米的特征类黄酮是花青素和原花青素（Yu et al., 2021）。在本研究中，OE 水稻的种皮呈棕色，这可能是由 198 种酚类代谢物上调所致。然而，OE 水稻中上调的酚类代谢产物不包括花青素和原花青素，这可能与"日本晴"水稻中花青素生物合成相关转录因子 *OsB1* 和 *OsB2* 的基因功能缺失有关。同样，OE 和 WT 之间差异酚类代谢物的富集分析结果表明，差异酚类代谢物显著富集于异黄酮生物合成、黄酮和黄酮醇生物合成以及类黄酮生物合成途径（图 4-9），详情可以参见 Qi 等（2023）补充资料中（supplementary data）Table S7。20 种槲皮素衍生物是类黄酮大类中的重要代谢物（Magar et al., 2020）。在本研究中，OE 水稻种子中槲皮素衍生物的含量高于 WT 水稻种子（图 4-10）。除了其显著的生物活性（Lesjak et al., 2018）以外，槲皮素衍生物还被报道为植物色素（Liu et al., 2022）。研究发现，中国菰米和无色米之间的差异类黄酮代谢产物主要富集在"花青素生物合成"通路，这与两者的差异类黄酮代谢物中包含 9 种花青素有关（Yu et al., 2021）。此外，在中国菰米发育过程中，种皮颜色从浅绿色变为棕黑色，总酚和总原花青素含量逐渐增加，两者均与抗氧化活性呈正相关（Yu et al., 2022）。此外，中国菰米在发芽过程中总酚、总原花青素含量和抗氧化活性呈现出先增加后下降的趋势（Chu et al., 2020）。在本研究中，*ZlRc* 过表达对水稻种子的酚类代谢和抗氧化活性具有显著的积极影响。

转录组和酚类代谢组的 KEGG 富集分析（图 4-9、图 4-11）表明，WT 和 OE 之间的类黄酮生物合成途径存在明显差异。在类黄酮生物合成途径中存在 4 种 DEGs 和 15 种差异代谢物，结果表明 OE 水稻种子颜色从无色到棕色的变化可能与类黄酮生物合成途径中的 4 个 DEGs 有关。PAL 是 OE 水稻种子的酚类化合物合成的第一个关键酶，可将苯丙氨酸转化为肉桂酸（Liu et al., 2018）。在这项研究中，PAL 在 OE 水稻中的表达水平显著高于 WT 水稻（图 4-12），并且 PAL 上调促进了 OE 水稻种子中酚类化合物的积累。同样，药用真菌暴马桑黄（*Sanghuangporus baumii*）中 *SbPAL* 的过表达可以加速类黄酮的积累（Wang et al., 2022）。此外，CHS 催化 4- 香豆酰辅酶 A 和 3 × 丙二酰辅酶 A 形成查尔酮，然后经一系列酶（如 CHI 和 DFR）催化合成各种类黄酮化合物（Shen et al., 2022）。在本研究中，*CHS*、*CHI* 和 *DFR* 在 OE 中的表达水平显著高于 WT（图 4-12），且 bHLHs 的同源或异源过表达显著促进了类黄酮的合成。在拟南芥中，过表达葡萄 *VvbHLH1* 能够导致参与类黄酮生物合成基因（*AtPAL*、*AtCHS*、*AtCHI* 和 *AtDFR*）在拟南芥中上调表达（Wang et al.,2016）。钝鳞紫背苔（*Plagiochasma appendiculatum*）*PabHLH1* 在拟南芥中异源过表达可通过上调类黄酮化合物合成途径中早期和晚期结构基因的表达来激活类黄酮合成（Zhao et al., 2019）。DFR 是类黄酮途径中合成花青素、儿茶素和原花青素的关键酶。运用 CRISPR/Cas9 敲除日本牵牛花（*Ipomoea nil*）中的 DFR-B 基因座，导致花青素缺失，花瓣颜色变为白色（Watanabe et al., 2017）。黑米 DFR 敲除突变体的花青素含量低于对照，种子呈赭色而不是黑色（Jung et al., 2019）。在本研究中，我们验证了关键酶（PAL、CHS、CHI 和 DFR）的活性，发现 OE 水稻种子中 PAL、CHS、CHI 和 DFR 的活性显著高于 WT 水稻种子（图 4-13）。同样，葡萄中 *VvbHLH1* 的过表达有助于增强类黄酮化合物合成途径中关键酶（如 PAL、CHS 和 CHI）的活性（Wang et al., 2016）。总之，*PAL*、*CHS*、*CHI* 和 *DFR* 表达水平上调及其对应酶活性的提高会促进类黄酮的积累，这是导致 OE 水稻种皮颜色从无色变为棕色的主要因素。

4.5 结论

本研究系统鉴定了中国菰的 bHLH 转录因子家族基因，共发现 203 个 bHLH 基因分布在中国菰基因组的 17 条染色体上。中国菰的 203 个 ZlbHLH 成员分布在 15 个亚家族中。位于中国菰 16 号染色体上的 *ZlbHLH196*（Zla16G011250）是中国菰中的 *ZlRc* 基因。进一步研究发现，ZlRc 定位于细胞核中。中国菰 bHLH 转录因子的功能分析表明，*ZlRc* 的过表达促进了水稻中的酚类代谢。OE 水稻的种皮呈现棕色，而 WT 水稻种子的种皮为无色。OE 水稻种子的总酚、总黄酮、总原花青素含量和抗氧化能力均高于 WT。此外，OE 水稻种子对 α- 葡萄糖苷酶、α- 淀粉酶、胰脂肪酶和酪氨酸酶活性的抑制作用大于 WT 水稻种子。通过代谢组学鉴定出的 383 种酚类代谢物中，有 221 种在 OE 和 WT 之间存在显著差异，并且 198 种酚类代谢物在 OE 中上调，这些上调的化合物与 OE 种皮的棕色表型相关。KEGG 的注释和分类表明，OE 和 WT 之间的差异酚类代谢产物显著富集在异黄酮生物合成、黄酮和黄酮醇生物合成以及黄酮的生物合成途径。通过分析转录组数据筛选到 OE 和 WT 之间的 227 个 DEGs，其中 173 个 DEGs 在 OE 中上调。WT 和 OE 之间的 DEGs 主要富集在类黄酮生物合成途径中，OE 中类黄酮生物合成关键基因（*PAL*、*CHS*、*CHI* 和 *DFR*）的表达水平和对应酶的活性均比 WT 高。本研究的结果也将有助于进一步研究和提高水稻和其他谷类作物中的酚类化合物含量。

参考文献

BATUBARA I, KUSPRADINI H, MUDDATHIR A M, et al., 2014. Intsia palembanica wood extracts and its isolated compounds as *Propionibacterium acnes* lipase inhibitor[J]. Journal of Wood Science, 60: 169–174.

BOUE S M, DAIGLE K W, CHEN M H, et al., 2016. Antidiabetic potential of purple and red rice (*Oryza sativa* L.) bran extracts[J]. Journal of Agricultural and Food Chemistry, 64: 5345–5353.

BUCHHOLZ T, MELZIG M F, 2015. Polyphenolic compounds as pancreatic lipase inhibitors[J]. Planta Medica, 81: 771–783.

BURLANDO B, CORNARA L, 2014. Therapeutic properties of rice constituents and derivatives (*Oryza sativa* L.): A review update[J]. Trends in Food Science and Technology, 40: 82–98.

CARDULLO N, MUCCILLI V, PULVIRENTI L, et al., 2020. C-glucosidic ellagitannins and galloylated glucoses as potential functional food ingredients with anti-diabetic properties: A study of α-glucosidase and α-amylase inhibition[J]. Food Chemistry, 313: 126099.

CHIOU S Y, LAI J, LIAO J, et al., 2018. *In vitro* inhibition of lipase, α - amylase, α - glucosidase, and angiotensin - converting enzyme by defatted rice bran extracts of red - pericarp rice mutant[J]. Cereal Chemistry, 95: 167–176.

CHU C, DU Y, YU X, et al.,2020. Dynamics of antioxidant activities, metabolites, phenolic acids, flavonoids, and phenolic biosynthetic genes in germinating Chinese wild rice (*Zizania latifolia*)[J]. Food Chemistry, 318: 126483.

CHU C, YAN N, DU Y, et al., 2019a. iTRAQ-based proteomic analysis reveals the accumulation of bioactive compounds in Chinese wild rice (*Zizania latifolia*) during germination[J]. Food Chemistry, 289: 635–644.

CHU M, DU Y, LIU X, et al., 2019b. Extraction of proanthocyanidins from Chinese wild rice (*Zizania latifolia*) and analyses of structural composition and potential bioactivities of different fractions[J]. Molecules, 24: 1681.

CHU M, LIU X, YAN N, et al., 2018. Partial purification, identification, and quantitation of antioxidants from wild rice (*Zizania latifolia*)[J]. Molecules, 23: 2782.

DENG G, XU X, ZHANG Y, et al., 2013. Phenolic compounds and bioactivities of pigmented rice[J]. Critical Reviews in Food Science and Nutrition, 53: 296–306.

FURUKAWA T, MAEKAWA M, OKI T, et al., 2007. The Rc and Rd genes are involved in proanthocyanidin synthesis in rice pericarp[J]. The Plant Journal, 49: 91–102.

GROSS B L, STEFFEN F T, OLSEN K M, 2010. The molecular basis of white pericarps in African domesticated rice: Novel mutations at the Rc gene[J]. Evolutionary Biology, 23: 2747–2753.

GUO R, XU X, CAROLE B, et al., 2013. Genome-wide identification, evolutionary and expression analysis of the aspartic protease gene superfamily in grape[J]. BMC Genomics, 14: 554.

GUO X, WANG J, 2017. Global identification, structural analysis and expression characterization of bHLH transcription factors in wheat[J]. BMC Plant Biology, 17: 90.

HICHRI I, BARRIEU F, BOGS J, et al., 2011. Recent advances in the transcriptional regulation of the flavonoid biosynthetic pathway[J]. Journal of Experimental Botany, 62: 2465–2483.

JONES S, 2004. An overview of the basic helix-loop-helix proteins[J]. Genome Biology, 5: 226.

JUNG Y, LEE H J, KIM J H, et al., 2019. CRISPR/Cas9-targeted mutagenesis of F3′H, DFR and LDOX, genes related to anthocyanin biosynthesis in black rice (*Oryza sativa* L.)[J]. Plant Biotechnology Reports, 13: 521–531.

KASOTE D, SREENIVASULU N, ACUIN C, et al., 2022. Enhancing health benefits of milled rice: Current status and future perspectives[J]. Critical Reviews in Food Science and Nutrition, 62: 8099–8119.

LESJAK M, BEARA I, SIMIN N, et al., 2018. Antioxidant and anti-inflammatory activities of quercetin and its derivatives[J]. Journal of Functional Foods, 40: 68–75.

LI X, DUAN X, JIANG H, et al., 2006. Genome-wide analysis of basic/helix-loop-helix transcription factor family in rice and Arabidopsis[J]. Plant Physiology, 141: 1167–1184.

LI Y, ZHANG T, SHEN Z, et al., 2013. Overexpression of maize anthocyanin regulatory gene Lc affects rice fertility[J]. Biotechnology Letters, 35: 115–119.

LIM S H, KIM D H, KIM J K, et al., 2017. A radish basic helix-loop-helix transcription factor, RsTT8 acts a positive regulator for anthocyanin biosynthesis[J]. Frontiers in Plant Science, 8: 1917.

LIU Q, ZHANG D, LIU F, et al., 2022. Quercetin-derivatives paint the yellow petals of American lotus (*Nelumbo lutea*) and enzymatic basis for their accumulation[J]. Horticultural Plant Journal, 9(1): 169–182.

LIU X, WANG P, WU Y, et al., 2018. Cloning and functional characterization of two 4-coumarate: CoA ligase genes from *Selaginella moellendorffii*[J]. Molecules, 23: 595.

MAGAR R T, SOHNG J K, 2020. A review on structure, modifications and structure-activity relation of quercetin and its derivatives[J]. Journal of Microbiology and Biotechnology, 30: 11–20.

MAO X, CAI T, OLYARCHUK J G, et al., 2005. Automated genome annotation and pathway identification using the KEGG Orthology (KO) as a controlled vocabulary[J]. Bioinformatics, 21: 3787–3793.

NIU X, GUAN Y, CHEN S, et al., 2017. Genome-wide analysis of basic helix-loop-helix (bHLH) transcription factors in *Brachypodium distachyon*[J]. BMC Genomics, 18: 619.

OIKAWA T, MAEDA H, OGUCHI T, et al., 2015. The birth of a black rice gene and its local spread by introgression[J]. Plant Cell, 27: 2401–2414.

PEANPARKDEE M, IWAMOTO S, 2019. Bioactive compounds from by-products of rice cultivation and rice processing: Extraction and application in the food and pharmaceutical industries[J]. Trends in Food Science and Technology, 86: 109–117.

PIRES N, DOLAN L, 2010. Origin and diversification of basic-helix-loop-helix proteins in plants[J]. Molecular Biology and Evolution, 27: 862–874.

QI Q, LI W, YU X, et al., 2023. Genome-wide analysis, metabolomics, and transcriptomics reveal the molecular basis of *ZlRc* overexpression in promoting phenolic compound accumulation in rice seeds[J]. Food Frontiers, 4(2): 849–866.

RAY H, YU M, AUSER P, et al., 2003. Expression of anthocyanins and proanthocyanidins after transformation of alfalfa with *maize Lc*[J]. Plant Physiology, 132: 1448–1463.

SASAKI-SEKIMOTO Y, JIKUMARU Y, OBAYASHI T, et al., 2013. Basic helix-loop-helix transcription factors JASMONATE-ASSOCIATED MYC2-LIKE1 (JAM1), JAM2, and JAM3 are negative regulators of jasmonate responses in Arabidopsis[J]. Plant Physiology, 163: 291–304.

SHAO Y, BAO J, 2015. Polyphenols in whole rice grain: Genetic diversity and health benefits[J]. Food Chemistry, 180: 86–97.

SHEN N, WANG T, GAN Q, et al., 2022. Plant flavonoids: Classification, distribution, biosynthesis, and antioxidant activity[J]. Food Chemistry, 383: 132531.

SONG X, HUANG Z, DUAN W, et al., 2014. Genome-wide analysis of the bHLH transcription factor family in Chinese cabbage (*Brassica rapa ssp. pekinensis*)[J]. Molecular Genetics and Genomics, 289: 77–91.

SWEENEY M T, THOMSON M J, CHO Y G, et al., 2007. Global dissemination of a single mutation conferring white pericarp in rice[J]. PLoS Geneties, 3: e133.

SWEENEY M T, THOMSON M J, PFEIL B E, et al., 2006. Caught red–handed: Rc encodes a basic helix–loop–helix protein conditioning red pericarp in rice[J]. The Plant Cell, 18: 283–294.

VERMA D K, SRIVASTAV P P, 2020. Bioactive compounds of rice (*Oryza sativa* L.): Review on paradigm and its potential benefit in human health[J]. Trends in Food Science & Technology, 97: 355–365.

VINAYAGAM R, XU B, 2015. Antidiabetic properties of dietary flavonoids: A cellular mechanism review[J]. Nutrition & Metabolism, 12: 60.

WANG F, ZHU H, CHEN D, et al., 2016. A grape bHLH transcription factor gene, *VvbHLH1*, increases the accumulation of flavonoids and enhances salt and drought tolerance in transgenic Arabidopsis thaliana[J]. Plant Cell Tissue and Organ Culture, 125: 387–398.

WANG H, DU Y, SONG H, 2010. α-glucosidase and α-amylase inhibitory activities of guava leaves[J]. Food Chemistry, 123: 6–13.

WANG J, HU Z, ZHAO T, et al., 2015. Genome-wide analysis of bHLH transcription factor and involvement in the infection by yellow leaf curl virus in tomato (*Solanum lycopersicum*)[J]. BMC Genomics, 16: 39.

WANG S, LIU Z, WANG X, et al., 2022. Mushrooms do produce flavonoids: Metabolite profiling and transcriptome analysis of flavonoid synthesis in the medicinal mushroom *Sanghuangporus baumii*[J]. Journal of Fungi, 8: 582.

WANG Z, YAN N, WANG Z, et al., 2017. RNA-seq analysis provides insight into reprogramming of culm development in *Zizania latifolia* induced by *Ustilago esculenta*[J]. Plant Molecular Biology, 95: 533–547.

WATANABE K, KOBAYASHI A, ENDO M, et al., 2017. CRISPR/Cas9-mediated mutagenesis of the *dihydroflavonol-4-reductase-B* (*DFR-B*) locus in the Japanese morning glory *Ipomoea* (*Pharbitis*) *nil*[J]. Scientific Reports, 7: 10028.

XIA D, ZHOU H, WANG Y, et al., 2021. How rice organs are colored: The genetic basis of anthocyanin biosynthesis in rice[J]. Crop Journal, 9: 598–608.

XU G, GUO C, SHAN H, et al., 2012. Divergence of duplicate genes in exon–intron structure[J]. Proceedings of the National Academy of Sciences of the United States of America, 109: 1187–1192.

XU X, WALTERS C, ANTOLIN M F, et al., 2010. Phylogeny and biogeography of the eastern Asian–North American disjunct wild–rice genus (*Zizania* L., Poaceae)[J]. Molecular Phylogenetics and Evolution, 55: 1008–1017.

XU X, WU J, QI M, et al., 2015. Comparative phylogeography of the wild - rice genus *Zizania* (Poaceae) in eastern Asia and North America[J]. American Journal of Botany, 102: 239–247.

YAN N, DU Y, LIU X, et al., 2019. A comparative UHPLC-QqQ-MS-based metabolomics approach for evaluating Chinese and North American wild rice[J]. Food Chemistry, 275: 618–627.

YAO Y, SANG W, ZHOU M, et al., 2010. Antioxidant and α-glucosidase inhibitory activity of colored grains in China[J]. Journal of Agricultural and Food Chemistry, 58: 770–774.

YU X, CHU M, CHU C, et al., 2020. Wild rice (*Zizania* spp.): A review of its nutritional constituents, phytochemicals, antioxidant activities, and health–promoting effects[J]. Food Chemistry, 331: 127293.

YU X, QI Q, LI Y, et al., 2022. Metabolomics and proteomics reveal the molecular basis of colour formation in the pericarp of Chinese wild rice (*Zizania latifolia*)[J]. Food Research International, 162: 112082.

YU X, YANG T, QI Q, et al., 2021. Comparison of the contents of phenolic compounds including flavonoids and antioxidant activity of rice (Oryza sativa) and Chinese wild rice (*Zizania latifolia*)[J]. Food Chemistry, 344: 128600.

YUAN Y, ZHANG J, FAN J, et al., 2018. Microwave assisted extraction of phenolic compounds from four economic brown macroalgae species and evaluation of their antioxidant activities and inhibitory effects on α-amylase, α-glucosidase, pancreatic lipase and tyrosinase[J]. Food Research International, 113: 288–297.

ZHANG T, LV W, ZHANG H, et al., 2018. Genome-wide analysis of the basic Helix-Loop-Helix (bHLH) transcription factor family in maize[J]. BMC Plant Biology, 18: 235.

ZHAO Y, ZHANG Y, LIU H, et al., 2019. Functional characterization of a liverworts bHLH transcription factor involved in the regulation of bisbibenzyls and flavonoids biosynthesis[J]. BMC Plant Biology, 19: 497.

ZHU Q, YU S, ZENG D, et al., 2017. Development of "purple endosperm rice" by engineering anthocyanin biosynthesis in the endosperm with a high-efficiency transgene stacking system[J]. Molecular Plant, 10: 918–929.

5

菰黑粉菌的交配型位点对其交配和发育至关重要

张雅芬，殷滂梅，胡鹏，余佳佳，夏文强，葛倩雯，曹乾超，崔海峰，俞晓平，
叶子弘

（中国计量大学生命科学学院/浙江省生物计量与检验检疫技术重点实验室）

摘要

菰黑粉菌（*Ustilago esculenta*）与玉米瘤黑粉菌（*Ustilago maydis*）近缘，是菰植株（*Zizania latifolia*）的一种内生真菌。它只感染植株茎部、叶鞘及薹管，可导致植株茎部膨大形成可食用的肉质茎，在中国被称为茭白。为了在分子水平上研究其不同于其他黑粉菌的入侵方式和症状发生部位，对菰黑粉菌的 *a* 和 *b* 交配型位点进行了鉴定。*a* 位点包含 3 个交配型等位基因，每个等位基因编码 2 个信息素和 1 个信息素受体。信息素/受体系统控制接合管形成，在这一过程中，每个信息素只能被 1 个信息素受体识别。在菰黑粉菌中至少鉴定到了 3 个 *b* 交配位点，它们编码异二聚体同源结构域的转录因子 bE 和 bW 两个亚基，负责调控菌丝的生长和侵入。只有当来自不同交配位点的 bE 和 bW 蛋白形成异二聚体复合物时，才会诱导接合管形成菌丝，继而进行菌丝生长和侵入。此外，研究还发现，即使只有一对配对的信息素–信息素受体，只要形成异源二聚体，就可以诱导菌丝生长和侵入。

5.1 前言

菰黑粉菌（*Ustilago esculenta*）是一种内生真菌，寄生在菰植株中，导致寄主茎部膨大，形成可食用的肉质茎，在中国被称为茭白（Terrell and Batra, 1982）。它是一种典型

的黑粉菌，与黑粉菌科中的大麦坚黑粉菌（*Ustilago hordei*）、玉米瘤黑粉菌（*U. maydis*）和玉米丝黑穗病菌（*Sporisorium reilianum*）近缘（Piepenbring et al., 2002）。黑粉菌会导致黑粉病，其特征是感染组织出现"乌黑状"或"黑粉状"情况，这是由于形成了黑色的冬孢子团（Bakkeren et al., 2008）。大多数黑粉菌是系统性发生的，其中一些在花序后期表现出明显的症状，如玉米丝黑穗病菌（Schirawski et al., 2005），还有一些可以诱导所有地上植物组织产生瘤状物，并在这些组织中发育形成冬孢子，如玉米瘤黑粉菌（Bölker et al., 1992）。然而，菰黑粉菌的一生都在寄主植物中度过（Guo et al., 2007；Xu et al., 2008），并在植物发育过程中生长在寄主茎部，抑制了寄主花序的发育（Chan and Thrower, 1980；Terrell and Batra, 1982），并在寄主茎基部越冬（Jose et al., 2016；Zhang et al., 2012）。因此，茭白植株通常进行无性繁殖，农民收割后需要保留茭墩以维持菰黑粉菌越冬所需的组织。大部分受感染的膨大茎外观白净，无褐色冬孢子堆形成，称为"正常茭"，作为水生蔬菜被人们食用（Zhang et al., 2012）。此外，田间也会出现充满褐色冬孢子的膨大茎，被称为"灰茭"，通常被农民丢弃（Zhang et al., 2014）。因此，与常规致病菌的侵染循环不同，可能有一些特定的特征导致了菰黑粉菌独特的生命周期。

所有黑粉菌都只有进行成功的交配反应后才能形成侵染所需的双核菌丝，然后在宿主体内增殖并形成冬孢子（Bakkeren et al., 2008）。交配过程由 2 个独立的交配型基因位点 *a* 和 *b* 调节（Kronstad and Staben, 1997）。*a* 位点编码信息素（mfa）和信息素受体（pra），这是识别性亲和单倍体孢子所必需的（Kellner et al., 2011）。*b* 位点编码异源二聚体转录因子的 2 个亚基，称为同源结构域蛋白 bE 和 bW（Wahl et al., 2010）。黑粉菌的 *a* 位点有 2 个或 3 个等位基因。大多数黑粉菌有 2 个 *a* 等位基因，例如玉米瘤黑粉菌，分别编码信息素多肽和信息素受体的基因（Bölker et al., 1992）。然而，在一些黑粉菌中有 3 种不同的 *a* 等位基因，如玉米丝黑穗病菌，每个 *a* 位点都包含编码 2 种信息素和 1 种信息素受体的基因，这些似乎是通过基因座本身最近的重组事件产生的（Schirawski et al., 2005）。已经证实，每 1 种信息素只能被 1 种信息素受体识别（Schirawski et al., 2005）。据报道，在玉米瘤黑粉菌中，信息素受体识别系统通过激活由 Kpp4/Fuz7/Kpp2 组成的 MAPK 级联信号途径和 PKA 信号通路（Vollmeister et al., 2012），调控接合管形成（Spellig et al., 1994）、G2 细胞周期阻滞（Garcia-Muse et al., 2003）和信息素信号传递等一系列事件。*b* 位点存在多等位基因（Puhalla, 1968; Silva, 1972），它负责丝状双核菌丝体的产生和维持，并且是调控异源二聚体 bE/bW 复合物形成以引发致病进程的唯一决定因素（Bakkeren et al., 2008; Vollmeister et al., 2012; Yan et al., 2016）。此外，bE/bW 异二聚体复合物的形成诱导了 Rbf1 的表达，而 Rbf1 是已知的丝状生长、细胞周期阻滞和致病性发育所需的关键因子（Bakkeren et al., 2008; Scherer et al., 2006; Wahl et al., 2010），负责 *b* 调控网络中的基因调控（Heimel et al., 2010）。

近期，研究人员从茭白中分离到菰黑粉菌单倍体菌株，并成功进行了体外交配和接种试验（Zhang et al., 2017），研究了正常茭和灰茭中菰黑粉菌的分化（Zhang et al., 2017）。为了进一步对比正常茭和灰茭中菰黑粉菌菌株侵染过程的差异，并与其他黑粉菌进行比较，从而阐明组织特异性和内生化黑粉菌侵染的潜在机制，我们首先对菰黑粉菌 *a* 和 *b* 交配型基因位点进行克隆，并在分子水平上进行鉴定和功能研究。

5.2 材料和方法

5.2.1 菌株和植物生长条件

本研究采用从龙茭 2 号中分离得到的菰黑粉菌菌株 UeMT10（a3b3 CCTCC AF 2015020）、UeT14（a1b1 CCTCC AF 2015016）和 UeT55（a2b2 CCTCC AF 2015015）及其改造菌株（表 5-1）。在 28℃，于 YEPS 固体培养基（酵母提取物 1%、蛋白胨 2%、蔗糖 2% 和琼脂 1.5%）上培养，或在 YEPS 液体培养基中，以 180r/min 在摇床中进行培养。

将野生菰植物的薹管从田间挖出，种植在复配土（营养土：蛭石：珍珠岩 = 4：4：1）中，在温室内，（25±2）℃和 70% 相对湿度的条件下，进行 12h/12h 的光照 / 黑暗循环培养。在接种试验中，使用大约 20 日龄的三叶期幼苗。

表 5-1 本章研究中使用的菌株

菌株	简要描述	抗性	参考文献
UeT14	a1b1 基因型的野生型菌株		Zhang et al., 2017
UeT55	a2b2 基因型的野生型菌株		Zhang et al., 2017
UeMT10	a3b3 基因型的野生型菌株		Zhang et al., 2017
UeT14-EGFP	过表达 EGFP 的 UeT14	姜锈灵	Yu et al., 2015
UeT14Δ*mfa1.2*	敲除 *mfa1.2* 基因的 UeT14	潮霉素	
UeT14Δ*mfa1.3*	敲除 *mfa1.3* 基因的 UeT14	潮霉素	
UeT14Δ*pra1*	敲除 *pra1* 基因的 UeT14	潮霉素	
UeT55Δ*mfa2.1*	敲除 *mfa2.1* 基因的 UeT55	潮霉素	
UeT55Δ*mfa2.3*	敲除 *mfa2.3* 基因的 UeT55	潮霉素	
UeT55Δ*pra2*	敲除 *pra2* 基因的 UeT55	潮霉素	
UeMT10Δ*mfa3.1*	敲除 *mfa3.1* 基因的 UeMT10	潮霉素	
UeMT10Δ*mfa3.2*	敲除 *mfa3.2* 基因的 UeMT10	潮霉素	
UeMT10Δ*pra3*	敲除 *pra3* 基因的 UeMT10	潮霉素	
UeT14Δ*bE1*	敲除 *bE1* 基因的 UeT14	潮霉素	
UeT14Δ*bW1*	敲除 *bW1* 基因的 UeT14	潮霉素	
UeT14Δ*bE1*Δ*bW1*	敲除 *bW1* 和 *bE1* 基因的 UeT14	潮霉素	

（续表）

菌株	简要描述	抗性	参考文献
UeT55ΔbE2	敲除 bE2 基因的 UeT55	潮霉素	
UeT55ΔbW2	敲除 bW2 基因的 UeT55	潮霉素	
UeT55ΔbE2ΔbW2	敲除 bW2 和 bE2 基因的 UeT55	潮霉素	
UeMT10ΔbE3	敲除 bE3 基因的 UeMT10	潮霉素	
UeMT10ΔbW3	敲除 bW3 基因的 UeMT10	潮霉素	
UeMT10ΔbE3ΔbW3	敲除 bW3 和 bE3 基因的 UeMT10	潮霉素	
UeTSP(UeT55:mfa1.2:bE1)	用基因自身启动子过表达 mfa1.2 和 bE1 基因的 UeT55	姜锈灵	
UeTSP2(UeT55ΔUeb UeW2::Uemfa1.2::UebE1)	用基因自身启动子过表达 mfa1.2 和 bE1 基因的 UeT55ΔbW2	潮霉素 姜锈灵	

5.2.2　克隆和生物信息学分析

使用 Ezup 柱式真菌基因组 DNA 提取试剂盒（Sangon Biotech，中国）提取基因组 DNA（gDNA）。将侵染后的组织样品或体外培养的菰黑粉菌样品在液氮中研磨成粉末，并按照 RNAiso Plus 的说明书提取 RNA（Takara，日本）。选用 PrimeScript™ II 第一链 cDNA 合成试剂盒（Takara，日本）合成互补链（cDNA）。根据黑粉菌的特征，*lba* 和 *panC* 基因位于 *a* 基因位点的两端，并且高度保守（Schirawski et al.，2005；Ye et al.，2017）。*a1* 和 *a2* 基因位点克隆引物（a1/2-F1/R1）和 *a3* 基因位点克隆引物（a3-F1/R1、a3-F2/R2 和 a3-F3/R3）分别从 2 个基因的保守区（表 5-2）设计，扩增 UeT14、UeT55 和 UeMT10 中的 *a* 位点序列。基于克隆的 *a* 位点序列，预测 *mfa* 和 *pra* 基因，以 UeT14、UeT55 和 UeMT10 的 gDNA 和 cDNA 为模板，使用相应的引物 gene-F/R 扩增其开放阅读框（ORF）和编码序列（CDS）（表 5-2）。此外，在黑粉菌中，*nat1* 和 *cld1* 在 *b* 基因位点的两端也都是保守的（Gillissen et al.，1992；Kronstad and Leong，1990；Schulz et al.，1990）。因此，从这 2 个基因的保守区设计不同的引物（克隆 *b1* 和 *b2* 位点的引物为 b1/b2-F1/R1，克隆 *b3* 位点的引物为 b3-F2/R2），扩增 UeT14、UeT55 和 UeMT10 中的 *b* 位点序列。利用表 5-2 所示的引物克隆 *bE* 和 *bW* 的 ORF 及其 CDS。

保守基序和结构域预测在 NCBI（https://blast.ncbi.nlm.nih.gov/Blast）上进行。使用 MegAlign of Lasergene 进行多重比对。采用 MEGA 5.0 软件对黑粉菌的 *a/b* 基因编码序列进行 ClustalX 比对，然后基于邻接法进行系统发育分析。

表 5-2 本章研究中使用的引物

引物名称	引物序列 (5'– 3')	目标
a1/2-F1	TAACGTGCAGCAGAAGCACC	
a1/2-R1	GGTTGCAGACCAAATCGGCG	
a3-F1	CTACACCACGAGCATCACGG	
a3-R1	ACACTGCTAGTGCTTCCAGG	
a3-F2	AGCACGTCTGGACGGATGCC	a 位点克隆
a3-R2	CTTGCAACACTCCCTACCAC	
a3-F3	ATTCCAAAACAACAAGTACTGCA	
a3-R3	GGTGACCATATGTAAATGTCAAG	
b1/2-F1	GTCGGCCGTGTAGTTCATCTTC	
b1/2-R1	CCATCTCTACCTCTACCAC	b 位点克隆
b3-F2	TTCTTCGCGAGCGAACTTGCG	
b3-R2	ATGCCACCAAAGCGCGCGGC	
pra1-F	ATGCTTGATCACGTTTCGCCTTT	
pra1-R	TTACTTCCAAGAGTCTTCGTA	
pra2-F	ATGGTGTTTTCAGCAGCTGAA	
pra2-R	TCAAGTAATCACGATGTCTTTG	
pra3-F	ATGTTCACCACAATTCCCATCAC	
pra3-R	TTACATGGCTCTCGAACTTTCC	
mfa1.2-F	ATGTTCTCCATCTTCACTC	
mfa1.2-R	TTAGGCGACAATACATG	
mfa1.3-F	ATGGACGCTCTTACTCTC	
mfa1.3-R	TCAGGCAACGATACATC	
mfa2.1-F	ATGTTCACTATCTTCGAGACTGTTGC	
mfa2.1-R	TTAGGCCACAACGCAGTAGTTG	基因克隆
mfa2.3-F	ATGTTCGCCATTTTCTCTTTCTCG	
mfa2.3-R	TTAGGCGATGATGCAACCGCTA	
mfa3.1-F	ATGTTCACTATCTTCGAGACTG	
mfa3.1-R	TAGGCCACAACGCAGTAGTTG	
mfa3.2-F	ATGTTTTCCATCTTCACTCAGC	
mfa3.2-R	TTAGGCGATAACGCAAGTCGAG	
bW1-F	CAAATCCAATCCATGGTAGCCG	
bW1-R	CTGACAGCCGTAATCGAAGTTG	
bW2-F	CAAGAATGTTCACGCCTTAGCC	
bW2-R	CTTGTACCATTCGAGTGGATGC	
bW3-F	CAGCACTTCTCCTCTTGTCGAG	
bW3-R	TGATCAGCAGAGACATCGAGAG	
bE1-F	CAACTCCTCGAACTACTCACTG	

引物名称	引物序列（5'－3'）	目标
bE1-R	CGTCCAACTTGTGAGTCAGAAC	
bE2-F	GGAACTAAGCAAGCCTTTTCGG	
bE2-R	TCCAGTGCGGATAGGAATGTTG	基因克隆
bE3-F	ACCTTCTCCTTCGCCGATTTAC	
bE3-R	TTCAGAACTGAGGGAAGAGGTC	
SP-F1	GAACTCGAGCAGCTGAAGCTTAACTCGCTTATTTGACTTGC	
SP-R1	CATGCTACACTTGCAGCTTCCGCAGGTTGACTTACACGAG	质粒
SP-F2	CTCGTGTAAGTCAACCTGCGGAAGCTGCAAGTGTAGCATG	p932::mfa1.2::bE1
SP-R2	GAGACCGGCAGATCTGATATCGGCGGAACAAGAGCTGATGA	构建
mfa1.2-QF	TTCCATCTTCACTCAGCACGC	
mfa1.2-QR	AGGCGACAATACATGTGGAG	
mfa1.3-QF	TGGACGCTCTTACTCTCTTCG	
mfa1.3-QR	CAGGCAACGATACATCCAGAAG	
pra1-QF	TCCAACCTTGTCATCGCACGAA	
pra1-QR	CGATATGAGTAGATCGATGATG	
mfa2.1-QF	GTTCACTATCTTCGAGACTGTTGC	
mfa2.1-QR	TAGGCCACAACGCAGTAGTTG	
mfa2.3-QF	GTTCGCCATTTTCTCTTTCTCG	
mfa2.3-QR	TAGGCGATGATGCAACCGCT	
pra2-QF	GTCTTCTCAACATTCAGGCCTGTCT	
pra2-QR	TGAGATAAAATTGTGCAACCGAG	
mfa3.1-QF	GCCACAACGCAGTAGTTGGC	
mfa3.1-QR	GTTCACTATCTTCGAGACTG	qRT-PCR
mfa3.2-QF	TTAGGCGATAACGCAAGTCG	
mfa3.2-QR	TCCATCTTCACTCAGCACGC	
pra3-QF	GCTGCATGGAGCTCTTATGG	
pra3-QR	GACCAGTATCCTTGATGTACG	
bE1-QF	AGAGCCCTGACATTCTTTCC	
bE1-QR	GTGCTTCCGAGACCACAGT	
bE2-QF	AGGACACCACCGACCAGAT	
bE2-QR	TGAGAACAACAGCCGCTTC	
bE3-QF	CAGAGGCTGTCCGTTCTCA	
bE3-QR	TCGGCTACGAGCTGTATTCT	
bW1-QF	TCTTGACCGCTTGTCCATC	
bW1-QR	GTCGTCCTAGTTCTTGCTCGT	
bW2-QF	ATGTCCAAACAGCAACCAGC	

（续表）

引物名称	引物序列 (5'– 3')	目标
bW2-QR	CGAAAAGGCGGAGAAGTGAT	
bW3-QF	CTAACTTGCCTGTACGAAGAC	
bW3-QR	GGGAAAACCGCTTGTGAA	qRT-PCR
Actin-QF	CAATGGTTCGGGAATGTGC	
Actin-QR	GGGATACTTGAGCGTGAGGA	
bE1-verity-F	CAACTCCTCGAACTACTCACTG	
bE1-verity-R	CGTCCAACTTGTGAGTCAGAAC	
Hyg-verity-F	TAAGCTGCCGAGTAACGTCAC	
Hyg-verity-R	CATCGCAAGACCGGCAACAG	
MF167	AACTCGCTGGTAGTTACCAC	
MF168	ACTAGATCCGATGATAAGCTG	
mfa1.2-F3	TTGGGGTCAGTGACGGGGAC	
mfa1.2-R4	GTTTGCAGAATCTTTGGAGTA	
mfa1.3-F3	CCATCCTTCAGTGGCGAGCC	
mfa1.3-R4	CGGTGCCGACACTCCAAAGT	
pra1-F3	TTGGTCTTCTGGATGTATC	
pra1-R4	CAAGTATGGGTGAATGAGTC	
mfa2.1-F3	CACCTGTACAAAGCGATCTGAA	
mfa2.1-R4	GCTTGATTACATCTCCTTGAACC	
mfa2.3-F3	AGGTCGACGATTCACAGTGG	
mfa2.3-R4	GGCTCTGGAAAGCACATCAA	缺失突变体鉴定
pra2-F3	AACCGCTAGACCATGGAAA	
pra2-R4	AGGACGAGCTGCAGTCGAAGT	
mfa3.1-F3	TAGCTGTCCAAGCGAGAAAG	
mfa3.1-R4	CATCCACAACTCTCTCAATC	
mfa3.2-F3	ATGACGTCTAATGGGGTAGC	
mfa3.2-R4	ATGTCATGTAAACGGCGTCG	
pra3-F3	CTCTTCAGTCGTCAAACGTG	
pra3-R4	TCAAATGACGTTCTGAACGC	
bE1-F3	CGTGGAAGAATGGAGACAAG	
bE1-R4	CGTACTTCGGCACCACGTCGAAG	
bW1-F3	TTCGCTGCTGTAGGAACAGC	
bW1-R4	TACTGGCACAATTAGCTGGC	
bE2- F3	CGTGGAAGAATGGAGACAAG	
bE2-R4	CACAGAAGGCCTTTTCCGAC	
bW2-F3	GATTCTTCTTGTTAGCGGCG	
bW2-R4	TGCACAGAAGGCCTTTTCCGAC	

（续表）

引物名称	引物序列 (5'– 3')	目标
bE3-F3	GCTGAGTCGATACGCATAGA	
bE3-R4	GAGTGGAAGGAACGTGTGTG	
bW3-F3	CACACACGTTCCTTCCACTC	
bW3-R4	ATGGAGACATGAGAAGACAG	
b1-F3	CGTGGAAGAATGGAGACAAG	
b1-R4	TACTGGCACAATTAGCTGGC	
b2-F3	CGTGGAAGAATGGAGACAAG	
b2-R4	TGCACAGAAGGCCTTTTCCGAC	
b3-F3	GCTGAGTCGATACGCATAGA	
b3-R4	ATGGAGACATGAGAAGACAG	
mfa1.2-verity-F	ACGTGCAGCAGAAGCACC	
mfa1.2-verity-R	CGTCTGCGACAGCCCTTTG	
mfa1.3-verity-F	CCAGTGCCTTGCGCTAAGATTATC	
mfa1.3-verity-R	AATTGGGCAGTCCGTTGAGTGAG	
pra1-verity-F	ATGCTTGATCACGTTTCGCCTTT	
pra1-verity-R	TTACTTCCAAGAGTCTTCGTA	
mfa2.1-verity-F	CCTGTTGCAGAGCAGTTTGT	
mfa2.1-verity-R	TGAGCTCGAGGAGATGATGT	
mfa2.3-verity-F	TGGAGTTCTTGAGAGCGCTTTGCA	
mfa2.3-verity-R	GCCATTTATTCTGGGCTGAC	缺失突变体鉴定
pra2-verity-F	ATGGTGTTTTCAGCAGCTGAA	
pra2-verity-R	TCAAGTAATCACGATGTCTTTG	
mfa3.1-verity-F	GTACTGCATCACATTAGTCCC	
mfa3.1-verity-R	CGAATCTCCTCCTGCACATC	
mfa3.2-verity-F	CACGTTTGACGACTGAAGAG	
mfa3.2-verity-R	GATCGCCATGCGCGGCAGCC	
pra3-verity-F	ATGTTCACCACAATTCCCATCAC	
pra3-verity-R	TTACATGGCTCTCGAACTTTCC	
bW1-verity-F	CAAATCCAATCCATGGTAGCCG	
bW1-verity-R	CTGACAGCCGTAATCGAAGTTG	
bE2-verity-F	GGAACTAAGCAAGCCTTTTCGG	
bE2-verity-R	TCCAGTGCGGATAGGAATGTTG	
bW2-verity-F	CAAGAATGTTCACGCCTTAGCC	
bW2-verity-R	CTTGTACCATTCGAGTGGATGC	
bE3-verity-F	ACCTTCTCCTTCGCCGATTTAC	
bE3-verity-R	TTCAGAACTGAGGGAAGAGGTC	
bW3-verity-F	CAGCACTTCTCCTCTTGTCGAG	
bW3-verity-R	TGATCAGCAGAGACATCGAGAG	

（续表）

引物名称	引物序列 (5'–3')	目标
b1-verity-F	CAACTCCTCGAACTACTCACTG	
b1-verity-R	CGTCCAACTTGTGAGTCAGAAC	
b2-verity-F	GGAACTAAGCAAGCCTTTTCGG	
b2-verity-R	TCCAGTGCGGATAGGAATGTTG	缺失突变体鉴定
b3-verity-F	ACCTTCTCCTTCGCCGATTTAC	
b3-verity-R	TTCAGAACTGAGGGAAGAGGTC	
Cbx-verity-F	TACTACAGGTCCGCTGGAAG	
Cbx-verity-R	TTCACCGTCATCACCGAAAC	

5.2.3 用于功能分析的质粒构建和转化子获得

a 和 *b* 基因的敲除采用同源重组策略（Terfrüchte et al., 2014; Yu et al., 2015），并选择了潮霉素抗性作为标记。以 *bE1* 为例，使用与潮霉素抗性基因具有同源臂的引物对 bE1-U2/U3 和 bE1-D1/D2，利用 PCR 扩增与靶基因相邻的约 1kb 长的左右边界片段，并选择 UeT14 gDNA 作为模板。分别使用引物 HygF/3 和 HygR/4 从质粒 pUma1507（Yu et al., 2015）中 PCR 扩增潮霉素抗性基因的 2 个单独片段。然后通过融合 PCR 将潮霉素抗性基因片段分别与靶基因的左右边界片段融合，产生 bE1U-Hygf 和 bE1D-Hygr 片段，将其连接到 PMD19-T 载体中，产生质粒 pbE1U-Hygf 和 pbE1D-Hygr。同样的方法用于基因敲除的其他质粒（表 5-3）的构建。使用引物 gene-U2/Hyg3 和 gene-Hyg4/D2 对构建质粒进行 PCR 扩增获得所需片段，并通过 PEG/CaCl₂ 介导的原生质体转化方法转化到野生菌株中，以获得基因缺失菌株（表 5-3）（Yu et al., 2015）。在含有潮霉素 B 的再生培养基（1% 酵母提取物、0.4% 蛋白胨、0.4% 蔗糖和 18.22% 山梨醇）上筛选转化子。利用双重选择系统（Lu et al., 2014; Zhang et al., 2018）鉴定无效突变体，其中使用 gene-verity-F /R 引物对检测目标基因，使用 Hyg-verity-F /R 引物对检测潮霉素抗性基因，使用 gene-F3 /MF167 和 MF168/gene-R4 引物对确认正确插入。采用 qRT-PCR 和 Southern 杂交分析（PCR 探针用 Hyg-verity-F/R 和 gene-verity-F/R 引物扩增）进行进一步确认。对于生成的菌株 UeTSP 和 UeTSP2，分别以 UeT14 基因组 DNA 为模板，用引物 SP-F1/R1 和 SP-F2/R2 扩增 *mfa1.2* 和 *bE1* 基因及其启动子和终止子。通过融合 PCR 连接 2 个 PCR 片段。将所得产物连接到质粒 p932 上（Yu et al., 2015），生成质粒 p932::mfa1.2::bE1。然后将构建的质粒用 *Hind* III 和 *Eco*R V 线性化，通过 PEG/ CaCl₂ 介导的转化方法（Yu et al., 2015）将其转移到野生型菌株 UeT55 和突变株 UeT55ΔbW2 上，分别生成 UeTSP 和 UeTSP2。在含萎锈灵的再生琼脂培养基上筛选转化子。筛选出的转化子通过 Southern 杂交分析（用 bE1-verity-F/R 和 Cbx-verity-F/R 引物扩增 PCR 探针）和基因表达水平进一步

证实。上述引物均列于表 5-2 中。

表 5-3　本章研究中使用的 *a/b* 基因缺失突变体构建的引物

引物名称	引物序列 (5'–3')	质粒	突变体
mfa1.2-U2	ACGTGCAGCAGAAGCACC		
mfa1.2-U3	TTACTGTCTCACAGACAGCTTGCTTTGGTAAGTAAG	mfa1.2U-hygf	
HygF	TGGCCGAACGTGGTAACTAC		
Hyg3	GGATGCCTCCGCTCGAAGTA		
mfa1.2-D1	AGCTGTCAAACATGAGGCCTGAGTTTTCAGAAAG AAGTGTGGG		UeT14△*mfa1.2*
mfa1.2-D2	CGTCTGCGACAGCCCTTTG	mfa1.2D-hygr	
Hyg4	CGTTGCAAGACCTGCCTGAA		
HygR	CTCAGGCCTCATGTTTGACA		
mfa1.3-U2	CCAGTGCCTTGCGCTAAGATTATC		
mfa1.3-U3	TTACTGTCTCACAGACATTTGAAGAATTTAGTGACAG	mfa1.3U-hygf	
HygF	TGGCCGAACGTGGTAACTAC		
Hyg3	GGATGCCTCCGCTCGAAGTA		
mfa1.3-D1	AGCTGTCAAACATGAGGCCTGAGTTTCGGCGTAAG-TACTTCCA		UeT14△*mfa1.3*
mfa1.3-D2	AATTGGGCAGTCCGTTGAGTGAG	mfa1.3D-hygr	
Hyg4	CGTTGCAAGACCTGCCTGAA		
HygR	CTCAGGCCTCATGTTTGACA		
pra1-U2	TGACAACGCATTTGCAGGCGTAC		
pra1-U3	TTACTGTCTCACAGACATCGTTTAATGTCTCAATG	pra1U-hygf	
HygF	TGGCCGAACGTGGTAACTAC		
Hyg3	GGATGCCTCCGCTCGAAGTA		
pra1-D1	AGCTGTCAAACATGAGGCCTGAGTCGCTTTACGA-TATTATGTTT		UeT14△*pra1*
pra1-D2	CTTTACCGCTGCATCTGTGATCTC	pra1D-hygr	
Hyg4	CGTTGCAAGACCTGCCTGAA		
HygR	CTCAGGCCTCATGTTTGACA		
mfa2.1-U2	CCTGTTGCAGAGCAGTTTGT		
mfa2.1-U3	TTACTGTCTCACAGACATGTGATGAAGTAGAGTAGAG	mfa2.1U-hygf	
HygF	TGGCCGAACGTGGTAACTAC		
Hyg3	GGATGCCTCCGCTCGAAGTA		
mfa2.1-D1	AGCTGTCAAACATGAGGCCTGAGTATTTGCACCAT-TATGCACAGAC		UeT55△*mfa2.1*
mfa2.1-D2	TGAGCTCGAGGAGATGATGT	mfa2.1D-hyg	
Hyg4	CGTTGCAAGACCTGCCTGAA		
HygR	CTCAGGCCTCATGTTTGACA		

（续表）

引物名称	引物序列 (5'–3')	质粒	突变体
mfa2.3-U2	TGGAGTTCTTGAGAGCGCTTTGCA		
mfa2.3-U3	TTACTGTCTCACAGACAACATGCTTTGGTCACACCC	mfa2.3U-hygf	
HygF	TGGCCGAACGTGGTAACTAC		
Hyg3	GGATGCCTCCGCTCGAAGTA		
mfa2.3-D1	AGCTGTCAAACATGAGGCCTGAGTGGCTGTA-AAGTCTGAAAA		UeT55Δmfa2.3
mfa2.3-D2	GCCATTTATTCTGGGCTGAC	mfa2.3D-hygr	
Hyg4	CGTTGCAAGACCTGCCTGAA		
HygR	CTCAGGCCTCATGTTTGACA		
pra2-U2	AAAAGCGGTGGGAAGAAGGGTT		
pra2-U3	TTACTGTCTCACAGACACCGTTGAATGCCATTT	pra2U-hygf	
HygF	TGGCCGAACGTGGTAACTAC		
Hyg3	GGATGCCTCCGCTCGAAGTA		
pra2-D1	AGCTGTCAAACATGAGGCCTGAGTGATGTGCGA-TAGGGGAGAGAA		UeT55Δpra2
pra2-D2	TGATCTCCATCGTGGCAACTAG	pra2D-hygr	
Hyg4	CGTTGCAAGACCTGCCTGAA		
HygR	CTCAGGCCTCATGTTTGACA		
mfa3.1-U2	GTACTGCATCACATTAGTCCC		
mfa3.1-U3	TTACTGTCTCACAGACA CAGTCTCGAAGATAGTGAAC	mfa3.1U-hygf	
HygF	TGGCCGAACGTGGTAACTAC		
Hyg3	GGATGCCTCCGCTCGAAGTA		
mfa3.1-D1	AGCTGTCAAACATGAGGCCTGAG TGCACCATTATG-CACAGACC		UeMT10 Δmfa3.1
mfa3.1-D2	CGAATCTCCTCCTGCACATC	mfa3.1D-hygr	
Hyg4	CGTTGCAAGACCTGCCTGAA		
HygR	CTCAGGCCTCATGTTTGACA		
mfa3.2-U2	CACGTTTGACGACTGAAGAG		
mfa3.2-U3	TTACTGTCTCACAGACAGGTGTTTGAATCGGTGTTCG	mfa3.2U-hygf	
HygF	TGGCCGAACGTGGTAACTAC		
Hyg3	GGATGCCTCCGCTCGAAGTA		
mfa3.2-D1	AGCTGTCAAACATGAGGCCTGAGACTGCCTCT-GTCCTGACTTATC		UeMT10 Δmfa3.2
mfa3.2-D2	GATCGCCATGCGCGGCAGCC	mfa3.2D-hyg	
Hyg4	CGTTGCAAGACCTGCCTGAA		
HygR	CTCAGGCCTCATGTTTGACA		

（续表）

引物名称	引物序列 (5'–3')	质粒	突变体
pra3-U2	CGACGCCGTTTACATGACATG		
pra3-U3	TTACTGTCTCACAGACAGAATGGAAAGGTTCAAATGC	pra3U-hygf	
HygF	TGGCCGAACGTGGTAACTAC		
Hyg3	GGATGCCTCCGCTCGAAGTA		
pra3-D1	AGCTGTCAAACATGAGGCCTGAGATCTCCTCTGC-GATCACAGTC		UeMT10Δpra3
pra3-D2	GTAGGCTTTAAGAGACACGC	pra3D-hygr	
Hyg4	CGTTGCAAGACCTGCCTGAA		
HygR	CTCAGGCCTCATGTTTGACA		
bE1-U2	CAAGTGAAATCTCGCGCGAGTA		
bE1-U3	TTACTGTCTCACAGACATGTCTGTGAGACAGTA	bE1U-hygf	
HygF	TGGCCGAACGTGGTAACTAC		
Hyg3	GGATGCCTCCGCTCGAAGTA		
bE1-D1	AGCTGTCAAACATGAGGCCTGAGTTTGGT-GAAACCTTTCTCTG		UeT14ΔbE1
bE1-D2	CCTTACGGAGTGGAGGACTAC	bE1D-hygr	
Hyg4	CGTTGCAAGACCTGCCTGAA		
HygR	CTCAGGCCTCATGTTTGACA		
bW1-U2	GACGCCGTACTTAATCCAGC		
bW1-U3	TTACTGTCTCACAGACAGGCGGAACAAGAGCTGAT-GATGGTC	bW1U-hygf	
HygF	TGGCCGAACGTGGTAACTAC		
Hyg3	GGATGCCTCCGCTCGAAGTA		
bW1-D1	AGCTGTCAAACATGAGGCCTGAGCCTCG-GTTTTCTCCCGGCGAGTTAA		UeT14ΔbW1
bW1-D2	CTGCTCGACAGCTTTCAAGC	bW1D-hygr	
Hyg4	CGTTGCAAGACCTGCCTGAA		
HygR	CTCAGGCCTCATGTTTGACA		
bE2-U2	CAAGTGAAATCTCGCGCGAGTA		
bE2-U3	TTACTGTCTCACAGACAGGCTCTTTTTTCTGCT-CACTTACCA	bE2U-hygf	
HygF	TGGCCGAACGTGGTAACTAC		
Hyg3	GGATGCCTCCGCTCGAAGTA		UeT55ΔbE2
bE2-D1	AGCTGTCAAACATGAGGCCTGAGGATTGCTGTATC-GGCAGGGATCAC		
bE2-D2	TGGTCACTTGCTTTGGCTTG	bE2D-hygr	
Hyg4	CGTTGCAAGACCTGCCTGAA		
HygR	CTCAGGCCTCATGTTTGACA		

（续表）

引物名称	引物序列 (5'-3')	质粒	突变体
bW2-U2	TGATCATACTTGCCCAGTCGTCT		
bW2-U3	TTACTGTCTCACAGACACGTTTGGTGTCTGG-CAGCTTTCTCG	bW2U-hygf	
HygF	TGGCCGAACGTGGTAACTAC		
Hyg3	GGATGCCTCCGCTCGAAGTA		UeT55ΔbW2
bW2-D1	AGCTGTCAAACATGAGGCCTGAGCCTCG-GTTTTCTCCCGGCGAGTTAA		
bW2-D2	TACTGGCACAATTAGCTGGC	bW2D-hygr	
Hyg4	CGTTGCAAGACCTGCCTGAA		
HygR	CTCAGGCCTCATGTTTGACA		
bE3-U2	TGTTCAGGAGGCGAAGGTTG		
bE3-U3	TTACTGTCTCACAGACAAGTTAGGAAGTCGACCGATC	bE3U-hygf	
HygF	TGGCCGAACGTGGTAACTAC		
Hyg3	GGATGCCTCCGCTCGAAGTA		UeMT10ΔbE3
bE3-D1	AGCTGTCAAACATGAGGCCTGAATGTAACCTCGA-TATCGGTTG		
bE3-D2	AACTCCTGCATGATGGGATG	bE3D-hygr	
Hyg4	CGTTGCAAGACCTGCCTGAA		
HygR	CTCAGGCCTCATGTTTGACA		
bW3-U2	GTATGGCTTTCCTCGGCTTTG		
bW3-U3	TTACTGTCTCACAGACATGAAGATTGAAGCAC-CAAGGC	bW3U-hygf	
HygF	TGGCCGAACGTGGTAACTAC		
Hyg3	GGATGCCTCCGCTCGAAGTA		UeMT10ΔbW3
bW3-D1	AGCTGTCAAACATGAGGCCTGAGTTAAGAGG-GTTTCGTGTC		
bW3-D2	GGTGGCAACAAGAGCTAAGGTTG	bW3D-hygr	
Hyg4	CGTTGCAAGACCTGCCTGAA		
HygR	CTCAGGCCTCATGTTTGACA		
bE1-U2	CAAGTGAAATCTCGCGCGAGTA		
bE1-U3	TTACTGTCTCACAGACATGTCTGTGAGACAGTA	bE1U-hygf	
HygF	TGGCCGAACGTGGTAACTAC		
Hyg3	GGATGCCTCCGCTCGAAGTA		UeT14ΔbE1 ΔbW1
bW1-D1	AGCTGTCAAACATGAGGCCTGAGCCTCG-GTTTTCTCCCGGCGAGTTAA		
bW1-D2	CTGCTCGACAGCTTTCAAGC	bW1D-hygr	
Hyg4	CGTTGCAAGACCTGCCTGAA		
HygR	CTCAGGCCTCATGTTTGACA		

（续表）

引物名称	引物序列（5'–3'）	质粒	突变体
bE2-U2	CAAGTGAAATCTCGCGCGAGTA		
bE2-U3	TTACTGTCTCACAGACAGGCTCTTTTTTCTGCT-CACTTACCA	bE2U-hygf	
HygF	TGGCCGAACGTGGTAACTAC		
Hyg3	GGATGCCTCCGCTCGAAGTA		UeT55 Δ*bE2* Δ*bW2*
bW2-D1	AGCTGTCAAACATGAGGCCTGAGCCTCG-GTTTTCTCCCGGCGAGTTAA		
bW2-D2	TACTGGCACAATTAGCTGGC	bW2D-hygr	
Hyg4	CGTTGCAAGACCTGCCTGAA		
HygR	CTCAGGCCTCATGTTTGACA		
bE2-U2	TGTTCAGGAGGCGAAGGTTG		
bE2-U3	TTACTGTCTCACAGACAAGTTAGGAAGTCGAC-CGATC	bE3U-hygf	
HygF	TGGCCGAACGTGGTAACTAC		
Hyg3	GGATGCCTCCGCTCGAAGTA		UeMT10 Δ bE3 Δ bW3
bW2-D1	AGCTGTCAAACATGAGGCCTGAGTTAAGAGG-GTTTCGTGTC		
bW2-D2	GGTGGCAACAAGAGCTAAGGTTG	bW3D-hygr	
Hyg4	CGTTGCAAGACCTGCCTGAA		
HygR	CTCAGGCCTCATGTTTGACA		

5.2.4 交配试验

对于交配试验，如前所述（Zhang et al., 2017），两性相容单倍体菌株在 YEPS 固体培养基上，28℃下生长 2d。挑取菌落，在摇床上以 180 r/min、28℃将其重新悬浮在 YEPS 液体培养基中培养至 OD_{600} 约为 1.0，然后通过离心浓缩至 OD_{600} 约为 2.0。将等量的重新悬浮的测试菌株混合，取约 2μL 的混合物滴在 YEPS 固体培养基上，并在 28℃下培养，每隔 12 h 进行观察。

5.2.5 接种试验

对于接种试验，如前所述（Zhang et al., 2017），挑取菌株并在 YEPS 液体培养基中生长至 OD_{600} 约为 1.0。通过离心收集细胞，并在 OD_{600} 约为 2.0 的无菌水中重新悬浮。将两性相容菌株以 1:1 的比例混合，然后用注射器接种到三叶期的中国菰幼苗中。

5.2.6 显微镜染色方法

采用小麦胚芽凝集素 -alexa Fluor 488（WGA, Sigma, L4895）和碘化丙啶（PI, Sigma, P4170）进行染色（Doehlemann et al., 2008）。在染色过程中，切片后将用卡诺固定液固定的侵染叶鞘和茎尖置于 10% KOH 中，85℃下浸泡 3h，用 PBS（140mmol/L NaCl、16mol/L Na₂HPO₄、2mmol/L KH₂PO₄ 和 3.75mmol/L KCl, pH 7.5）洗涤 2 次，用含有 10μg/mL WGA 和 20μg/mL PI 的 PBS 真空浸润 20min，间隔 10min 1 次，3~4 次。

5.2.7 显微镜下观察

在倒置显微镜（尼康 Ti-S 倒置显微镜，NT-88-V3 微操作系统）下观察交配试验结果。用尼康立体显微镜观察菌落形态。采用 TCS-SP8 共聚焦显微镜（Leica Microsystems）观察真菌在叶鞘和茎部的定植情况。小麦胚芽凝集素（WGA）在 488 nm 处被激发，并在 495~530nm 范围内发出荧光。碘化丙啶（PI）在 561nm 处被激发，在 580~630nm 范围内检测到荧光发射。使用 LAS-AF 软件（Leica Microsystems）处理图像。

5.2.8 实时定量 PCR

分别在 0h（对照）、12h、24h 和 36h 采集交配试验样品。接种试验于接种后 0d（对照组）、2d、3d 和 4d 采集样品。CFX Connect™ Real-Time System（Bio-Rad，美国）与 Platinum SYBR Green qPCR Premix EX Taq™（Tli RNaseH Plus）（Takara，日本）结合使用。数据分析采用 iCycler 软件（Bio-Rad）和 Origin 软件（9.0 版）。以 β- 肌动蛋白为内参，测定目标基因的表达水平。循环条件为：95℃下 3min；95℃下 5s / 58℃下 30s，65℃下 5s，95℃下 0.3℃ /s 循环 39 次。实验进行了 3 次生物学重复和 3 次技术重复。相对表达量采用 $2^{-\Delta\Delta Ct}$ 方法测定（Livak and Schmittgen, 2001），$P < 0.05$ 为差异显著。所有引物列于表 5-2。

5.3 结果

5.3.1 菰黑粉菌（*U. esculenta*）*a* 和 *b* 交配型基因位点的克隆与鉴定

为了检测菰黑粉菌的 *a* 和 *b* 交配型位点，首先从 60 株菰黑粉菌中分离出单倍体菌株，通过交配试验对其进行验证。我们在一个样本中发现，没有一种菌株可以同时与两种可以相互交配的菌株融合，因此，从每个样本中选择 2 个可以相互交配的菌株。从 60 份样品中筛选出 120 株菌株进行交配试验，最终筛选出 3 株菌株，分别命名为 UeMT10、UeT14 和 UeT55。交配实验表明，这 3 种筛选出的菌株中的任意 2 种都可以相互交配，这表明在菰黑粉菌中存在 2 个以上的交配型位点，类似于玉米丝黑穗病菌（Bakkeren et al.，2008）。以往对黑粉菌交配型位点的研究发现，*lba* 和 *rba* 基因总是存在于 *a* 交配位点的两端，*panC* 接近 *rba*，而 *nat1* 和 *cld1* 基因存在于 *b* 交配位点的两端（Raudaskoski and Kothe, 2010）。这 5 个基因也通过基因组序列分析在菰黑粉菌中发现。

选取 *lba* 和 *panC* 的保守区设计引物，用所选菌株的模板进行克隆。其中，在 UeT55 中克隆了 1 个片段，BLAST 结果显示存在 1 个 *pra2* 和 2 个 *mfa* 基因（图 5-1A、B 和图 5-2），表明 UeT55 中存在 *a2* 位点。我们还在 UeT14 克隆的序列中发现了 *pra1* 的同源物，以及 2 个 *mfa* 基因（图 5-1A、B 和图 5-2），将此命名为 *a1* 位点。最后，从 UeMT10 中获得了 2 个单独的片段：较长的一个包含与 *pra3* 同源的基因，以及 *mfa3.2* 基因；而较短的一个在 *rba* 附近含有 *mfa3.1* 基因（图 5-1A、B 和图 5-2）。因此，UeT55、UeT14 和 UeMT10 分别被称为 a2、a1 和 a3 基因型菌株。

RT-PCR 产物测序证实了菰黑粉菌中存在的 *pra* 和 *mfa* 基因：*pra1* 含有 3 个内含子；*Pra2* 含有 2 个内含子；*pra3* 含有 3 个内含子（图 5-2）。菰黑粉菌信息素受体 pra1 和 pra2 与玉米瘤黑粉菌（分别为 70% 和 60.7%）和玉米丝黑穗病菌（分别为 69.4% 和 66.5%）的氨基酸序列相似性最高；菰黑粉菌中的 pra3 与玉米瘤黑粉菌和玉米丝黑穗病菌中的 pra1 和 pra2 的同源性均不足 27%，而与玉米丝黑穗病菌中的 pra3 的同源性为 61.6%。这 3 个菰黑粉菌的 *a* 位点分别含有 2 个不同的信息素前体基因。比较发现，mfa1.2 和 mfa3.2 在序列上几乎相同（图 5-3），除了在 8 号位置（组氨酸替代脯氨酸）、11 号位置（苏氨酸替代丝氨酸）、37 号位置（缬氨酸替代异亮氨酸）和 38 号位置（异亮氨酸替代缬氨酸）有 4 个氨基酸替换，并且与玉米丝黑穗病菌中的 mfa1.2 和 mfa3.2 关系最近（氨基酸同源性分别为 73.2% 和 78.0%）。mfa2.1 和 mfa3.1 前体除了在第 9 位有 1 个保守的氨基酸（丝氨酸而非丙氨酸）外，在序列上也几乎相同，但与玉米丝黑穗病菌的 mfa2.1 和 mfa3.1 具有较低的同源性（氨基酸同源性为 57.5%~62.5%）。然而，mfa1.3 和 mfa2.3 在菰黑粉菌的 N 末端并不保守，与大麦坚黑粉菌和玉米瘤黑粉菌的信息素前体关系较弱，同源性小于 29%。此外，mfa1.3 与 mfa1.3 和 mfa2.3 的亲缘关系最近，两者在玉米丝黑穗病菌中的（氨基酸同源性为 73.2%），而 mfa2.3 与玉米丝黑穗病菌的 mfa1.3 和 mfa2.3 的同源性仅为 56.1%。

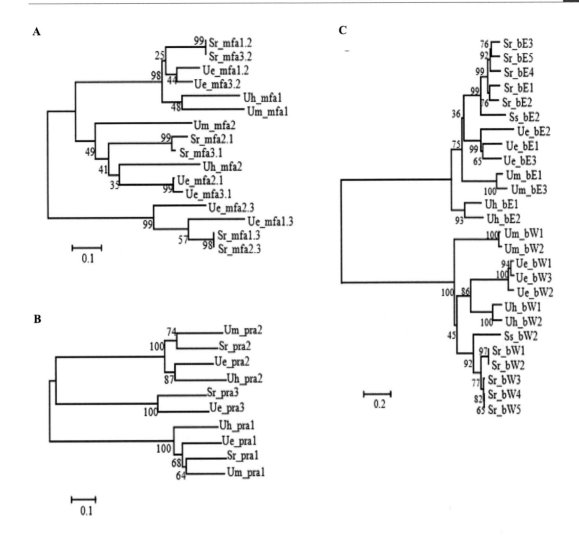

图 5-1 菰黑粉菌的交配型蛋白和其他黑粉菌的直系同源蛋白的系统发育分析

注：这些树是用 MEGA 5.0 程序生成的，通过最大似然法计算，节点处的引导值以百分比表示（1 000 次重复）。仅包括代表性等位基因。A. 信息素蛋白的氨基酸序列相似性比较。它们选自玉米瘤黑粉菌（Um_mfa1, AAA99765；Um_mfa2, AAA99771）、大麦坚黑粉菌（Uh_mfa1, AAC02682; Uh_mfa2, AAD56043）、玉米丝黑穗病菌（Sr_mfa1.2, CAI59747；Sr_mfa1.3, CAI59748; Sr_mfa2）.1, CAI59758；Sr_mfa2.3, CAI59754；Sr_mfa3.1, CAI59764；Sr_mfa3.2, CAI59762）和菰黑粉菌（Ue_mfa1.2, ALS87615；Ue_mfa1.3, ALS87616；Ue_mfa2.1, ALS87619；Ue_mfa2.3, ALS87618；Ue_mfa3.1, ALS87614；Ue_mfa3.2, ALS87612）。B. 信息素受体蛋白的氨基酸序列相似性比较。它们选自玉米瘤黑粉菌（Um_pra1, P31302; Um_pra2, P31303）、大麦坚黑粉菌（Uh_pra1, CAJ41875; Uh_pra2, AAD56044）、玉米丝黑穗病菌（Sr_pra1, CAI59749; Sr_pra2, CAI59755; Sr_pra3, CAI59763）和菰黑粉菌（Ue_pra1, ALS87617；Ue_pra2, ALS87620；Ue_pra3, ALS87613）。C. 含有同源结构域的蛋白质序列相似性比较。它们选自玉米瘤黑粉菌（Um_bW1, XP_011386405; Um_bW2, AAA34221; Um_bE1, XP_011386823; Um_bE3, P22017），大麦坚黑粉菌（Uh_bW1, CAA79219; Uh_bW2, CAA79217; Uh_bE1, CAA79218; Uh_bE2, CAA79216），玉米丝黑穗病菌（Sr_bW1, CAI59727; Sr_bW2, CAI59731; Sr_bW3, CAI59735; Sr_bW4, CAI5 9739；Sr_bW5, CAI59743；Sr_bE1, CAI59728；Sr_bE2, CAI59732；Sr_bE3, CAI59736；Sr_bE4, CAI59740；Sr_bE5, CAI59744），甘蔗黑穗病菌（Ss_bW2, CDU23197; Ss_bE2, CDU23198.1）和菰黑粉菌（Ue_bW1, ANB43492；Ue_bW2, ANB43493; Ue_bW3, ANB43494; Ue_bE1, ANB43489; Ue_bE2, ANB43490; Ue_bE3, ANB43491）。

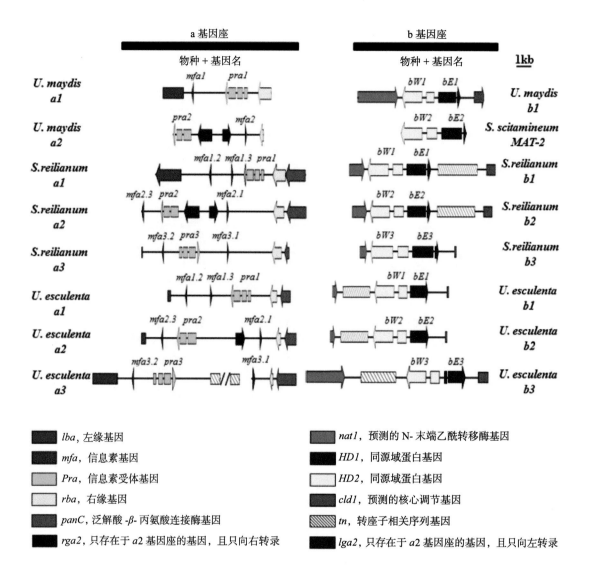

图 5-2 典型黑粉菌交配型位点的遗传结构比较

注：不同的基因用特殊的颜色表示，在图的底部进行了解释。箭头表示转录方向。没有箭头的前沿基因表示具有向外转录方向的不完整基因。缺口表示内含子。序列信息如下：UMU37795（玉米瘤黑粉菌，a1），UMU37796（玉米瘤黑粉菌，a2），XM_011388521（玉米瘤黑粉菌，bE1），XM_011388103（玉米瘤黑粉菌，bW1），LK056662（甘蔗黑穗病菌，MAT-2），AJ884588（玉米丝黑穗病菌，a1），AJ884589（玉米丝黑穗病菌，a2），AJ884590（玉米丝黑穗病菌，a3），AJ884583（玉米丝黑穗病菌，b1），AJ884584（玉米丝黑穗病菌，b2）和 AJ884585（玉米丝黑穗病菌，b3）。标尺 =1kb。

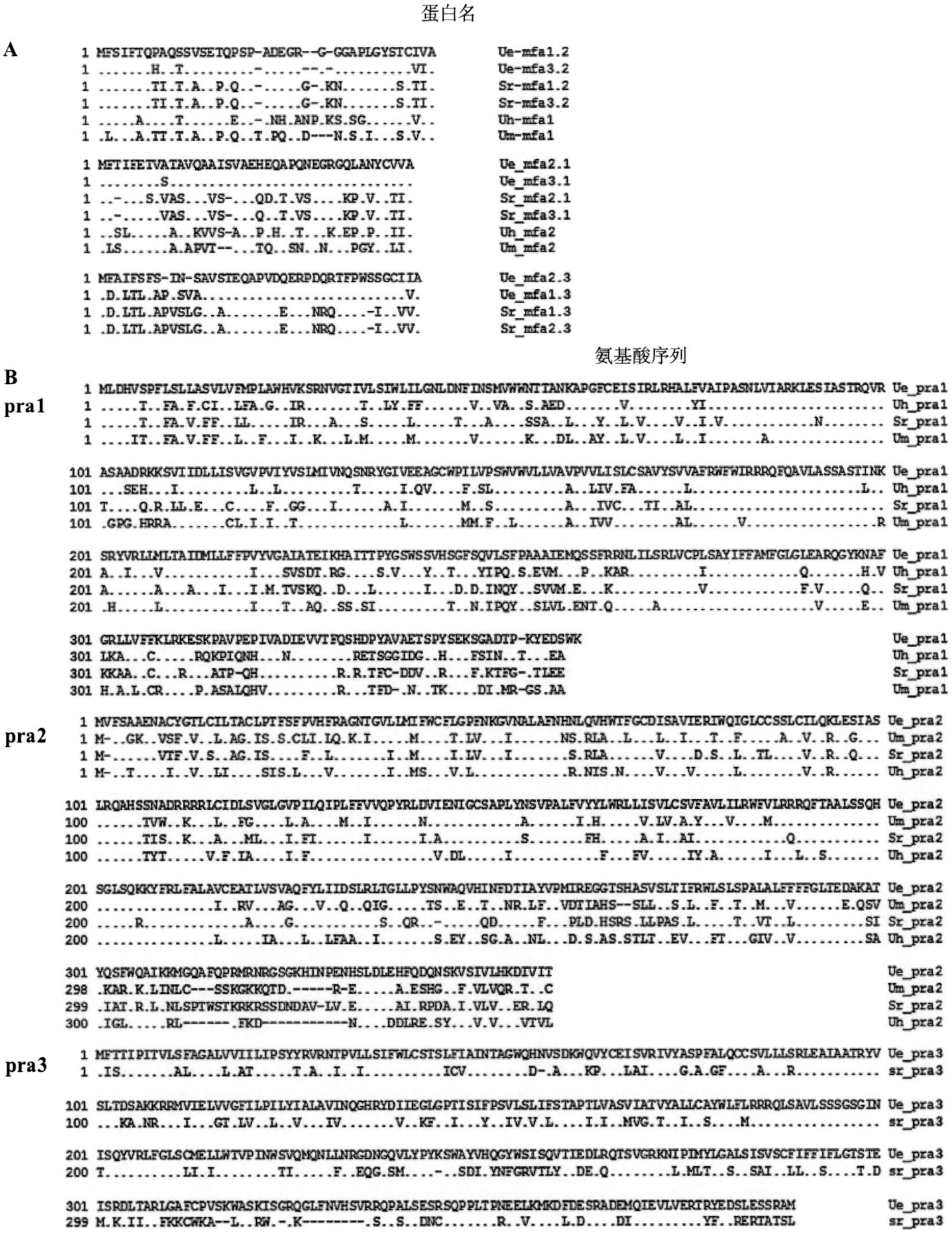

蛋白名

A
```
1 MFSIFTQPAQSSVSETQPSP-ADEGR--G-GGAPLGYSTCIVA      Ue-mfa1.2
1 .......H..T........-...--.-.......VI.          Ue-mfa3.2
1 .......TI.T.A..PQ..-....G-.KN.......S.TI.      Sr-mfa1.2
1 .......TI.T.A..PQ..-....G-.KN.......S.TI.      Sr-mfa3.2
1 .....A....T.....E..-.NH.ANP.KS.SG.....V..      Uh-mfa1
1 .L...A.TT.T.A..PQ..T.PQ..D---.N.S.I...S.V.     Um-mfa1

1 MFTIFETVATAVQAAISVAEHEQAPQNEGRGQLANYCVVA        Ue_mfa2.1
1 ............S.........                         Ue_mfa3.1
1 ..-...S.VAS...VS-...QD.T.VS.....KP.V..TI.      Sr_mfa2.1
1 ..-...VAS...VS-...Q.T.VS.....KP.V..TI.         Sr_mfa3.1
1 ..SL....A..KVVS-A..P.H..T..K.EP.P..II.         Uh_mfa2
1 ..A.APVT--...TQ..SN..N...PGY..LI.              Um_mfa2

1 MFAIFSFS-IN-SAVSTEQAPVDQERPDQRTFPWSSGCIIA       Ue_mfa2.3
1 .D.LTL..AP.SVA...............V.                Ue_mfa1.3
1 .D.LTL.APVSLG..A.......E...NRQ....-I..VV.      Sr_mfa1.3
1 .D.LTL.APVSLG..A.......E...NRQ....-I..VV.      Sr_mfa2.3
```

氨基酸序列

B
pra1
```
1   MLDHVSPFLSLLASVLVFMPLAWHVKSRNVGTIVLSIWLILGNLDNFINSMVWWNTTANKAPGFCEISIRLRHALFVAIPASNLVIARKLESIASTRQVR   Ue_pra1
1   ....T..FA.F.CI..LFA.G..IR.......T..LY.FF.....V..VA..S.AED.....V......YI.                                Uh_pra1
1   ....T...FA.V.FF..LL...IR.A......S..T.A....V...SSA...Y..L..V..I.V.......N.                                Sr_pra1
1   ....IT..FA.V.FF..L..F...I..K...L.M.....M......V...K..DL..AY..L.V...L..I......A.                           Um_pra1

101 ASAADRKKSVIIDLLISVGVPVIYVSIMIVNQSNRYGIVEEAGCWPILVPSWVWVLLVAVPVVLISLCSAVYSVVAFRWFWIRRRQFQAVLASSASTINK   Ue_pra1
101 ...SEH...LA...L..L.......T...I.QV..F.SL......A..LIV.FA......L.........L.                                 Uh_pra1
101 T....Q.R.LL.E...C...F..GG...I...A.I....M.S.....A...IVC..TI..AL.                                          Sr_pra1
101 .GPG.HRRA........CL.I..T.....L.......MM.F..L....A..IVV.........AL...V.                         .R        Um_pra1

201 SRYVRLIMLTAIIMLLFFPVYVGAIATEIKHAITTPYGSWSSVHSGFSQVLSFPAAAIEMQSSFRRNLIILSRLVCPLSAYIFFAMFGLGLEARQGYKNAF   Ue_pra1
201 A..I..V..........I....SVSDT.RG....S..V..Y..T..YIPQ.S.EVM....P..KAR......I..........Q......H.V            Uh_pra1
201 A...A....A...I...I.M.TVSKQ..D..L......I..D.D.INQY..SVVM.E....K.......I............F.V......Q..            Sr_pra1
201 .H...L....I..T..AQ..SS.SI......T..N.IPQY..SLVL.ENT.Q....A.............V...E..                            Um_pra1

301 GRLLVFFKLRKESKPAVPEPIVADIEVVTFQSHDPYAVAETSPYSEKSGADTP-KYEDSWK   Ue_pra1
301 LKA...C.....RQKPIQNH...N.......RETSGGIDG..H...FSIN..T...EA      Uh_pra1
301 KKAA..C..R.....ATP-QH.......R.R.TFC-DDV..R..K.TFG-..TLEE        Sr_pra1
301 H.A.L.CR....P..ASALQHV.......R..TFD-.N..TK....DI.MR-GS.AA      Um_pra1
```

pra2
```
1   MVFSAAENACYGTLCILTACLPTFSFPVHFRAGNTGVLIMIFWCFLGPFNKGVNALAFNHNLQVHWTFGCDISAVIERIWQIGLCCSSLCILQKLESIAS   Ue_pra2
1   M-..GK..VSF.V..L.AG.IS.S.CLI.IQ.K.I....M...T..LV...I.....NS.RLA..L...I..T..I..F.....A..V.R..G...        Um_pra2
1   M-.....VIF.V.S..AG.IS..F.L.....I.....M...I.LV...I......S.RLA........V...D.S..L..TL.....V.R..Q..          Sr_pra2
1   M-..T...V..LI...SIS.L..V....I..MS..V.L......N.IS.N...V...V...L..V......V..R..                            Uh_pra2

101 LRQAHSSNADRRRRLCIDLSVGLGVPILQIPLFFVVQPYRLDVIENIGCSAPLYNSVPALFVYYLWRLLISVLCSVFAVLILRWFVLRRRQFTAALSSQH   Ue_pra2
100 .....TVW..K..L..FG....L.A...M.I......I...A...I.....S.......FH.....A.I..AI......M.                        Um_pra2
100 .....TIS..K...A...ML...I.FI......I......I.A...........S......FH.....A.I..AI..........Q..                 Sr_pra2
100 ......TYT......V.F.IA....I.F..........V.DL....I........F...FV......IY.A......I..L..S..                    Uh_pra2

201 SGLSQKKYFRLFALAVCEATLVSVAQFYLIIDSLRLTGLLPYSNWAQVHINFDTIAYVPMIREGGTSHASVSLTIFRWLSLSPALALFFFGLTEDAKAT   Ue_pra2
200 ..........I..RV...AG...V..Q..QIG.....TS..E..T..NR.LF..VDTIAHS-..SLL..SL..F..T..M...V...E.QSV             Um_pra2
200 ......R............A....G.....S..QR..-......D........PLD.HSRS..LLPAS..I...T...VT..L.......SI             Sr_pra2
200 .............L...IA..L..LFAA..I...S.EY..SG.A..NL...D.S.AS.STLT..EV...FT..GIV..V......SA                  Uh_pra2

301 YQSFWQAIKKMGQAFQPRMRNRGSGKHINPENHSLDLEHFQDQNSKVSIVLHKDIVIT   Ue_pra2
298 .KAR.K.LINLC---SSKGKKQTD.-----R-E.....A.ESHG..F.VLVQR.T..C   Um_pra2
299 .IAT.R.L.NLSPTWSTKRKRSSDNDAV-LV.E.....AI.RPDA.I.VLV..ER.LQ   Sr_pra2
300 .IGL......RL-------.FKD--------N..DDLRE.SY...V..V..VTVL     Uh_pra2
```

pra3
```
1   MFTTIPITVLSFAGALVVIILIPSYYRVRNTPVLLSIFWLCSTSLFIAINTAGWDHNVSDKWQVYCEISVRIVYASPFALQCCSVLLLSRLEAIAATRYV   Ue_pra3
1   .IS.......AL..LAT.....T.A.I..I......ICV......D-.A...KP..LAI...G.A.GF......A.                              sr_pra3

101 SLTDSAKKRRMVIELVVGFILPILYIALAVINQGHRYDIIEGLGPTISIFPSVLSLIFSTAPTLVASVIATVYALLCAYWLFLRRRQLSAVLSSSGSGIN   Ue_pra3
100 .KA.NR...I...GT.LV..L..V..IV.....V..KF..I..I...VV.L...I.I..MVG.T..IS..M......                            sr_pra3

201 ISQYVRLFGLSCMELLWTVPINWSVQMQNLLNRGDNGQVLYPYKSWAYVHQGYWSISQVTIEDLRQTSVGRKNIPIMYLGALSISVSCFIFFIFLGTSTE   Ue_pra3
200 T.I......LI.I......TI......F..EQG.SM.....-..SDI.YNFGRVILY..DE.Q......L.MLT...S..SAI..LL..S....T.D        sr_pra3

301 ISRDLTARLGAFCPVSKWASKISGRQGLFNVHSVRRQPALSESRSQPPLTPNEELKMKDFDESRADEMQIEVLVERTRYEDSLESSRAM   Ue_pra3
299 M.K.II...FKKCWKA--L..RW.-.K---------S..S..DNC......R..V....L.D....DI.......YF..RERIATSL      sr_pra3
```

图 5-3　信息素和信息素受体蛋白的多序列比对

注：A. 菰黑粉菌（Ue）的信息素与玉米丝黑穗病菌（Sr）、玉米瘤黑粉菌（Um）和大麦坚黑粉菌（Uh）各自的信息素比较。B. 菰黑粉菌（Ue）的信息素受体与玉米丝黑穗病菌（Sr）、玉米瘤黑粉菌（Um）和大麦坚黑粉菌（Uh）各自的信息素受体比较。相同的氨基酸用点表示。

菰黑粉菌的 a 位点与其他典型黑粉菌也存在一定的差异。首先，lga2 和 rga2 通过介导玉米瘤黑粉菌中 a1 相关 mtDNA 的消除来指导单亲 mtDNA 遗传（Kronstad and Staben, 1997；Urban et al., 1996a; Ye et al., 2017），仅由 a2 位点编码，并且它们的同源物在 a1 和 a3 位点中不存在，这与大麦坚黑粉菌和玉米丝黑穗病菌的情况相同（Schirawski et al., 2005）。然而，在菰黑粉菌的 a2 位点中，只有 lga2 的同源物不存在于菰黑粉菌中鉴定的所有 3 个 a 位点中（Bortfeld et al., 2004；Fedler et al., 2009；Ye et al., 2017），该同源物确保了单亲 mtDNA 遗传，是干扰致病性的主要成分。其次，只有在菰黑粉菌 1 个 a3 等位基因片段中发现了 1 个 >14kb 的片段，该片段积累了重复元件（7 791~19 531 bp），覆盖了该 a3 片段的 50% 以上。

同时，选择 nat1 和 c1d1 的保守区设计引物，并用所选 3 株菌株的模板进行克隆。序列分析显示，所有 b 等位基因都含有 2 个不同的 ORF，RT-PCR 证实了这一点。将菌株 a1 中的 b 基因分别命名为 bE1 和 bW1，依此类推。对 b 蛋白的系统发育分析（图 5-1C）表明，与其他黑粉菌中的 bE 蛋白（43.2%~55.1% 的同源性）相比，菰黑粉菌的 3 种 bE 蛋白彼此之间的关系更密切（57.3%~64.3% 的同源性）。同样的道理也适用于菰黑粉菌的 bW 蛋白，彼此具有 74.8%~75.6% 的同源性，与其他黑粉菌的 bW 具有 37.3%~45.4% 的同源性。此外，菰黑粉菌的 b 蛋白也携带同源结构域基序（图 5-4），并可分为 2 个结构域——1 个保守的 C 末端结构域和 1 个可变的 N 末端结构域——类似于在其他黑粉菌中发现的结构域（Casselton, 2002; Kamper et al., 1995），其中可变结构域提供二聚化并负责自我 / 非自我识别（Schulz et al., 1990）。结果表明，菰黑粉菌 bW 蛋白和 bE 蛋白的 C 端结构域的同源性分别接近 95% 和 70%。N 端区域任意两个 bE 或 bW 等位基因之间的氨基酸同源性为 20.6%~41.9%（图 5-4）。菰黑粉菌 bW/bE C 端结构域与玉米瘤黑粉菌的同源性为 38.8% ~ 39.8%/47%~56.4%，与玉米丝黑穗病菌的同源性为 44.3%~46.5%/48.8%~59%。菰黑粉菌 bW/bE 的 N 末端区域与玉米瘤黑粉菌的 N 末端区域具有 16.6%~25%/31.4%~32.3% 的同源性，与玉米丝黑穗病菌的 N 末端区域具有 19.5%~33.3%/22.4%~38.5% 的同源性。

有趣的是，在菰黑粉菌的每个 b 位点中都存在转座子相关序列（图 5-2），这之前只在玉米丝黑穗病菌中发现过（Schirawski et al., 2005）。此外，与玉米丝黑穗病菌的 b1 和 b2 位点中插入在 bE 和 cld1 之间的转座子不同（Schirawski et al., 2005），在菰黑粉菌的 bW 和 nat1 之间出现了转座子相关序列（图 5-2）。此外，所有 3 个 bW 基因都含有 1 个内含子；然而，只有 bE3 基因含有 1 个内含子，其他 2 个 bE 基因没有内含子，这与其他黑粉菌中 bW 和 bE 都含有 1 个内含子不同（图 5-2）。

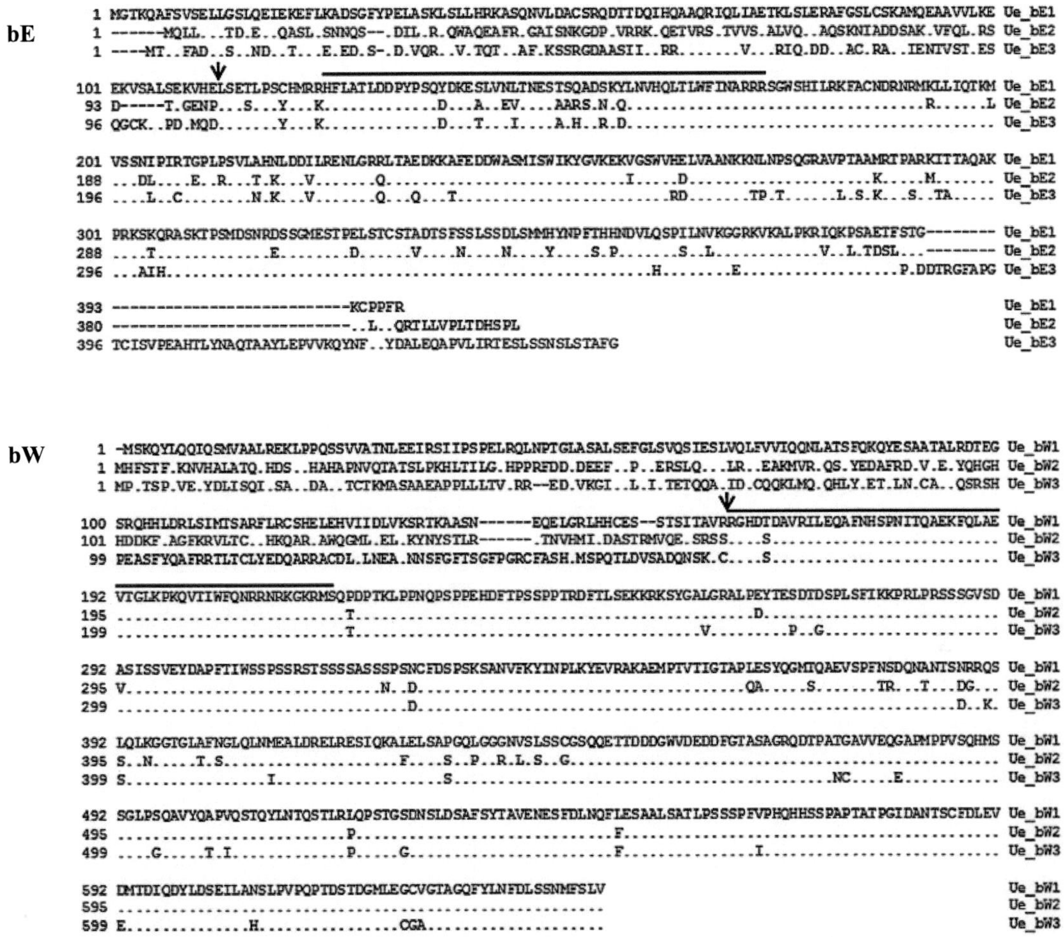

```
bE
       1 MGTKQAFSVSELLGSLQEIEKEFLKADSGFYPELASKLSLLHRKASQNVLDACSRQDTTDQIHQAAQRIQLIAETKLSLERAFGSLCSKAMQEAAVVLKE  Ue_bE1
       1 ------MQLL...TD.E..QASL.SNNQS--.DIL.R..QWAQEAFR.GAISNKGDP..VRRK.QETVRS.TVVS.ALVQ...AQSKNIADDSAK.VFQL.RS  Ue_bE2
       1 ----MT..FAD..S..ND..T...E.ED.S-.D.VQR..V.TQT..AF.KSSRGDAASII..RR.......V...RIQ.DD...AC.RA..IENTVST.ES  Ue_bE3

     101 EKVSALSEKVHELSETLPSCHMRRHFLATLDDPYPSQYDKESLVNLTNESTSQADSKYLNVHQLTLWFINARRRSGWSHILRKFACNDRNRMKLLIQTKM  Ue_bE1
      93 D-----T.GENP...S...Y...K...........D..A..EV...AARS.N.Q................................R......L  Ue_bE2
      96 QGCK..PD.MQD.......Y...K...........D..T...I..A.H.R.D...........................................  Ue_bE3

     201 VSSNIPIRTGPLPSVLAHNLDDILRENLGRRLTAEDKKAFEDDWASMISWIKYGVKEKVGSWVHELVAANKKNLNPSQGRAVPTAAMRTPARKITTAQAK  Ue_bE1
     188 ...DL...E..R..T.K...V......Q....................I........................K.....M...........  Ue_bE2
     196 ...L..C.....N.K...V......Q..Q..T...........................RD.....TP.T.....L.S.K...S..TA.....  Ue_bE3

     301 PRKSKQRASKTPSMDSNRDSSGMESTPELSTCSTADTSFSSLSSDLSMMHYNPFTHHNDVLQSPILNVKGGRKVKALPKRIQKPSAETFSTG-------  Ue_bE1
     288 .....T........E.......D......V..N......N...Y....S.P.......S.L.........V..L.TDSL..P......  Ue_bE2
     296 ...AIH.........................................H..........E.........................P.DDTRGFAPG  Ue_bE3

     393 ----------------------------KCPPFR  Ue_bE1
     380 ------------------------..L..QRTLLVPLTDHSPL  Ue_bE2
     396 TCISVPEAHTLYNAQTAAYLEPVVKQYNF..YDALEQAPVLIRTESLSSNSLSTAFG  Ue_bE3

bW
       1 -MSKQYLQQIQSMVAALREKLPPQSSVVATNLEEIRSIIPSPELRQLNPTGLASALSEFGLSVQSIESLVQLFVVIQQNLATSFQKQYESAATALRDTEG  Ue_bW1
       1 MHFSTF.KNVHALATQ.HDS..HAHAPNVQTATSLPKHLTILG.HPPRFDD.DEEF..P..ERSLQ...LR..EAKMVR..QS.YEDAFRD.V.E.YQHGH  Ue_bW2
       1 MP.TSP.VE.YDLISQI.SA..DA..TCTKMASAAEAPPLLLTV.RR---ED.VKGI..L.I.TETQQA..ID.CQQKLMQ..QHLY.ET.LN.CA..QSRSH  Ue_bW3

     100 SRQHHLDRLSIMTSARFLRCSHELEHVIIDLVKSRTKAASN------EQELGRLHHCES--STSITAVRRGHDTDAVRILEQAFNHSPNITQAEKFQLAE  Ue_bW1
     101 HDDKF.AGFKRVLTC..HKQAR.AWQGML..EL.KYNYSTLR------.TNVHMI.DASTRMVQE.SRSS....S..............................  Ue_bW2
      99 PEASFYQAFRRTLTCLYEDQARRACDL.LNEA..NNSFGFTSGFPGRCFASH.MSPQTLDVSADQNSK.C....S...............................  Ue_bW3

     192 VTGLKPKQVTIWFQNRRNRKGKRMSQPDPTKLPPNQPSPPEHDFTPSSPPTRDFTLSEKKRKSYGALGRALPEYTESDTDSPLSFIKKPRLPRSSSGVSD  Ue_bW1
     195 ......................T................................................................  Ue_bW2
     199 ......................T.............................V.....P.G...............................  Ue_bW3

     292 ASISSVEYDAPFTIWSSPSSRSTSSSSASSSPSNCFDSPSKSANVFKYINPLKYEVRAKAEMPTVTIGTAPLESYQGMTQAEVSPFNSDQNANTSNRRQS  Ue_bW1
     295 V........................N.D.......................QA.....S.....TR...T...DG....  Ue_bW2
     299 .....................D....................................................D..K.  Ue_bW3

     392 LQLKGGTGLAFNGLQLNMEALDRELRESIQKALELSAPGQLGGGNVSLSSCGSQQETTDDDGWVDEDDFGTASAGRQDTPATGAVVEQGAPMPPVSQHMS  Ue_bW1
     395 S..N....T.S.........F....S.P..R.L.S.G...............  Ue_bW2
     399 S...............I...........S.......................NC....E.......  Ue_bW3

     492 SGLPSQAVYQAPVQSTQYLNTQSTLRLQPSTGSDNSLDSAFSYTAVENESFDLNQFLESAALSATLPSSSPFVPHQHHSSPAPTATPGIDANTSCFDLEV  Ue_bW1
     495 ......................P............................F...........  Ue_bW2
     499 ...G....T.I.....P...G...................F..............I.............  Ue_bW3

     592 DMTDIQDYLDSEILANSLPVPQPTDSTDGMLEGCVGTAGQFYLNFDLSSNMFSLV  Ue_bW1
     595 .................................................  Ue_bW2
     599 E................H...............CGA  Ue_bW3
```

图 5-4 *U. esculenta* 的 bE（上图）和 bW（下图）蛋白质的氨基酸比对

注：与 bE1 或 bW1 相同的氨基酸用点表示。可变结构域的末端被任意指定（垂直箭头）用于氨基酸比较。包含同源结构域基序的区域由序列上方的线表示。

5.3.2　克隆的 *a* 和 *b* 交配型基因的表达模式分析

为了探索 *a* 和 *b* 基因在交配反应和真菌发育中可能发挥的作用，以下进一步分析它们在交配和侵染过程中的表达模式。通过交配程序，在 12h 时观察到接合管。UeT14–UeT55 组合在 36h 时出现了大量白色和模糊的细丝，比 UeT14–UeMT10 和 Ue-MT10–UeT55 两个交配组合早 12h（Zhang et al., 2017）。不同时间基因表达结果显示，在 UeT14–UeT55 组合中，所有 *a* 基因在交配后 12h 达到最高表达水平，在 UeT14–UeMT10 和 UeMT10–UeT5 组合中，在交配后 24h 达到最高水平（图 5-5A）。在交配过程中，所有 *b* 基因的表达量均呈上升趋势。在芽殖生长期间，*a* 和 *b* 基因的表达发生了可检测到的微小变化（数据未显示）。

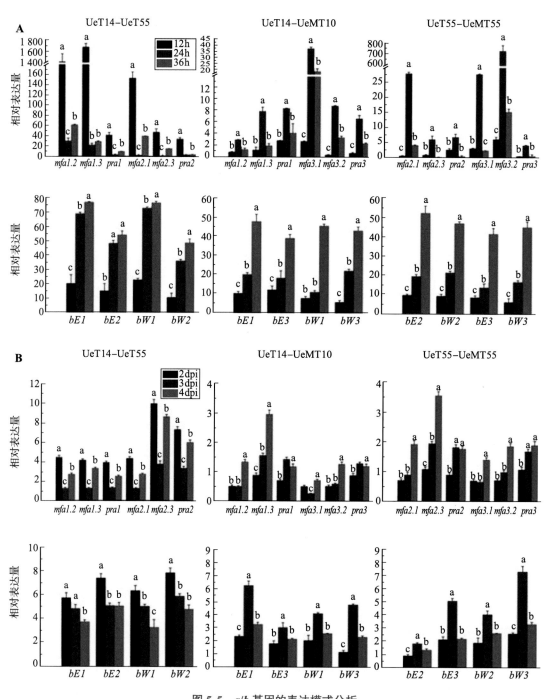

图 5-5 *a/b* 基因的表达模式分析

注：对菌株进行液体培养并离心至最终浓度为 OD$_{600}$ 约为 2.0。UeT14–UeT55、UeT14–UeMT10 和 UeT55–UeMT10 组合用于交配和接种测定。A. *a/b* 基因在交配过程中的表达分析。在 0h（对照）、12h、24h 和 36h 收集样品。B. *a/b* 基因在侵染过程中的表达分析。植物被指定的组合侵染，并在 0dpi（对照）、2dpi、3dpi 和 4dpi 收集样品。用 β-肌动蛋白分析基因表达作为对照，需核实显示的值是 3 个生物复制的平均值。条形表示生物重复之间的标准偏差。使用单向方差分析计算 P 值，列上方的不同字母表示与测试基因的不同处理时间的显著差异，P < 0.05。dpi 为接种后天数。

此外，还分析了侵染过程中 *a*、*b* 基因的相对表达情况。显微镜下观察菰黑粉菌侵染情况显示，接种 2d 后，UeT14–UeT55 组合侵染的叶鞘和茎尖出现少量菌丝，3d 后菌丝大量扩散（图 5-6 A）。然而，在用 UeT10–UeT55 或 UeT14–UeMT10 组合接种后，4d 后才在叶鞘和茎尖中观察到入侵菌丝，并且没有明显的侵染传播。与用 UeT14–UeT55 组合接种相比，表现出更小的侵染面积和菌丝直径（图 5-6B）。在此过程中，UeT14–UeT55 组合接种后 2d *a* 基因的表达量最高；然而，UeMT10–UeT55 或 UeMT14–UeMT10 组合在接种后 3d 或 4d 时明显上调，其最大表达量不到 UeT14–UeT55 组合 *a* 基因最大表达量的一半（图 5-5B）。同时，UeT14–UeT55 组合 *b* 基因的表达在 2d 时明显上调，并在下一次侵染过程中保持高表达，但 UeMT10-UeT55 或 UeT14–UeMT10 组合在 3d 时达到最高表达（图 5-5 B）。

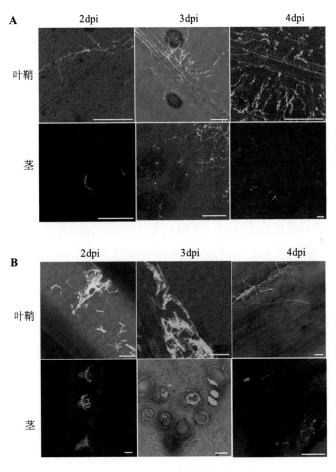

图 5-6　动态观察感染过程

注：叶鞘（上图）和茎（下图）样本在 2dpi、3dpi 和 4dpi 时收集的叶鞘（上图）和茎（下图）样本的共聚焦显微镜，通过 UeT14–T55（A）或 UeT14–UeMT10（B）的组合接种。图片显示 WGA–AF 488 染色菌丝的绿色荧光与明场图像合并，以及不同 Z 轴投影的 PI-AF 561 染色植物组织的红色荧光。在 A 中，在 2dpi 时，在叶鞘中观察到少量菌丝，并在 3dpi 时形成菌丝聚集体，在 4dpi 时，大量菌丝在茎尖蔓延。标尺 = 100 μm。在 B 中，在 4dpi 观察到入侵菌丝，直到 4dpi 在茎尖仅观察到少量菌丝，没有明显的感染扩散。标尺 = 50 μm。

5.3.3　菰黑粉菌的信息素和信息素受体基因对细胞融合至关重要

为了确定 *a* 基因的功能，对每个 *a* 基因进行了突变。突变体在单倍体细胞的芽殖生长和形态上没有缺陷（数据未显示）。有报道显示，*a* 位点在黑粉菌的细胞融合中起作用（Kronstad and Staben, 1997），因此我们进行了交配试验（图 5-7A、B）。对于存在两对信息素 – 信息素受体的兼容组合，如 UeT14△*mfa1.3* 和 UeT55（pra1-mfa2.1、mfa1.2-pra2），相继观察到接合管的形成和模糊的外观，并且与 WT 菌株的接合管形成和模糊外观没有区别（图 5-7A）。如果测试菌株具有不完整的信息素 - 信息素受体（图 5-7B），则所有细胞仅限于酵母样芽殖生长，没有形成接合管，菌落看起来很光滑（图 5-7A）。只含有一对信息素 - 信息素受体的测试菌株的组合，如 UeT14 和 UeT55△*mfa2.1*（mfa1.2-pra2）菌落表面光滑，无模糊菌丝，虽然也出现了接合管，但与 WT 菌株相比延迟了约 16h（图 5-7A）。

此外，我们引入了 EGFP 核定位菌株 UeT14-EGFP，与 UeT55△*mfa2.1* 或 UeT55△*pra2* 交配。荧光显微镜观察显示，与 UeT14-EGFP 和 UeT55△*mfa2.1* 交配时，仅在 UeT55△*mfa2.1* 中出现了接合管（图 5-7C）；与 UeT14-EGFP 和 UeT55△*pra2* 交配时，仅在 UeT14-EGFP 中出现了接合管（图 5-7C），说明当交配试验菌株只有 1 对信息素 - 信息素受体时，在含有相容信息素受体的细胞中形成了接合管。所有数据表明，菰黑粉菌的信息素和信息素受体系统对细胞融合至关重要，主要作用于接合管的形成。此外，在感知相应的信息素时，信息素受体起到诱导接合管形成的作用。只有当 2 个交配细胞中都存在相容的信息素和信息素受体时，才会在每个细胞中诱导接合管，然后与接合管进行细胞融合，这与其他黑粉菌的发现类似（Spellig et al.,1994; Urban et al., 1996b）。

5.3.4　菰黑粉菌的 *b* 位点对菌丝生长和致病性至关重要

为了检验菰黑粉菌 *b* 基因位点的功能，我们在相应菌株中删除了整个 *b* 位点或每个 *b* 位点中的每个 *b* 基因。所有突变体都表现出与 WT 菌株相似的酵母样芽殖生长和相似的生长速率（数据未显示）。先前的研究表明，*b* 位点在黑粉菌的性交配和致病性中起关键作用（Bakkeren and Kronstad,1993; Kamper et al., 1995）。因此，我们首先测试了在菰黑粉菌中交配是否需要 *b* 位点。研究发现，当整个 *b* 位点发生突变（UeT14△*bE1*△*bW1*，UeT55△*bE2*△*bW2* 或 UeMT10△*bE3*△*bW3*）时，没有观察到任何组合中出现有绒毛状的菌丝，但在所有组合中都出现了接合管形成和细胞融合（图 5-7A）。与 UeT14–UeT55 的对照组合类似，UeT14 和 UeT55△*bE2*（bE1-bW2）的其他 bE/bW 异源二聚体组合在 YEPS 板上出现白色有绒毛状菌落（图 5-7A）。这表明 *b* 位点对菌丝生长至关重要，只有一种 bE/bW 异源二聚体起作用。

为了进一步分析 bE/bW 异源二聚体对菌丝生长的作用，我们构建了含有 *mfa1.2* 和

A

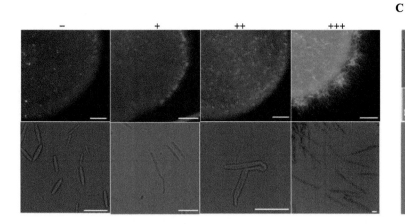

C

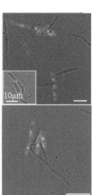

B

	UeT55	UeT55 Δmfa2.1	UeT55 Δmfa2.3	UeT55 Δpra2		UeT55	UeT55 ΔbE2	UeT55 ΔbW2	UeT55 ΔbE2 ΔbW2
UeT14 Δmfa1.2	+	−	+	+	UeT14 ΔbE1 ΔbW1	++	++	++	++
UeT14 Δmfa1.3	+++	+	+++	+	UeT14 ΔbE1	+++	++	+++	++
UeT14 Δpra1	+	+	+++	−	UeT14 ΔbW1	+++	+++	++	++
UeT14	+++	+	+++	+	UeT14	+++	+++	+++	++

	UeT55	UeT55 Δmfa2.1	UeT55 Δmfa2.3	UeT55 Δpra2		UeT14	UeT14 ΔbE1	UeT14 ΔbW1	UeT14 ΔbE1 ΔbW1
UeMT10 Δmfa3.1	+++	+++	+	+	UeMT10 ΔbE3 ΔbW3	++	++	++	++
UeMT10 Δmfa3.2	+	+	−	+	UeMT10 ΔbE3	+++	++	+++	++
UeMT10 Δpra3	+	+	+	−	UeMT10 ΔbW3	+++	+++	++	++
UeMT10	+++	+	+++	+	UeMT10	+++	+++	+++	++

	UeT14	UeT14 Δmfa1.2	UeT14 Δmfa1.3	UeT14 Δpra1		UeT55	UeT55 ΔbE2	UeT55 ΔbW2	UeT55 ΔbE2 ΔbW2
UeMT10 Δmfa3.1	+	+	−	+	UeMT10 ΔbE3 ΔbW3	++	++	++	++
UeMT10 Δmfa3.2	+++	+++	+	+	UeMT10 ΔbE3	+++	++	+++	++
UeMT10 Δpra3	+	+	+	−	UeMT10 ΔbW3	+++	+++	++	++
UeMT10	+++	+++	+	+	UeMT10	+++	+++	+++	++

图 5-7 菰黑粉菌的 *a* / *b* 基因的功能分析

注：对野生型菌株进行交配试验，并在交配后 3 d 记录 *a* 和 *b* 基因突变体，并记录典型形态特征。A. 典型菌落（上）和细胞（下）结构的形态。"−"表示出芽的生长细胞，形成光滑的菌落。"+"表示接合管仅在含有信息素受体的细胞中形成，具有光滑的菌落表面。"++"表示细胞内形成接合管并发生细胞融合，但未出现绒毛状菌落。"+++"表示细胞融合和菌丝生长正常，出现白色绒毛状菌落。第一行标尺 =1 000 μm，第二行标尺 =20 μm。B. 在没有交配菌株的情况下分析的交配结果。表格中的所有符号均标有 A 中的典型特征。"−"、未检测到接合管；"+"，接合管的可见形成；"++"，可见接合管形成和细胞融合，但无白色绒毛；"+++"，白色模糊的外观。C. 与 UeT14–EGFP 和 UeT55 Δ*pra2*（上）或 UeT14–EGFP 和 UeT55 Δ*mfa2.1*（下）交配后的细胞结构形态。标尺 =20 μm。

bE1 基因及其启动子和终止子的质粒，并将其线性化，分别导入 WT 菌株 UeT55 和突变株 UeT55ΔbW2 中，生成菌株 UeTSP 和 UeTSP2。通过 PCR 和 Southern blot 已证实获得目的菌株（数据未显示）。菌落的显著差异在于 UeTSP 具有绒毛状的外观，但 UeTSP2 具有光滑的表面。显微镜显示 UeTSP 中有典型的带隔膜的分支菌丝，但 UeTSP2 中只有长的接合管生长（图 5-8A）。这证实了无论交配情况如何，bE/bW 异二聚体的异位表达对于诱导菌丝生长是必要的。这也表明，只有 1 对信息素 - 信息素受体足以诱导接合管的形成，但不足以诱导菌丝的生长。

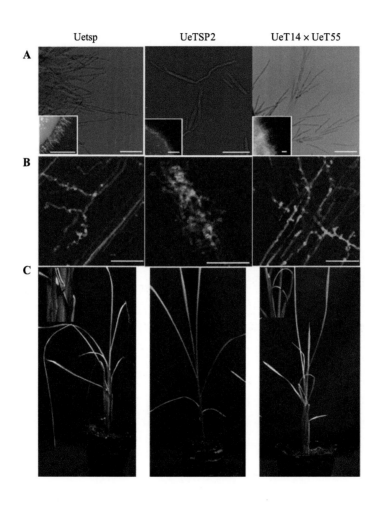

图 5-8　菰黑粉菌的 *b* 基因对于菌丝伸长和致病性至关重要

注：构建的质粒 p932::mfa1.2::bE1 转化菌株 UeT55 和 UeT55ΔbW2，生成菌株 UeTSP 和 UeTSP2，用自身的启动子表达 *mfa1.2* 和 *bE1*。观察并比较固体培养基培养的细胞和菌落、侵染细胞和侵染植物的形态。野生型菌株（UeT14 和 UeT55）的组合被设置为阳性对照。A. 培养 3 天后在光学显微镜下观察到指定菌株的典型细胞形态。标尺 = 20μm。它们相应的菌落显示在左角。标尺 =1 000μm。B. 叶鞘细胞感染状态观察。在接种后 3d 收集样品，用小麦胚芽凝集素 -Alexa Fluor 488 染色，并通过激光扫描共聚焦显微镜进行分析。标尺 =50μm。C. 代表性植物的疾病表型为 12dpi。

我们还进行了接种试验。用水接种不会诱发任何症状，接种 WT 菌株（与 UeT14 和 UeT55 混合）会导致感染性菌丝生长并诱发病害，新叶卷曲和发黄（图 5-8）。因此，用水和 WT 菌株接种分别作为阴性和阳性对照。当 UeTSP 侵染幼苗 3d 时，侵染性菌丝形成并生长，并在 7d 内扩散到整个叶鞘和茎尖（图 5-8B），导致组织褐变甚至幼苗死亡，与阳性对照相似（图 5-8C）。然而，接种 UeTSP2 后，所有幼苗都显示出与阴性对照相似的正常生长（图 5-8C），并且具有接合管的细胞仅生长在叶鞘的表皮上（图 5-8B）。说明 *b* 基因调控菌丝生长，是菰黑粉菌致病性的重要基因。

5.4　讨论

在整个担子菌类真菌的有性生殖调节过程中，交配型基因发生了惊人的结构和组织保守性（Raudaskoski and Kothe, 2010）。一种是玉米瘤黑粉菌和玉米丝黑穗病菌等物种的四极系统，由 2 个不相连的 *a* 和 *b* 交配位点组成，它们在减数分裂期间独立分离，并在后代中产生 4 种可能的不同交配类型（Bakkeren et al., 2008）。四极物种表现出 3 种交配条件：当 2 个基因位点具有不同的特异性时，相容的相互作用；当交配具有相同等位基因特异性的菌株时，会发生不相容的相互作用；以及当 2 个交配菌株在任一交配位点上存在差异时，会发生半相容相互作用（Raudaskoski and Kothe, 2010）。另一种交配系统是双极系统，在大麦坚黑粉菌和新型隐球菌（*Cryptococcus neoformans*）等物种中存在，由连接的 *a* 和 *b* 交配位点组成，它们位于同一染色体上，处于重组抑制区，以确保遗传连锁（Hsueh and Heitman, 2008）。两极物种产生的后代只有 2 种交配类型，导致只有相容或不相容的相互作用（Raudaskoski and Kothe, 2010）。此外，细胞识别和融合受 *a* 交配型位点的调节，只有在融合后，*b* 交配型位点才调节丝状生长和致病机制所需基因的表达（Kronstad and Staben, 1997）。交配位点有 2 个或 3 个等位基因，其中只有一个系统具有一个信息素受体（*pra*）和一个或两个功能性信息素基因（*mfa*）。在所有报道的物种中，*b* 交配位点都有多个等位基因，例如，在玉米瘤黑粉菌中至少有 25 个等位突变。

与其他报道的黑粉菌类似，菰黑粉菌的生命周期也涉及单倍体、双核和二倍体阶段之间的细胞类型转换（Bakkeren et al., 2008; Kronstad and Staben, 1997）。菰黑粉菌的交配是从出芽（单倍体细胞）到丝状生长（双核）的二形态转变（Zhang et al., 2017）。本研究对交配型位点及相关交配基因进行了研究。最初，我们克隆了 3 个交配型等位基因，每个等位基因有 2 个功能性信息素基因（*mfa*）和 1 个信息素受体（*pra*）。结果表明，*a* 基因位点控制着接合的形成，即交配的初始步骤（图 5-7）。在交配试验中，我们发现 mfa1.2 和 mfa3.2 对 pra2 具有特异性识别；mfa2.1 和 mfa3.1 被 pra1 特异识别；mfa1.3 和 mfa2.3 都编码激活 pra3 的信息素（图 5-7），这与之前对玉米丝黑穗病菌的研究结果一致（Schirawski et al., 2005）。与所研究的黑穗病物种类似（Martinez-Espinoza et al., 1993,

1997; Schirawski et al., 2005; Spellig et al., 1994），菰黑粉菌中有 2 个以上的 *b* 等位基因，编码 2 种不相关的 HD 转录因子 bE（HD1）和 bW（HD2）（图 5-2），负责丝状双核体的生长和侵染（图 5-7、图 5-8）。只有当 bE 和 bW 蛋白来源于不同的等位基因时，才会形成异源二聚体复合物，以在 2 个相容菌株交配后诱导菌丝形成和伸长（图 5-7）。有趣的是，我们在 100 多个单倍体细胞中只鉴定了 3 种交配类型（a1b1、a2b2 和 a3b3），这意味着菰黑粉菌可能是一个两极物种。然而，还需要进一步的基因组学研究，因为没有证据表明 *a* 和 *b* 位点在同一条染色体上。此外，研究表明，具有功能性 *b* 位点异源二聚体的菌株能够在不交配的情况下诱导玉米丝黑穗病菌（Schirawski et al., 2005）、大麦坚黑粉菌（Bakkeren and Kronstad, 1993）和甘蔗鞭黑粉菌（Yan et al., 2016）中的丝状生长，但不致病。我们证明，当只存在 1 对信息素 - 信息素受体时，活性 *b* 位点异源二聚体触发菌丝生长和侵染（图 5-7、图 5-8）。从中国的正常茭和灰茭中分离出 2 种不同类型的菰黑粉菌（MT 型和 T 型）（Yang and Leu, 1978；You et al., 2011；Zhang et al., 2017）。在中国，只有正常茭是一种美味佳肴和传统中药。然而，正常茭的表型并不稳定，因为在栽培过程中总是会出现灰色和正常茭这两种茭白。农民需要在每个种植季节不断选择菰黑粉菌 - 菰相互作用茭白，以保留所需的品种特征。人们认为，人工选择的压力比来自自然界的选择压力更大（Ye et al., 2017）。有趣的是，在 60 个栽培茭白品种（包括灰茭和正常茭）样本中，测定了菰黑粉菌的交配基因型，其中 *a3* 和 *b3* 位点仅在正常茭中发现（数据未显示），与先前的报道一致（Zhang et al., 2017）。尽管 *a* 和 *b* 交配型位点在交配过程和致病性方面与其他报道的真菌具有相似的功能（Bakkeren et al., 2008），但所有这些特征都可能导致菰黑粉菌具有特殊的结构特征。

首先，菰黑粉菌和玉米丝黑穗病菌的 *a* 位点具有相似的功能和结构，基因的含量、顺序和位置都比较保守（图 5-2），但有 2 个显著的特征。一个是 *a3* 位点，它被分成 2 个片段，在菰黑粉菌中延伸超过 22kb，一个转座子位于 *panC* 两侧，一个约 14kb 的片段插入 *pra3* 附近（图 5-2）。遗憾的是，无论是 PCR 还是第三代基因组测序，我们没有得到完整的 *a3* 位点。另一个是 *mfa1.3* 和 *mfa2.3* 序列差异。经 pra1 识别的 mfa3.1 和 mfa2.1 具有 97.5% 的高同源性；经 pra2 识别的 mfa1.2 和 mfa3.2 的同源性为 89.7%。而被 pra3 识别的信息素前体 mfa1.3 和 mfa2.3 的同源性仅为 75.6%，主要变化发生在 mfa2.3 的 N 端（图 5-3A）。已报道的黑粉菌中的信息素前体均通过 C 末端半胱氨酸残基的异戊二烯化和羧甲基化以及 N 末端的大部分裂解进行翻译后修饰，从而产生 9~14 个氨基酸的成熟肽（Schirawski et al., 2005）。在玉米瘤黑粉菌中，有证据表明有 3 种不同的 *a* 等位基因，但其中一种在进化过程中消失了，其余 a1 和 a2 基因位点中的相关信息素前体基因要么丢失，要么积累突变，使它们失去功能（Schirawski et al., 2005）。转座子在基因重排和突变中起作用，以及驱动物种进化（Stukenbrock, 2013; Xue et al., 2012）。是基因丢失而不是基因获得导致适应性进化（Sharma et al., 2014）。考虑到农民选择的正常茭是无性繁殖的，其中 MT 型菌株在宿主中完成其整个生命周期存在缺陷，并且总是以菌丝的形式侵染和越冬（Jose et al., 2016；Zhang et al., 2012），我们得出结论，MT 型菌株在近 2 000 年的宿主内源性生命中放弃了交配。这可能是 *a3* 位点结构变异的原因，而 *a3* 位点只存在于 MT 型菌株中。这也可能导致 pra3 识别的 mfa2.3 的氨基酸序列发生变化。

同时，我们从 60 个不同栽培品种的茭白样品中克隆并鉴定了 3 种不同的菰黑粉菌 *b* 等位基因。所有 3 个等位基因在 *b* 基因顺序、方向和 bW 内含子的位置方面均与已报道的黑粉菌的 *b* 位点一致。然而，在菰黑粉菌中，*bE1* 和 *bE2* 中没有内含子序列，*bE3* 的内含子位置被转移到 N 端，这与报道的黑粉菌中在 bE 的 C 端一致的内含子位置不同（Bakkeren et al., 2008）。先前的研究发现，该转座子仅出现在玉米丝黑穗病菌中，位于 *bE* 基因 *b1* 和 *b2* 等位基因的下游（Bakkeren et al., 2008）。在这项研究中，我们还发现了 1 个转座子插入到 *b1*、*b2* 或 *b3* 等位基因中，但位于 *bW* 基因的下游（图 5-2）。在玉米丝黑穗病菌中，有 5 个 *b* 等位基因，其中 *b1* 和 *b2* 仅在法国和德国的分离株中发现，其他 3 个 *b* 等位基因存在于中国、美国和南非的分离株。据推测，欧洲菌株中唯一的转座子可能是最近获得的（Martinez et al., 1999; Schirawski et al., 2005）。我们需要更多来自不同国家的分离株来确定 *b* 等位基因的数量和 *b* 位点的序列多样性。这也有助于确定菰黑粉菌的扩散。同时，我们发现 bW3 与 bW1 或 bW2 的同源性（75.6% 或 74.8%）最低，bE3 与 bE1 或 bE2 的同源性（64.3% 或 57.3%）最低。因此，我们假设 *b3* 位点（仅克隆自 MT 型菌株）比 *b1* 和 *b2* 位点更具进化独立性。

综上所述，我们已经成功鉴定出了菰黑粉菌的交配型位点，并证实了它们在交配和致病中的作用。鉴于所有样本均来自中国，因此交配型位点的序列结构一致性和等位基因数量的结论尚需进一步研究才能确认。此外，我们发现，当 2 个相容菌株与含有 *a3* 位点的菌株交配时，交配和侵染过程会减慢。表达模式分析结果显示，与 a1 和 a2 菌株（UeT14 和 UeT55）相比，a1 和 a3 菌株（UeT14 和 UeMT10）或 a2 和 a3 菌株（UeT55 和 UeMT0）交配会发生延迟（图 5-5）。如上所述，*a3* 基因位点可能导致交配和感染的效率较低。对于 *a3* 位点，只在生活稳定的正常茭菌株中发现，很可能没有交配和原发侵染。pra3 识别的 mfa1.3 和 mfa2.3 氨基酸序列差异较大，可能导致信息素信号传递途径的延迟或效果降低，这与交配和侵染密切相关。然而，确定这是否与 *a3* 的特殊结构有关，还需要进一步研究。此外，目前还不清楚交配型基因是如何触发这些重要的发育过程的，特别是在正常茭和灰茭的形成过程中，这将是我们未来研究的重点。

参考文献

BAKKEREN G, KÄMPER J, SCHIRAWSKI J, 2008. Sex in smut fungi: Structure, function and evolution of mating-type complexes[J]. Fungal Genetics and Biology, 45(S1): S15–S21.

BAKKEREN G, KAMPER J, SCHIRAWSKI J E A, 1993. Conservation of the b mating-type gene complex among bipolar and tetrapolar smut fungi[J]. The Plant Cell, 5(1): 123–136.

BORTFELD M, AUFFARTH K, KAHMANN R, et al., 2004. The *Ustilago maydis* a2 *Mating-Type Locus Genes lga2* and *rga2 Compromise Pathogenicity in the Absence of the Mitochondrial p32 Family Protein Mrb1*[J]. The Plant Cell. 16: 2233-2248.

BÖLKER M, URBAN M, KAHMANN R, 1992. The a mating type locus of *U. maydis* specifies cell signaling components[J]. Cell, 68(3): 441–450.

CASSELTON L A, 2002. Mate recognition in fungi[J]. Heredity, 88(2): 142.

CHAN Y S, THROWER L B, 2010. The host-parasite relationship between *Zizania caduciflora Turcz.* and *Ustilago esculenta* P . Henn.Ⅳ . growth substances in the host-parasite combination[J]. New Phytologist, 85(2): 217–224.

EVELYN V, KERSTIN S, SEBASTIAN B, et al., 2015. Fungal development of the plant pathogen *Ustilago maydis*[J]. Fems Microbiology Reviews (1):59–77.

FEDLER M, LUH K-S, STELTER K, et al., 2009. The a2 mating-type locus genes *lga2* and *rga2* direct uniparental mitochondrial DNA (mtDNA) inheritance and constrain mtDNA recombination during sexual development of *Ustilago maydis*[J]. Genetics, 181(3): 847–860.

GARCÍA-MUSE T, STEINBERY G, PÉREZ-MARTÍN J, 2003. Pheromone-induced *G2* arrest in the phyto-pathogenic fungus Ustilago maydis[J]. Eukaryotic cell, 2(3): 494–500.

GILLISSEN B, BERGEMANN J, SANDMANN C, et al., 1992. A two-component regulatory system for self/non-self recognition in *Ustilago maydis*[J]. Cell, 68(4): 647–657.

GUNTHER DOEHLEMANN G, Wahl R, Vranes M, et al., 2008. Establishment of compatibility in the *Ustilago maydis*/maize pathosystem[J]. Journal of Plant Physiology, 165(1): 29–40.

GUO H B, LI S M, PENG J, et al., 2007. *Zizania latifolia* Turcz. cultivated in China[J]. Genetic Resources & Crop Evolution, 54(6): 1211–1217.

HEIMEL K, SCHERER M, VRANES M, et al., 2010. The transcription factor *Rbf1* is the master regulator for b-mating type controlled pathogenic development in *Ustilago maydis*[J]. Plos Pathogens, 6(8): e1001035.

HSUEH Y-P, HEITMAN J, 2008. Orchestration of sexual reproduction and virulence by the fungal mating-type locus[J]. Current Opinion in Microbiology, 11(6): 517–524.

JOSE R C, GOYARI S, LOUIS B, et al., 2016. Investigation on the biotrophic interaction of *Ustilago esculenta* on *Zizania latifolia* found in the Indo-Burma biodiversity hotspot[J]. Microbial Pathogenesis, 98: 6–15.

KAMPER J, REICHMANN M, ROMEIS T, et al., 1995. Multiallelic recognition: nonself-dependent dimerization of the *bE* and *bW* homeodomain proteins in *Ustilago maydis*[J]. Cell, 81(1): 73–83.

KELLNER R, VOLLMEISTER E, FELDBRÜGGE M, et al., 2011. Interspecific sex in grass smuts and the genetic diversity of their pheromone-receptor system[J]. PLoS Genetics, 7(12): e1002436.

KRONSTAD J W, LEONG S A, 1990. The b mating-type locus of *Ustilago maydis* contains variable and constant regions[J]. Genes Dev, 4(8): 1384–1395.

LIVAK K J, SCHMITTGEN T D, 2001. Analysis of relative gene expression data using real-time quantitative PCR and the 2(-Delta Delta C(T)) Method[J]. Methods (San Diego, Calif), 25(4): 402–408.

LU J, CAO H, ZHANG L, et al., 2014. Systematic Analysis of *Zn2Cys6* Transcription factors required for development and pathogenicity by high-throughput gene knockout in the rice blast fungus[J]. Plos Pathogens, 10(10): e1004432.

MARTINEZ C, ROUX C, DARGENT R, 1999. Biotrophic development of *Sporisorium reilianum f. sp. zeae* in vegetative shoot apex of maize[J]. Phytopathology, 89(3): 247–253.

MARTINEZ-ESPINOZA A D, GERHARDT S A, SHERWOOD J E, 1993. Morphological and mutational analysis of mating in *Ustilago hordei*[J]. Experimental Mycology, 17(3): 200–214.

MARTINEZ-ESPINOZA A D, LE N C, ELIZARRARAZ G, et al., 1997. Monomorphic Nonpathogenic Mutants of *Ustilago maydis*[J]. Phytopathology, 87(3): 259–265.

PIEPENBRING M, STOLL M, OBERWINKLER F, 2002. The generic position of *Ustilago maydis, Ustilago scitaminea*, and *Ustilago esculenta* (*Ustilaginales*)[J]. Mycological Progress, 1(1): 71–80.

PUHALLA J E, 1968. Compatibility reactions on solid medium and interstrain inhibition in *Ustilago maydis*[J]. Genetics, 60: 461–474.

QUE Y, XU L, WU Q, et al., 2014. Genome sequencing of *Sporisorium scitamineum* provides insights into the pathogenic mechanisms of sugarcane smut[J]. BMC Genomics, 15(1): 996.

RAUDASKOSKI M, KOTHE E, 2010. *Basidiomycete* mating type genes and pheromone signaling[J]. Eukaryotic cell, 9(6): 847.

SCHERER M, STARKE V, HEIMEL K, et al. 2006. The Clp1 protein is required for clamp formation and pathogenic development of *Ustilago maydis*[J]. The Plant Cell, 18(9): 2388–2401.

SCHIRAWSKI J, HEINZE B, WAGENKNECHT M, et al., 2005. Mating Type Loci of *Sporisorium reilianum*: Novel Pattern with Three a and Multiple b Specificities[J]. Eukaryotic cell, 4(8): 1317–1327.

SCHULZ B, BANUETT F, DAHL M, et al., 1990. The b alleles of *U. maydis*, whose combinations program pathogenic development, code for polypeptides containing a homeodomain-related motif[J]. Cell, 60(2): 295–306.

SHARMA R, MISHRA B, RUNGE F, et al., 2014. Gene loss rather than gene gain is associated with a host jump from monocots to dicots in the smut fungus *Melanopsichium pennsylvanicum*[J]. Genome Biology and Evolution, 6: 2034–2049.

SPELLIG T, BÖLKER M, LOTTSPEICH F, et al., 1994. Pheromones trigger filamentous growth in *Ustilago maydis*[J]. Embo Journal, 13(7): 1620–1627.

STUKENBROCK E H, 2013. Evolution, selection and isolation: a genomic view of speciation in fungal plant pathogens[J]. New Phytologist, 199: 895–907.

TERFRÜCHTE M, JOEHNK B, FAJARDO-SOMERA R, et al., 2014. Establishing a versatile Golden Gate cloning system for genetic engineering in fungi[J]. Fungal Genetics & Biology, 62: 1–10.

TERRELL E E, BATRA L R, 1982. Zizania latifolia and Ustilago esculenta, a grass-fungus association[J]. Economic Botany, 36(3): 274–85.

URBAN M, KAHMANN R, BOLKER M, 1996a. The biallelic a mating type locus of *Ustilagomaydis*: remnants of an additional pheromone gene indicate evolution from a multiallelicancestor[J]. Molecular Genetics and Genomics, 250: 414–420.

URBAN M, KAHMANN R, BOLKER M, 1996b. Identification of the pheromone response element in *Ustilago maydis*[J]. Molecular & General Genetics Mgg, 251(1): 31–37.

XU X W, KE W D, YU X P, et al., 2008. A preliminary study on population genetic structure and phylogeography of the wild and cultivated *Zizania latifolia* (Poaceae) based on Adh1a sequences[J]. Theoretical Applied Genetics, 116: 835–843.

XUE M F, YANG J, Li Z G, et al., 2012. Comparative Analysis of the Genomes of Two Field Isolates of the Rice Blast Fungus *Magnaporthe oryzae*[J]. PLoS Genetics, 8(8): e1002869.

YANG H C, 1978. Formation and histopathology of galls induced by *Ustilage esculenta* in *Zizania latifolia*[J]. Phytopathology, 68(11): 1572–1576.

YE Z H, PAN Y, ZHANG Y F, et al., 2017. Comparative whole-genome analysis reveals artificial selection effects on *Ustilago esculenta* genome[J]. DNA Research, 24: 635–648.

YOU W, LIU Q, ZOU K, et al., 2011. Morphological and molecular differences in two strains of *Ustilago esculenta*[J]. Current Microbiology, 62(1): 44–54.

YU J J, ZHANG Y F, CUI H F, et al., 2015. An efficient genetic manipulation protocol for *Ustilago esculenta*[J]. Fems Microbiology Letters, 362, 7.

ZHANG J Z, CHU F Q, GUO D P, et al., 2012. Cytology and ultrastructure of interactions between *Ustilago esculenta* and *Zizania latifolia*[J]. Mycological Progress, 11(2): 499–508.

ZHANG J Z, CHU F Q, GUO D P, et al., 2014. The vacuoles containing multivesicular bodies: a new observation in interaction between *Ustilago esculenta* and *Zizania latifolia*[J]. European Journal of Plant Pathology, 138(1): 79–91.

ZHANG Y, CAO Q, HU P, et al., 2017. Investigation on the differentiation of two *Ustilago esculenta* strains -

implications of a relationship with the host phenotypes appearing in the fields[J]. BMC Microbiology, 17(1): 228.

ZHANG Y, GE Q, CAO Q, et al., 2018. Cloning and characterization of two MAPK genes *UeKpp2* and *UeKpp6* in *Ustilago esculenta*[J]. Current Microbiology, 75: 1016–1024.

ZHANG Y, YIN Y, HU P, et al., 2019. Mating-type loci of *Ustilago esculenta* are essential for mating and development[J]. Fungal Genetics and Biology, 125: 60–70.

6

两种菰黑粉菌菌丝交配时期转录组的比较

王书卿，高丽丹，殷淯梅，张雅芬，汤近天，崔海峰，李士玉，张中进，俞晓平，

叶子弘，夏文强

（中国计量大学生命科学学院）

摘要

菰黑粉菌（*Ustilago esculenta*）是一种类似黑粉病的真菌，它专性侵染中国菰，并刺激其组织局部肿胀膨大。与 T 型菌株不同，MT 型菰黑粉菌只能在植物组织内增殖。冬孢子的产生、单倍体生活和植物角质层的穿透对它来说并不重要，这可能会导致这些过程相关基因的退化。在这里，我们研究了 T 型和 MT 型菰黑粉菌交配过程中转录组的变化。敲除突变体进一步证实了几种分泌蛋白的功能。研究结果表明，MT 型菰黑粉菌可以像 T 型菰黑粉菌一样在交配和环境感知中接收环境信号。然而，MT 型菰黑粉菌需要更长的时间才能形成结合管和细胞质融合。大量编码分泌蛋白的基因在紫色共表达模块中富集，它们在 T 型菰黑粉菌交配后期显著上调，这表明它们与侵染有着密切的联系。敲除 *g6161*（木聚糖酶基因）导致症状减轻，而敲除 *g943* 或 *g4344*（功能不明）在早期完全阻断了侵染。本研究对交配过程中的 T 型和 MT 型菰黑粉菌进行了全面的比较，并确定了 2 种候选效应因子以供进一步研究。

6.1 前言

菰黑粉菌（*Ustilago esculenta*）是一种类似生物营养型黑粉病真菌，能够侵染中国菰，并刺激其茎间组织局部膨大（Jose et al., 2016; Li et al., 2021）。侵染晚期，在膨大的部位

会产生大量的冬孢子（Zhang et al., 2011）。在印度，中国菰生长在沼泽和湿地中，它受菰黑粉菌侵染而膨大的部位带有菌丝体和冬孢子，是一种当地称为"kambong"的可食用蔬菜（Yang et al., 1978）。在过去的 3 000 年里，中国人一直在种植未受侵染的中国菰，其种子被作为谷物食用（Yan et al., 2018；Guo et al., 2007）。在 2 000 多年前，人们发现了受菰黑粉菌侵染的植株，其膨大部位没有冬孢子，将它们进一步培养至如今——它们不会形成黑粉瘿（灰菱），而是会形成白色多汁的膨大茎，称为"茭白"。

中国在种植受侵染的中国菰的过程中，在田间发现了两种植株，分别形成白色冬孢子和黑色冬孢子，后一种不能食用。诱导"茭白"形成的菰黑粉菌被命名为 MT 型菰黑粉菌。只有少数的孢子是在侵染的后期由 MT 型菰黑粉菌产生的。芽殖和交配后产生的寄生菌丝体会诱导植物的防御反应，因而不能成功侵染宿主植物（Zhang et al., 2017；Wang et al., 2020）。使膨大部位产生黑色孢子的菰黑粉菌被命名为 T 型菰黑粉菌（Wang et al., 2020）。基因组比较显示，T 型和 MT 型菰黑粉菌之间存在巨大差异，MT 型菰黑粉菌不同菌株之间的遗传多样性极低（Ye et al., 2017）。这意味着 MT 型菰黑粉菌是一个单系种群，由单一事件产生，并且在 T 型和 MT 型之间没有基因交换的情况下单独进化。

T 型菰黑粉菌和其他黑粉菌一样，有着共同的生命周期。它由寄生双核期和腐生单倍体期组成。两种兼容的单倍体交配产生了可以穿透宿主植物角质层的双核寄生菌丝体（Zou et al., 2022）。它在幼苗期侵染宿主植物，此时没有形成明显症状（Linde et al., 2021）。在感染的后期，T 型菰黑粉菌进行核配，并产生深色的冬孢子。冬孢子使真菌能够在恶劣的环境中生存，在适当的条件下发芽，并在减数分裂后产生单倍体。

然而，对于 MT 型菌株而言，菌丝无法穿透植物角质层会导致长期无性繁殖，其生命周期存在缺陷（Zhang et al., 2017）。交配后不能侵染宿主植物意味着 MT 型形成的孢子是不可再生的。寄主植物中的 MT 型菰黑粉菌只能通过其菌丝体繁殖，它通过茭白的茎越冬，并通过在植物组织内延伸侵染宿主植物的后代（Terrell et al., 1982），它的增殖严格取决于寄主植物的后代，遗传学研究进一步表明，与未被侵染的中国菰相比，茭白的免疫受体库要小得多（Guo et al., 2015；Zhang et al., 2017）。茭白和 MT 型菰黑粉菌之间互惠互利，MT 型菰黑粉菌可能在没有人类种植的情况下灭绝。MT 型菰黑粉菌提供了一个从寄生转化为互惠共生体的极好例子。

生物学研究表明，T 型和 MT 型菰黑粉菌都能形成孢子，产生单倍体，维持腐生生活并交配。然而，MT 型菰黑粉菌在这些过程中表现出部分缺陷。T 型菰黑粉菌在膨大部位形成的初始阶段开始产生孢子，而 MT 型菰黑粉菌仅在晚期产生孢子（Yang et al., 1978）。T 型菰黑粉菌孢子可以在培养几个小时内产生，但 MT 型菰黑粉菌孢子的产生需要更多的时间，孢子产率显著较低（Zhang et al., 2017）。MT 型单倍体失去了部分外部信号传感能力，如 pH 和氧化应激（Ye et al., 2017）。MT 型单倍体可以在寄主植物表面融合交配，但没有观察到成功侵染的案例。MT 型菌丝体不能穿透宿主植物的角质层，并在接种后几天被清除。最重要的是，T 型和 MT 型菰黑粉菌在生物学特征上有很大的差异。MT 型菰黑粉菌的缺陷主要是因为这些过程对于 MT 型菰黑粉菌的无性繁殖不是必需的。在长达 2 000 年的种植过程中，与这些过程有关的基因中积累了大量突变，导致这些基因退化。现在，很难区分哪种突变是第一个触发 T 型和 MT 型分化的突变。

从腐生单倍体到寄生双核菌丝体的二态性转化对于菰黑粉菌和其他黑粉病真菌的定殖至关重要 (Bakkeren et al.,1994；Liang et al., 2019；Zhang et al., 2019)。它由交配基因 *a* 和 *b* 调节。来自信息素和信息素受体系统的信号通过 MAPK 和 cAMP-PKA 信号通路放大，然后调节下游基因。在这个过程中，超过整个基因组 1/4 的基因参与其中，包括与细胞周期、DNA 复制、翻译和蛋白质折叠有关的基因（Doehlemann et al., 2008）。此外，还需要由菰黑粉菌分泌的效应因子进一步穿透植物细胞壁并下调植物防御反应。本研究比较了 T 型和 MT 型菰黑粉菌的二型态转化过程，通过不同时间点转录组分析为菰黑粉菌的生长和致病性提供了深刻的见解。在此，我们重点研究了与蛋白质折叠和修饰、碳水化合物代谢和分泌效应因子相关的基因。

6.2　材料和方法

6.2.1　菌株、生长条件和样品的收集

大肠杆菌 DH5α 菌株用于克隆。从正常茭白的孢子中分离出 MT 型菰黑粉菌菌株 UeMT10 和 UeMT46 的兼容单倍体。T 型菌株 UeT14 和 UeT55 的兼容单倍体是从灰茭萌发的孢子中分离出来的。表 6–1 中列出了来自 UeT14 和 UeT55 的衍生菌株。

菰黑粉菌的单倍体在 YEPS 液体培养基（酵母提取物 10g/L、蛋白胨 20g/L、蔗糖 20g/L）中于 28℃下在 200r/min 的摇床上培养。为了评估相容菌株交配和形成双核菌丝体的能力，将野生型菌株或突变体在 YEPS 液体培养基中培养至 OD_{600} 约为 2，通过 $2\ 000 \times g$ 离心 10min 收获菌株，并将其在水中重悬至 OD_{600} 为 1。将相容的单倍体以 1∶1 的比例混合，然后将 $2\mu L$ 的混合物点在 YEPS 固体培养基上。将平板在 28℃下培养 60h。在显微镜下每 12h 监测 1 次交配过程。再次悬浮和混合后，通过离心收集悬浮液中的单倍体，这被视为培养后 0h。在 24h、36h、48h 和 60h 后收集平板上的单倍体和菌丝体。将样品立即冷冻在液氮中，并在 –80℃下储存，直到提取 RNA。

表 6-1　文章中所用菌株

菌株名称	简要描述	抗性
UeT14	野生型菌株 UeT14	无
UeT55	野生型菌株 UeT55	无
UeMT46	野生型菌株 UeMT46	无
UeMT10	野生型菌株 UeMT10	无
UeT14 Δ $Ueg943$	敲除 $g943$ 基因的 UeT14	潮霉素
UeT55 Δ $Ueg943$	敲除 $g943$ 基因的 UeT55	潮霉素
UeT14 Δ $Ueg4344$	敲除 $g4344$ 基因的 UeT14	潮霉素
UeT55 Δ $Ueg4344$	敲除 $g4344$ 基因的 UeT55	潮霉素
UeT14 Δ $Ueg1072$	敲除 $g1072$ 基因的 UeT14	潮霉素
UeT55 Δ $Ueg1072$	敲除 $g1072$ 基因的 UeT55	潮霉素
UeT14 Δ $Ueg4195$	敲除 $g4195$ 基因的 UeT14	潮霉素
UeT55 Δ $Ueg4195$	敲除 $g4195$ 基因的 UeT55	潮霉素
UeT14 Δ $Ueg4740$	敲除 $g4740$ 基因的 UeT14	潮霉素
UeT55 Δ $Ueg4740$	敲除 $g4740$ 基因的 UeT55	潮霉素
UeT14 Δ $Ueg5676$	敲除 $g5676$ 基因的 UeT14	潮霉素
UeT5 Δ $Ueg5676$	敲除 $g5676$ 基因的 UeT55	潮霉素
UeT14 Δ $Ueg6161$	敲除 $g6161$ 基因的 UeT14	潮霉素
UeT55 Δ $Ueg6161$	敲除 $g6161$ 基因的 UeT55	潮霉素
WT	UeT14 和 UeT55 的交配菌株	
$\Delta g943$	UeT14 $\Delta g943$ 和 UeT55 $\Delta g943$ 的交配菌株	潮霉素
$\Delta g4344$	UeT14 $\Delta g4344$ 和 UeT55 $\Delta g4344$ 的交配菌株	潮霉素
$\Delta g1072$	UeT14 $\Delta g1072$ 和 UeT55 $\Delta g1072$ 的交配菌株	潮霉素
$\Delta g4195$	UeT14 $\Delta g4195$ 和 UeT55 $\Delta g4195$ 的交配菌株	潮霉素
$\Delta g4740$	UeT14 $\Delta g4740$ 和 UeT55 $\Delta g4740$ 的交配菌株	潮霉素
$\Delta g5676$	UeT14 $\Delta g5676$ 和 UeT55 $\Delta g5676$ 的交配菌株	潮霉素
$\Delta g6161$	UeT14 $\Delta g6161$ 和 UeT55 $\Delta g6161$ 的交配菌株	潮霉素

6.2.2 RNA 分离、DNA 序列文库制备和测序

将菌株在液氮中研磨成细粉末。使用 TRIzol 试剂（Invitrogen，美国）提取总 RNA。使用 Qubit 荧光计上的 Qubit RNA 检测试剂盒（Life Technologies，中国）测量 RNA 浓度。使用生物分析仪（安捷伦科技公司，美国）上的 RNA Nano 6000 检测试剂盒评估 RNA 质量。

每个样品取 1 μg RNA 的等分试样品用于 DNA 文库制备。根据制造商的建议，使用 Illumina 的 NEBNext Ultra RNA 文库制备试剂盒（新英格兰生物实验室，中国）生成 mRNA 测序文库。简而言之，DNA 首先基于 poly T 进行纯化，并片段化为约 500bp。使用随机六聚体引物合成 cDNA，并将其转化为钝端。然后，连接具有发夹环结构的 NEB Next adapter（新英格兰生物实验室，中国），然后进行 PCR 反应。最后，两侧都有衔接子的纯化 PCR 产物可以进行测序。在 Illumina Hiseq 平台上进行测序，产生了超过 5 000

万个 150bp 双端测序片段（pair-end reads）。

6.2.3　差异基因表达的读取映射、标准化和统计分析

在质量评估之后，通过去除含有测序 adapter（接头）、poly A 或 poly T 的读数以及低质量读数（low-quality reads），获得质控过的数据。计算清洁数据（clean data）的错误率、Q20、Q30 和 GC 含量。然后通过 hisat2（v2.2.0）使用默认参数将质控过的数据映射到先前菰黑粉菌的参考基因组序列上。HTSeq（v0.9.1）用于计算映射到每个基因的读取数。计算每千碱基 / 百万片段（fragments per kilobase per million, FPKM），以估计基因表达水平（Bai et al., 2021）。使用 DESeq R 软件包（v4.0.0）鉴定差异表达基因。使用 Benjamini 和 Hochberg 的方法校正所得 P 值，以控制错误发现率。调整后 $P < 0.05$ 且 abs ［ $\log_2$（处理 / 对照）］ $\geqslant 1$ 的基因被认为是差异表达。

6.2.4　共表达分析

通过加权相关网络分析（WGCNA）评估基因表达之间的关系，共分析了 6 289 个基因 (Langfelder et al., 2008)。以 $\log_2$ 变换的 FPKM 作为网络分析的输入数据。WGCNA R 包（v1.51）用于创建 Pearson 相关矩阵网络。为了确定合适数量的簇，使用品质因数分析并选择对基因进行聚类。单个模块和基因集的平均连锁分层聚类使用聚类软件（v3.0）进行。采用折线图显示 MT 型和 T 型菌株的基因表达趋势。

6.2.5　GO 术语富集分析

基因本体（GO）术语的注释是使用 Blast2GO（v5.2.5）进行的。GO 富集分析由 GOseq R 包实施，其中基因长度偏差得到纠正。修正 $P < 0.001$ 的 GO 项被认为代表性过高。GO 项网络的可视化是使用 Cytoscape 富集图插件（v3.91）进行的，使用 Jaccard 系数截止值为 0.2 以上。

6.2.6　跨膜结构域和信号肽的分析

使用 SignalP（v5.0）预测所有编码菰黑粉菌蛋白质的信号肽。具有信号肽的蛋白质可以是分泌蛋白或跨膜蛋白。然后用 TMHMM（v2.0）预测它们的跨膜结构域。具有信号肽但不具有跨膜结构域的蛋白质被认为是可进一步分析的候选分泌蛋白。

6.2.7　缺失菌株的构建

同源重组策略被用于基因操作 (Yu et al., 2015)。为了获得稳定的转化体，选择潮霉素 B 作为筛选标记。简单地说，扩增开放阅读框的上游和下游序列，并将其克隆到自制载体中，两者之间有潮霉素抗性基因。利用溶菌酶处理获得了菰黑粉菌的原生质体。对于靶基

因敲除，通过 PEG 介导的转化将线性化的质粒转染到原生质体中。获得的 5~7 个候选转化体在含有潮霉素 B 的再生固体培养基（酵母提取物 10g/L，蛋白胨 4g/L，蔗糖 4g/L，山梨醇 182.2g/L，琼脂 15g/L）上培养 5~7d，并通过 PCR 进一步筛选。对于每个基因，分别构建了源自 UeT14 和 UeT55 两个突变的兼容单倍体。在两个突变菌株交配后，qRT-PCR 进一步证实目的基因的缺失。表 6-2 中列出了用于突变体构建的所有引物。

表 6-2　本章研究所用的引物

引物名称	引物序列（5'－3'）
g943-cF	GGCATCCTCCTTGGGGCAATGG
g943-cR	ATGAAGTTCGCCTTCGGTACCCTTGTCTG
g4344-cF	ATGAAGATCCAGGCCTCTTTCGTGAC
g4344-cR	GTAGGACACGCCCCCGCCGGAAGTCTC
g1072-cF	ATGCAGAATTTCCTCGTTCTCCTCCC
g1072-cR	GGAGGTCAAAGGCTGG
g4195-cF	ATGGTCAAGCTTCAGCAGTG
g4195-cR	GTTCTGGACGGCGTCTTTCTTGTCG
g4740-cF	ATGGCTTCGAAATCAGACCGAAGAGG
g4740-cR	GAACTGGGCCGAGAGGAAAATTGG
g5676-cF	ATGACCATCAAAGTCAGCCCTATTGCC
g5676-cR	ATCGTGGTAGTGCTTCTCAGGGTCCTTGG
g6161-cF	ATGGTCGGCGCTAAGCTGG
g6161-cR	TTAGCGACGACGGCGAGAG
g943-UF1	ACTTTACGGGAGCGGGGTACCCACTACTACGATCATTGCTTCAAGC
g943-UR1	TCTAGAGGATCCCCGGGTACCCCGCTCCCGTAAAGTCACAA
g943-DF1	ACCTGCAGGCATGCAAGCTTCTTTCGGCGTTTTGGGACA
g943-DR1	AGGGTGGAAGGGATTGAAGCTTGGCGTAATCATGGTCATA
g4344-UF1	GAGAGCACACGCATCGGTACCTAGCTTCAGCGTTGAGCTCGA
g4344-UR1	TCTAGAGGATCCCCGGGTACCGATGCGTGTGCTCTCTTTTCCG
g4344-DF1	GACCTGCAGGCATGCAAGCTTGCAAGTCAAAGGTCACGTATTCTACA
g4344-DR1	TGACCTTTGACTTGCAAGCTTTTACGGTTTCTCACAGCATCAAGT
g1072-UF1	AGTGAATTCGAGCTCGGTACCGGGTGATGTTGGTATCTTGGAATT
g1072-UR1	TCTAGAGGATCCCCGGGTACCCTGGACGGTGTGCTGGTTACG
g1072-DF1	GACCTGCAGGCATGCAAGCTTCCTGTCCATCTTCCGCCC
g1072-DR1	GACCATGATTACGCCAAGCTTCCGCAGGCTTTCGCCCAG
g4195-UF1	AGTGAATTCGAGCTCGGTACCGCACGTCCCCAACCACACA
g4195-UR1	TCTAGAGGATCCCCGGGTACCTGAAAGCCCTACCTTATCCACC
g4195-DF1	GACCTGCAGGCATGCAAGCTTCGAAGCGAGGTGAGGAGGG
g4195-DR1	GACCATGATTACGCCAAGCTTTCCACCAAGACATGTGCTTGC

（续表）

引物名称	引物序列（5'–3'）
g4740-UF1	AGTGAATTCGAGCTCGGTACCGCACGTCCCCAACCACACA
g4740-UR1	TCTAGAGGATCCCCGGGTACCTGAAAGCCCTACCTTATCCACC
g4740-DF1	GACCTGCAGGCATGCAAGCTTCGAAGCGAGGTGAGGAGGG
g4740-DR1	GACCATGATTACGCCAAGCTTTCCACCAAGACATGTGCTTGC
g5676-UF1	AGTGAATTCGAGCTCGGTACCCCTCGCCCCCTCGCTCCA
g5676-UR1	TCTAGAGGATCCCCGGGTACCGCTGAAGTCCGGGTGGTCA
g5676-DF1	GACCTGCAGGCATGCAAGCTTTATAATTAATTTCTATTAATTTTCAAGTCTTCTG
g5676-DR1	GACCATGATTACGCCAAGCTTTGTGATGAAGTAATTTGCATAGGCA
g6161-UF1	TTCGAGCTCGGTACCTTCAGAATCGGCTCTGGCTC
g6161-UR1	GAGGATCCCCGGGTACCGTACTCCCTCCCTAAACCAT
g6161-DF1	TCGACCTGCAGGCATGCAAGCTTTGGGCAGAGAGAAAAGGGGA
g6161-DR1	ATGACCATGATTACGCCAAGCTTACATATCAGCTCCCGCTCGA
g943-QF	TGCAAGTGGAGGAGCTACAAC
g943-QR	GCTTGGACCCAGTAGCTGTCGTGCTCATC
g4344-QF	CGCTCAAACCAACTCCGATG
g4344-QR	AGCCGTCGTCACTGTTCTGC
g1072-QF	CAGAATTTCCTCGTTCTCCTCCCTCTTG
g1072-QR	TGAACCTCGCCGTTCTTCCAGTCG
g4195-QF	ATGATGGTACTGACTCCGGTCGTGGCGACTCC
g4195-QR	AGTCTTCAGAGCAGAAGCCGGTGGTTCG
g4740-QF	ACGCCATGGTCATCATGGTCTCG
g4740-QR	GGTCAGGCAGTTGAGGAGCATCAGCATCATC
g5676-QF	CACGCACTTCGGATTTGAGTGTAGCATGG
g5676-QR	CCGCCTTCCCTGAACGAGAACTTCTTCC
g6161-QF	CAATGGTTCGGGAATGTGC
g6161-QR	GGGATACTTGAGCGTGAGGA

6.2.8 植物接种

使用 20 日龄的中国菰幼苗作为接种材料。通过先前的方法将单倍体菌株进行培养（Zhang et al., 2017），并悬浮于 ddH$_2$O 中调至 OD$_{600}$ 约为 2.0，将野生型单倍体和缺失单倍体以 1∶1 的比例混合。将约 1mL 的混合物注入植物的茎部，然后将接种的幼苗在温室中以（25±2）℃ 和 70% 相对湿度下在 12h 光照/12h 黑暗循环下培养。5d、7d 或 30d 后观察叶鞘和茎中的菌丝体生长，90d 后监测植株的宏观症状。

6.2.9 显微镜

通过 TCS-SP5 共聚焦显微镜（Leica Microsystems，德国）观察切片。如前所述（Matei et al., 2018），细胞核用 DAPI 染色，其在 405nm 处被激发，并且在 440~460nm 处检测到荧光，用 WGA-FITC 对菰黑粉菌菌丝体进行染色。简而言之，将植物组织在卡诺固定液中固定过夜，在 85℃下用 3.75mmol/L KOH 渗透 60min，并在真空下用 10μg/mL WGA-FITC 染色，其在 488nm 处被激发，并且在 495~530nm 处检测到荧光。使用 LAS-AF 软件（Leica Microsystems，德国，v3.2.0.9652）处理图像。

6.2.10 植物细胞壁分析

通过 HPLC 分析植株不同组织（叶、茎间、苗）细胞壁的单糖成分。植物组织在液氮中研磨并冻干（Matei et al., 2018）。将 10mg 干重组织分试样用 1mL 70% 乙醇洗涤 3 次，1mL 50% 氯仿 +50% 甲醇洗涤 3 次。淀粉被淀粉酶进一步水解，并通过用水洗涤沉淀 2 次来去除产生的葡萄糖。然后用 TFA 水解植物细胞壁，所得单糖采用高效液相色谱法进行分析。

6.2.11 数据分析

通过独立性卡方检验比较野生型对照突变体和缺失突变体的症状。所有统计分析均采用 SPSS 软件（v20.00）进行。

6.3 结果

6.3.1 T 型菌株和 MT 菌株融合交配时期的差异及两种菌株转录组测序

为了分析腐生单倍体向寄生双核菌丝体二态性转化过程中的转录变化，我们比较了在 YEPS 固体培养基上培养的 T 型融合交配菌株（UeT14+UeT55）（图 6-1A）和 MT 型融合交配菌株（UeMT10+UeMT46）的情况（图 6-1B、图 6-2）。

将 T 型和 MT 型的 2 个兼容单倍体分别混合并滴在 YEPS 固体培养基上。起初，只能观察到单核单倍体。在 T 型交配菌株培养 24h 后首次观察到接合管（图 6-1A），在培养后 36h 形成双核菌丝，并且还可以观察到 T 型菌落周围的菌丝体（图 6-2）。然而，MT 型的交配延迟，在培养 48h 后形成接合管，在培养后 60h 形成双核菌丝（图 6-1B）。菌丝体的长度和双核菌丝的百分比也显示出交配和菌丝体形成中 MT 型与 T 型菌株的差异（图 6-1C、D）。

在培养的 0h、24h、36h、48h 和 60h 后收集菌丝体进行转录组分析。转录组测序在

Illumina 2500 平台上进行，每个样品生成了超过 5 000 万个 150bp 双端测序片段。它们被映射到菰黑粉菌的参考基因组上（Ye et al., 2017）。首先根据精确映射的读取计数计算基因表达水平，然后通过 FPKM 进行归一化处理。进行 3 次生物学重复。质控结果显示测序错误率低于 0.03%，Q20 和 Q30 分别高于 97% 和 93%。3 个生物学重复序列的表达相关性均高于 0.98（表 6-3）。DESeq 进一步分析不同表达的基因。

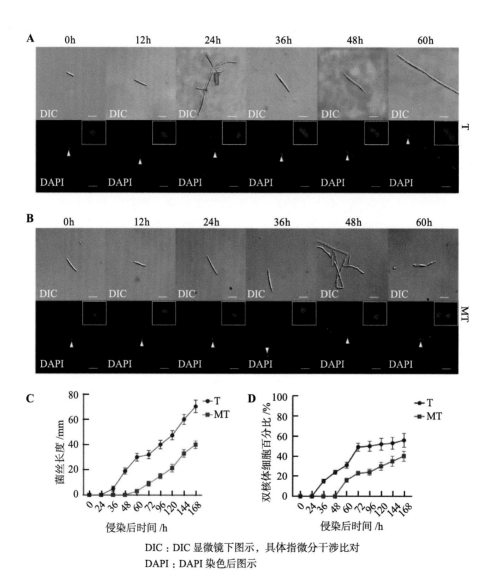

DIC：DIC 显微镜下图示，具体指微分干涉比对
DAPI：DAPI 染色后图示

图 6-1　T 型和 MT 型菰黑粉菌交配过程比较

注：A. T 型菰黑粉菌在 YEPS 固体培养基上的交配过程；B. MT 型菰黑粉菌在 YEPS 固体培养基上的交配过程；C. 在 YEPS 固体培养基上培养 0~168h 后监测 T 型和 MT 型菰黑粉菌菌落周围的菌丝体长度（n=8）；D. 双核菌丝的百分比。B 图采用微分干涉差显微镜（DIC）模式观察菌丝体结构；细胞核被 DAPI 染色，接合管标有绿色箭头，图片右上角放大的细胞核用白色箭头标记，标尺 =70μm。D 图中，用 DAPI 对细胞核进行染色，以区分双核或单核菌丝细胞，n>200）

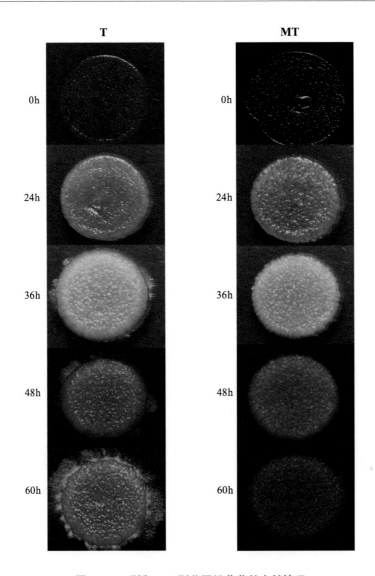

图 6-2 T 型和 MT 型菰黑粉菌菌丝生长情况

注：T 型交配株由兼容的 UeT14 株和 UeT55 株交配，MT 型交配株由兼容的 UeMT10 株和 UeMT46 株交配。它们在 YEPS 培养基上生长。在立体显微镜下于 0h、24h、36h、48h 和 60h 拍摄照片。

表 6-3 转录组测序数据的质量评估

样品名	原始读长	清洁读长	清洁碱基	错误率 /%	Q20/%	Q30/%	GC 含量 /%
T_0h_1	63028620	61828626	9.27G	0.03	97.41	93.29	57.73
T_0h_2	58465256	56911444	8.54G	0.02	98.02	94.83	56.9
T_0h_3	61717374	60387654	9.06G	0.02	98.11	94.98	57.71
T_24h_1	51982916	50884824	7.63G	0.02	98.06	94.79	57.47
T_24h_2	63126784	62101672	9.32G	0.02	97.97	94.61	57.45
T_24h_3	58069690	56615754	8.49G	0.02	98.02	94.79	57.59

（续表）

样品名	原始读长	清洁读长	清洁碱基	错误率/%	Q20/%	Q30/%	GC含量/%
T_36h_1	65575728	64566864	9.69G	0.03	97.88	94.39	57.38
T_36h_2	58135734	57011646	8.55G	0.03	97.78	94.24	57.48
T_36h_3	57233694	56133656	8.42G	0.02	98.03	94.79	57.45
T_48h_1	57646070	56654842	8.5G	0.02	98.04	94.79	57.51
T_48h_2	63453004	62290970	9.34G	0.02	98.05	94.81	57.41
T_48h_3	59929234	58029586	8.7G	0.02	98.11	95	57.5
T_60h_1	57738162	56761712	8.51G	0.02	98.11	94.96	57.43
T_60h_2	58035490	56884260	8.53G	0.03	97.32	92.92	57.31
T_60h_3	49590524	48484326	7.27G	0.02	97.96	94.67	57.37
MT_0h_1	72564574	70807538	10.62G	0.02	97.98	94.67	57.63
MT_0h_2	60399364	59153946	8.87G	0.02	98.04	94.79	57.62
MT_0h_3	66734618	65241168	9.79G	0.02	98.19	95.13	57.71
MT_24h_1	59926520	58762080	8.81G	0.02	98.03	94.78	57.55
MT_24h_2	67568086	66342040	9.95G	0.02	97.96	94.61	57.51
MT_24h_3	66903844	65777874	9.87G	0.02	97.94	94.54	57.43
MT_36h_1	52764300	51781094	7.77G	0.02	98.27	95.36	57.45
MT_36h_2	59412234	58027264	8.7G	0.02	98.03	94.79	57.48
MT_36h_3	47897528	46808134	7.02G	0.02	98.15	95.08	57.45
MT_48h_1	67878802	66064674	9.91G	0.02	98.05	94.87	57.31
MT_48h_2	70880600	69455894	10.42G	0.03	97.78	94.18	57.33
MT_48h_3	55946556	54882000	8.23G	0.03	97.83	94.33	57.55
MT_60h_1	52010644	50872250	7.63G	0.02	98.12	95.01	57.36
MT_60h_2	62363934	60532096	9.08G	0.02	98.08	94.94	57.18
MT_60h_3	66081768	64332542	9.65G	0.02	97.93	94.53	57.51

6.3.2 基因共表达分析

菰黑粉菌的交配将导致其从腐生单倍体到寄生菌丝体的二态性转化并开始侵染。这伴随着形态、生活方式和营养获取方式的巨大变化。为了探索复杂的转录调控关系，我们使用所有阶段的表达数据进行了加权基因共表达网络分析（WGCNA）（图6-3）。如果某些基因在生理过程中总是具有相似的表达变化，那么这些基因可能在功能上相关，并且可以被定义为一个模块。本研究鉴定了16个共表达模块，每个模块的表达曲线如图6-4所示。一些模块反映了真菌发育过程中T型和MT型菌株之间的差异。在培养24h后强烈诱导MT型棕褐色（tan）和洋红色（magenta）模块，然后逐渐下调。同时，青色（cyan）和灰色（grey）模块在培养后24h和36h以MT型高表达，此后停止表达。这4个模块在所有阶段都保持T型的低表达水平。它们可能与单倍体的腐生寿命有关，因为MT型菰黑粉菌在培养后36h前仍保持单倍体，而T型菌株在培养后24h开始交配。在蓝色（blue）

和黑色（black）模块中，T 型和 MT 型菌株在培养 24h 后迅速被诱导。T 型菌株在蓝色模块中表现出较高的表达水平，但在黑色模块中表现出较低的表达水平。蓝色和黑色模块可能涉及表面传感或从液体转移到固体介质表面所需的其他功能。当形成大规模寄生菌丝体时（培养 60h 后），紫色（purple）模块在 T 型菌株中被上调。该模块可能与植物角质层渗透和定殖有关。

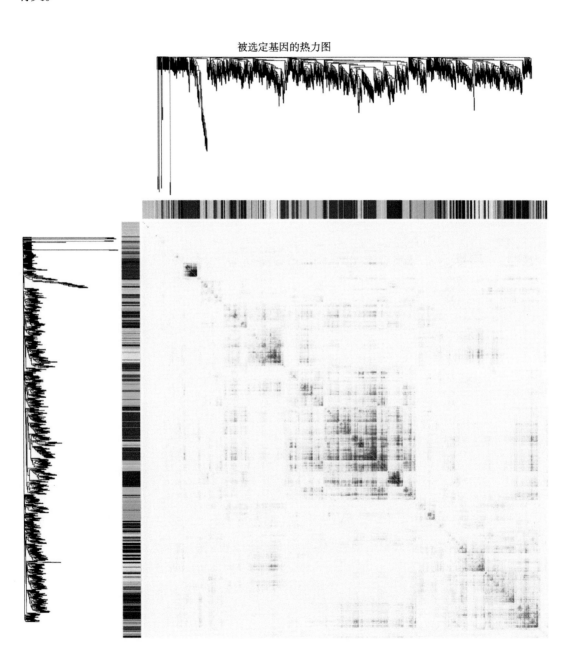

图 6-3　不同模块的总体相关性

注：不同模块相关性越大，红色越深。

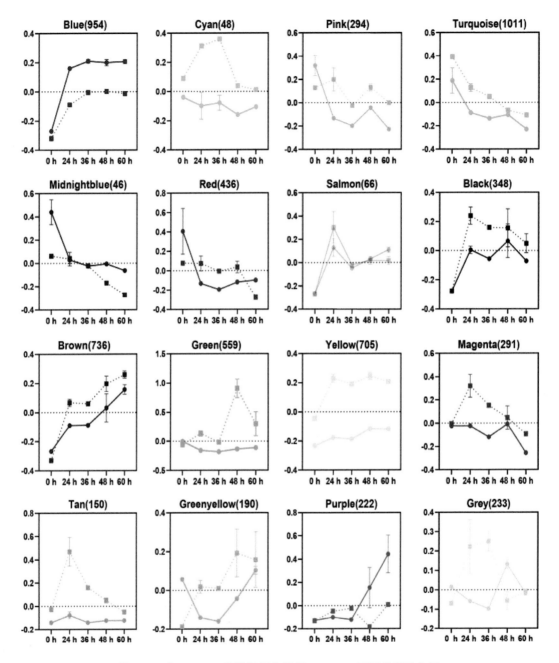

图 6-4　对 RNA-seq 表达数据集进行 WGCNA 定义共表达分析

注：正方形和虚线代表 MT 型抓黑粉菌，圆圈和实线代表 T 型抓黑粉菌。纵轴表示相对于所有阶段的平均表达的表达水平。误差线表示 3 个生物学重复的标准偏差。横轴表示不同生长阶段，即培育 0 h、24 h、36 h、48 h 和 60 h。

6.3.3　基因 GO 聚类分析

为了生成与致病性发育相关的生物过程的简明图片，对每个模块中的基因进行 GO 富集分析，并在加权网络中可视化，如图 6-5 所示。

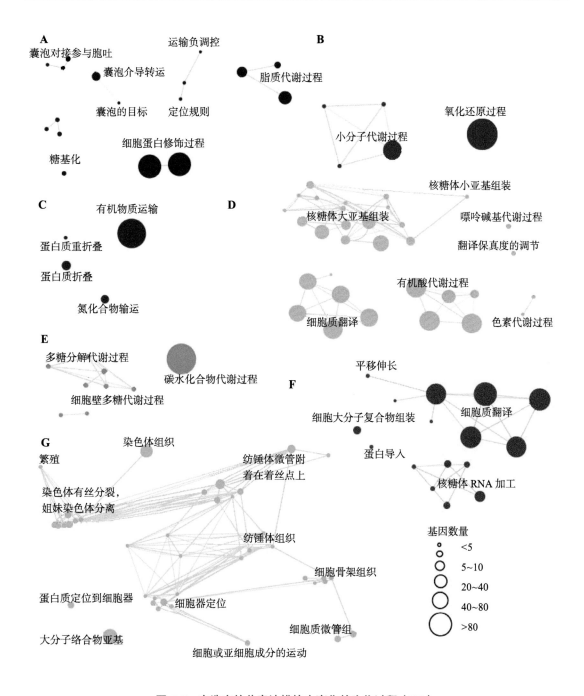

图 6-5　在选定的共表达模块中富集的生物过程（BP）

注：A. 黑色模块；B. 蓝色模块；C. 棕色模块；D. 粉红色模块；E. 紫色模块；F. 红色模块；G 绿松石色模块。分析了黑色（A）、蓝色（B）、棕色（C）、粉红（D）、紫色（E）、红色（F）和绿松石色（G）模块的 BP 中的 GO 富集。修正的超几何 $P < 0.001$ 被认为存在过度代表性。每个显著富集的基因集都由 1 个节点表示。节点大小与基因集中的基因数量有关。

6.3.4 基因毒力发展的一般变化

在玉米黑粉菌中，识别由相容交配类型的单倍体分泌的信息素将触发 G2 细胞周期停滞（García-Muse et al., 2003；Bardetti et al., 2019），它一直持续到菌丝体成功穿透植物角质层。当细胞周期停滞的细胞形成时，与 DNA 复制、纺锤体组织、核糖体生物发生和初级代谢相关的基因下调（Müller et al., 2018）。然后，它们显示第 2 个表达峰，这与细胞周期停滞的释放一致（Heimel et al., 2010）。我们的结果显示，在菰黑粉菌中表达更为复杂。参与核糖体组装和细胞质翻译的基因富集在粉红色和红色模块中。培养 24h 后形成接合管，粉红色模块在 T 型菌株中下调。然而，在交配期间（培育后 48h 或 60h）没有观察到 MT 型菌株明显的下调。红色模块在 T 型菌株培育后 24h 以及 MT 型培育后 60h 下调，这对应于它们的交配过程。与纺锤体组织、细胞骨架组织和繁殖相关的基因富集在绿松石色模块中。它们在转移到固体培养基后逐渐下调。绿松石色模块在 T 型和 MT 型菌株中均表现出相似的表达特征。另外，与囊泡转运相关的基因富集在黑色模块中，黑色模块在培育 24h 后上调。据报道，菰黑粉菌可以利用细胞外囊泡进行细胞间通信（Kwon et al., 2021）。

6.3.5 蛋白质折叠和修饰

菰黑粉菌单倍体成功交配融合后，会大量分泌效应因子（Lanver et al., 2021）。这些大量的效应因子对内质网（endoplasmic reticulum，ER）和蛋白质折叠过程施加了巨大压力。与蛋白质折叠相关的基因富集在棕色模块中（图 6-5）。在 YEPS 固体培养基上交配融合期间，它们的表达水平不断上升。这些基因的表达可能由内质网中的错误折叠蛋白通过未折叠蛋白反应（unfolded protein response，UPR）引发。在玉米黑粉菌中，二型态转换后将激活 UPR，这在维持内质网稳态中起重要作用（Hetz et al., 2018）。UPR 与菌丝体生长之间的平衡由 Cib1 和 Clp1 的相互作用协调（Heimel et al., 2013；Pinter et al., 2019）。结果表明，蛋白质折叠与蛋白质翻译和有丝分裂呈负相关。与核糖体组装和蛋白质翻译（红色模块）相关的基因在 T 型菰黑粉菌交配融合后（培养 24h 后）立即下调，并保持低水平表达。与染色体组织、纺锤体组织和细胞分裂相关的基因富集在绿松石色模块中。自在 YEPS 固体培养基上培养后，它们的表达水平不断降低。

蛋白质糖基化是一种常见的翻译后修饰，可促进蛋白质的正确折叠和定位，是真菌发病机制所必需的。大多数修饰的蛋白质是膜蛋白或分泌蛋白。与蛋白质修饰和糖基化相关的基因富集在黑色模块中。这些基因在 YEPS 固体培养基上培养 24h 后立即上调，然后保持高水平表达。这些基因中的大多数与甘露糖基转移酶和转酰胺酶有关。先前的研究表明，pmt4 是一种催化 O- 糖基化第一步的甘露糖转移酶，对于玉米黑粉菌的定殖很重要（Fernandez-Alvarez et al., 2009）。它负责修饰 Msb2，Msb2 是一种膜蛋白，可以感知外部信号并刺激压迫的形成（Fernandez-Alvarez et al., 2012）。除了 O- 糖基化外，N- 糖基化也被证明是黑粉病真菌完全毒力所必需的（Marín-Menguiano et al., 2019）。

令人惊讶的是，与蛋白质折叠和修饰相关的基因在 T 型和 MT 型菌株中表现出相似的表达趋势（图 6-4）。MT 型菰黑粉菌的交配明显延迟，这意味着 MT 型菰黑粉菌在培育 24 h 或 36 h 后没有形成接合管或开始交配过程。然而，这些基因仍然上调。似乎这些基因并不直接负责相容单倍体的交配。从液体培养基到固体培养基表面的转变可能是其表达水平较高的直接原因。

6.3.6　糖代谢过程

植物病原体可分泌水解酶、多糖裂解酶和酯酶，从而重塑或降解植物组织 (Garnica et al., 2013）。坏死性真菌可以深度降解植物细胞壁以给自身提供能量；然而对于生物营养真菌，它会避免诱导植物防御（Jia et al., 2008）。我们发现了 36 个与这一过程相关的基因，它们属于不同的家族。这些基因中的大多数被归类在紫色、棕色和黄色模块中。在本章的分析中没有发现漆酶。缺乏漆酶可能使菰黑粉菌降解木质纤维素的能力很差，只能侵染未成熟的植物组织。

有超过 6 个和 17 个基因分别参与 1,6-β- 葡聚糖和 1,3-β- 葡聚糖的水解或修饰。1,6-β- 葡聚糖是真菌细胞壁的重要成分，但不是植物细胞壁的重要成分。与 1,6-β- 葡聚糖相关的基因在交配过程中逐渐上调，这可能负责细胞壁重建、细胞分裂、交配和菌丝体延伸（Han et al., 2019）。另外，近一半的碳水化合物代谢基因与 1,3-β- 葡聚糖有关。1,3-β- 葡聚糖不仅被真菌用于细胞壁组成，还被寄主植物用于形成胼胝质并抑制真菌侵染（Saheed et al., 2009）。在菰黑粉菌侵染期间未观察到胼胝体积累（图 6-6）。然而，外源性 1,3-β- 葡聚糖酶不能减弱胼胝质沉积（Saheed et al., 2009）。这些基因的功能冗余使得研究它们在生长和侵染中的功能变得更加困难。

菰黑粉菌只招募了一小部分基因用于植物细胞壁降解，包括两种内切 -1,4-β- 葡聚糖酶（g1206 和 g4902），一种果胶裂解酶（g6398）和一种内切 -1,4-β- 木聚糖酶（g6161）。在 T 型菌株交配融合以及定殖时期，这 4 个基因比其他碳水化合物代谢基因上调得更为显著（图 6-7A、B）。这些基因都聚集在紫色模块中。为了进一步分析真菌侵染过程中植物细胞壁的降解情况，采用 HPLC 方法分析了茭白水解成单糖后的细胞壁成分。结果表明，木聚糖的含量远高于葡萄糖或其他单糖，表明木聚糖是植物细胞壁中最重要的成分（图 6-7C）。Zhang 等（2022）讨论了内切葡聚糖酶在侵染过程中的功能。敲除一种内切葡聚糖酶不会影响单倍体生长，但会减慢侵染过程并减轻最终的症状（图 6-8）。有趣的是，分泌内切葡聚糖酶仍然是必要的，即使植物细胞壁中纤维素的含量低于 10%。

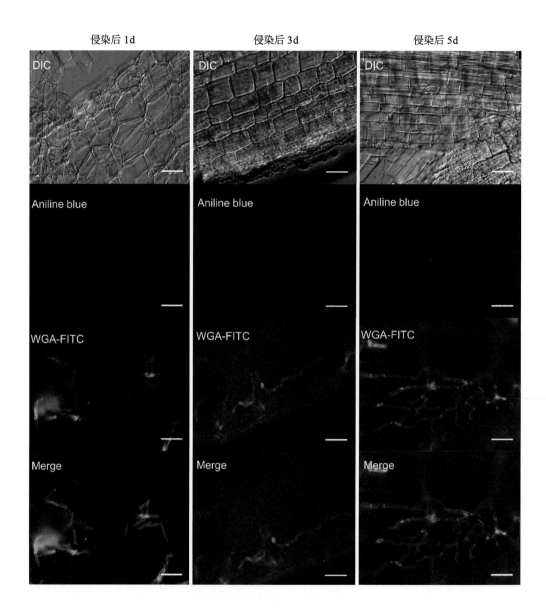

图 6-6　T 型菰黑粉菌的侵染没有诱导胼胝质沉积

注：T 型菰黑粉菌 WT 菌株（T 型融合交配菌株）侵染后 1d、3d 和 5d。不诱导胼胝质沉积。用苯胺蓝（Aniline blue）对胼胝体染色，它在 405nm 处被激发，并且在 440~460nm 处检测到荧光。用 WGA-FITC 对菰黑粉菌菌丝体染色，它在 488nm 处被激发，在 495~530nm 处检测到荧光。DIC 检测植物细胞结构。合并图像（Merge）显示菌丝体显示图像和苯胺蓝沉积图像的叠加。标尺 = 62.5μm。

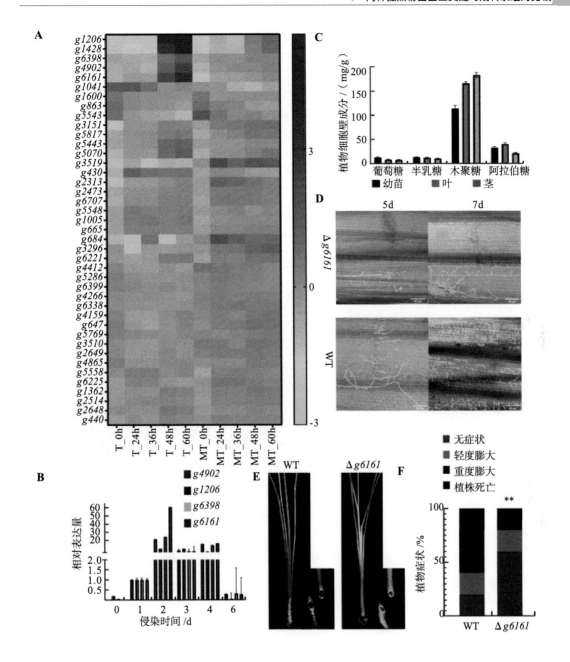

图 6-7 糖代谢相关基因的表达模式和毒力功能

注：A. 热图显示了菰黑粉菌中碳水化合物代谢相关基因的表达模式；B. 编码内切 -1,4-β- 葡聚糖酶（g1206 和 g4902）、果胶裂解酶（g6398）和内切 -1,4-β- 木聚糖酶（g6161）的基因表达趋势；C. 菱白不同组织（种子、叶、茎）细胞壁成分，n=6；D. 叶片表面的侵染状态；E. 接种后 90d 代表性植物的症状；F. 接种寄主植物的症状在 90d 后根据严重程度。C 图中菱白不同组织（种子、叶、茎）细胞壁经三氟乙酸水解，高效液相色谱分析。D 图，将相容菌株的混合物注入菱白的茎中，在接种后 5d 和 7d 收集样品，用 WGA-FITC 染色，并通过荧光共聚焦显微镜进行分析，研究了 Δg6161（UeT14Δg6161 和 UeT55Δg6161）的融合交配，并将野生型菌株（UeT14 和 UeT55 融合交配菌株）设置为阳性对照；绿色荧光表示菰黑粉菌菌丝；标尺 = 90μm。E 图，菱白的横截面显示在右下角。F 图，接种寄主植物的症状在 90d 后根据严重程度（n=100）进行评分，与野生型对照的统计学显著差异 **P<0.01，显著性通过 t 检验。

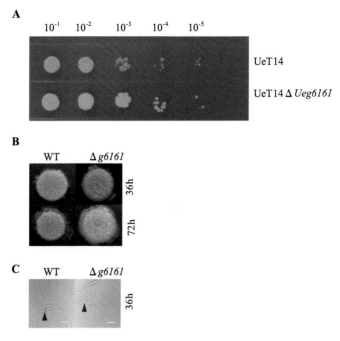

图 6-8   *g6161* 缺失对单倍体生长和交配的影响

注：A. *g6161* 的缺失菌株对单倍体的影响；B. *g6161* 的缺失菌株对菌丝交配的影响；C. *g6161* 的缺失菌株对接合管的形成的影响。菰黑粉菌培养在 YEPS 培养基上。在立体显微镜下在 72h 和 36h 下拍摄照片。UeT14 和 UeT55 交配。UeT14△*g6161* 和 UeT55△*g6161* 交配。

6.3.7   分泌蛋白的变化

黑粉病真菌可以分泌数百个效应因子，以屏蔽植物防御或改变受侵染植物的生理机能。然而，由于缺乏保守结构域和功能冗余，这些效应物中的大多数尚未得到深入研究（Collemare et al., 2022）。在这里，我们首先基于 SignalP 和 TMHMM 的生物信息学分析预测了菰黑粉菌的分泌组，共鉴定出 291 种假定的分泌蛋白（图 6-9），其中一些与已发现作为重要毒力效应物的蛋白质同源，总共有 129 种蛋白质缺乏任何预测的结构或功能结构域。

编码推定分泌蛋白的基因分散在 11 个共表达模块中，它们的表达谱如图 6-9 所示。最值得注意的特征是紫色模块中的大量基因在开始时保持低表达水平，并且在 YEPS 固体培养基上培养 48h 和 60h 后显著上调。还观察到 T 型和 MT 型菰黑粉菌之间的表达存在很大差异。紫色模块包含 222 个基因，其中 57 个可以编码分泌蛋白。该比例明显高于整个基因集（7 423 个基因中有 291 个编码分泌蛋白）。紫色模块包括 Axe1（调节真菌致病性）、木聚糖酶（木聚糖降解）和葡聚糖酶（纤维素降解）的同源基因，这些基因对调节致病性非常重要（Zhang et al., 2021；Tolonen et al., 2009；Okmen et al., 2018），它可能代表一个特定的毒力模块。

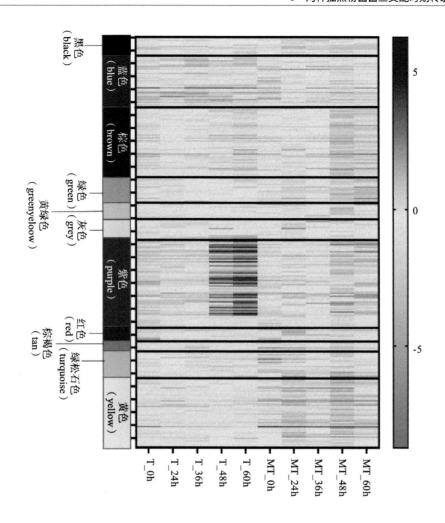

图 6-9　菰黑粉菌分泌蛋白的表达模式

注：热图显示了编码推定的分泌蛋白的基因的表达。以 $\log_2$ 计算的表达水平表现相对于 T 型和 MT 型菰黑粉菌所有阶段的平均表达可视化。

6.3.8　推定的效应蛋白侵染力的研究

　　菰黑粉菌的大多数效应蛋白尚不清楚。为了鉴定促进菰黑粉菌侵染寄主的效应因子，本研究进一步分析了紫色模块中的基因。在紫色模块中编码分泌蛋白的 57 个基因中，有 39 个与任何已知功能注释基因没有相似性。在这项研究中，我们选择了其中的 6 个基因，分别是 *g943*、*g1072*、*g4195*、*g4344*、*g4740* 和 *g5676*。根据转录组分析，它们在 T 型菰黑粉菌发育后的 60 h 表达丰富。接种到菰白后，通过 qRT-PCR 进一步研究了它们的表达模式。在侵染过程中，这些基因也显著上调（图 6-10）。这些基因的同源基因可以在几种黑粉病真菌中找到，包括玉米黑粉菌、燕麦坚黑粉菌等，但在黑粉病真菌以外的物种中找不到。这些基因分别被克隆和被同源重组敲除。

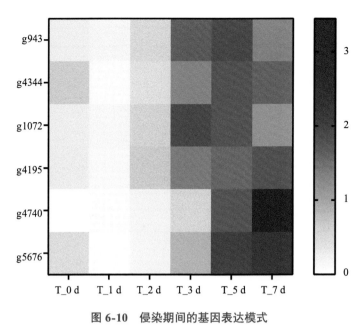

图 6-10　侵染期间的基因表达模式

注：热图显示了推定的目的基因表达的表达模式。将以 $\log_2$ 为底的表达水平相对于 T 型菰黑粉菌 0d、1d、2d、3d、5d、7d 阶段的平均表达进行可视化。

　　所有突变体都是 T 型菰黑粉菌的 2 个兼容单倍体（UeT14 和 UeT55）的衍生物。因为 MT 型菌株不能成功侵染寄主植物，我们没有研究 MT 型菌株的突变体 *g943* 和 *g4344* 的缺失突变体在 YEPS 固体培养基上的单倍体生长，交配和菌丝体生长方面与野生型没有明显差异（图 6-11、图 6-12A）。*g1072*、*g4195*、*g4740* 或 *g5676* 的缺失不影响菰黑粉菌生长，但导致菌丝交配能力变差。Δ*g1072*、Δ*g4195*、Δ*g4740* 或 Δ*g5676* 突变体不能在 YEPS 固体培养基上形成寄生菌丝体。

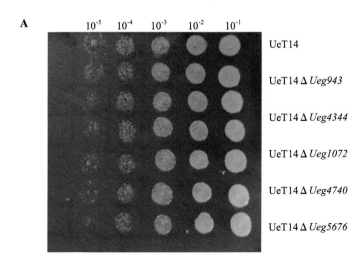

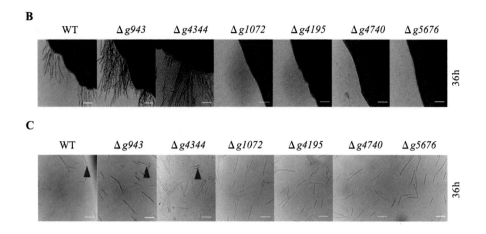

图 6-11 推定分泌蛋白基因缺失对菰黑粉菌体外生长的影响

注：A. *g943*、*g4344*、*g1072*、*g4195*、*g4740*、*g5676* 的缺失菌株单倍体生长；B. *g943*、*g4344*、*g1072*、*g4195*、*g4740*、*g5676* 基因缺失菌株交配和丝状生长；C. *g943*、*g4344*、*g1072*、*g4195*、*g4740* 和 *g5676* 基因缺失菌株接合管的形成状态。菰黑粉菌被培养在 YEPS 培养基上。Δ*g943*（UeT14Δ*g943* 和 UeT55Δ*g943* 交配融合），Δ*g4344*（UeT14Δ*g4344* 和 UeT55Δ*g4344* 交配融合），Δ*g1072*（UeT14Δ*g1072* 和 UeT55Δ*g1072* 交配融合），Δ*g4195*（UeT14Δ*g4195* 和 UeT55Δ*g4195* 交配融合），Δ*g4740*（UeT14Δ*g4740* 和 UeT55Δ*g4740* 交配融合），Δ*g5676*（UeT14Δ*g5676* 和 UeT55Δ*g5676* 交配融合）。B 图标尺 =100μm；C 图用红色箭头所指的接合管，标尺 =62.5μm。

　　将这些基因的缺失突变体接种到中国菰的幼苗并以野生型菌株的接种作为阳性对照。寄生菌丝体可由 *g943* 和 *g4344* 的突变体形成，但不能由 *g1072*、*g4195*、*g4740* 或 *g5676* 的突变体形成。野生型菰黑粉菌可以在接种后 30 d 定殖在植物茎的顶部区域。然而，在所有突变体的植物茎中都找不到菌丝体。植物表面的突变体寄生菌丝体也被清除，可能是由于植物防御反应或缺乏营养（图 6-12B）。这些结果表明，6 个基因的所有突变体都无法侵染宿主植物。茭白的最终症状进一步证实了这一点（图 6-12C、图 6-13）。野生型菌株可在接种超过 80% 的植株中定殖，但突变体菌株在接种后无法定殖（图 6-12D、E）。

　　最重要的是，这些结果表明 *g943*、*g1072*、*g4195*、*g4344*、*g4740* 和 *g5676* 对于菰黑粉菌完成其生命周期至关重要。它们在不同的阶段发挥作用。*g1072*、*g4195*、*g4740* 或 *g5676* 的缺失导致交配缺陷，进而使突变体无法侵染寄主植物。有趣的是，它们在成功交配后（在 YEPS 培养基上培育 60h 后）仍保持高表达水平。它们也可能在侵染过程中发挥重要作用，如 umFly1（funglysin1），这是一种对菌丝体生长和植物防御抑制所必需的双功能金属蛋白酶（Okmen et al., 2018）。但是，这个推测很难证实。另外，g943 和 g4344 仅在寄生阶段被需要。它们可以作为候选效应因子与宿主植物相互作用并促进侵染过程。

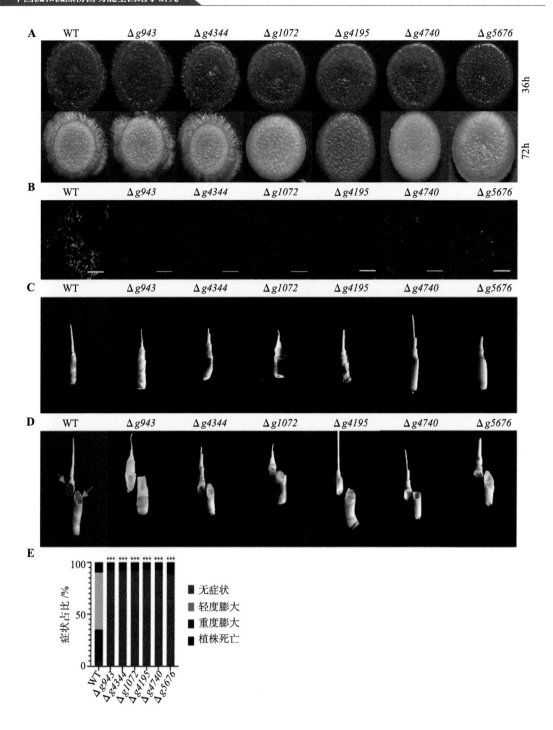

图 6-12　推定的分泌蛋白在毒力中的作用

注：A. 推定的分泌蛋白突变体菌落交配形态；B. 茎的侵染状态；C. 接种 90d 植物的症状；D. 接种 90d 植物茎的横截面；E. 接种寄生植物的症状严重程度。B，将相容菌株的混合物注入菰白的茎中。接种后 30d 收集样品，用 WGA-FITC 染色，并通过激光扫描共聚焦显微镜进行分析，绿色荧光表示菰黑粉菌菌丝体，标尺 = 75μm；D，接种后 90d 代表性植物茎的横截面（蓝色箭头指向菰黑粉菌产生的冬孢子）。E，接种寄生植物的症状在 90 d 后根据严重程度（n=100）进行评分。与野生型对照的统计学显著差异：***P < 0.001。显著性通过 t 检验。

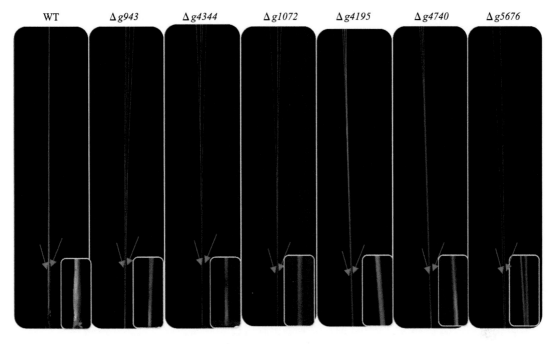

图 6-13　接种茎的表型

注：野生型菌株 WT（UeT14 与 UeT55 融合交配）（左）和相应菌株 Δg943（UeT14Δg943 与 UeT55Δg943 融合交配）、Δg4344（UeT14Δg4344 与 UeT55Δg4344 融合交配）、Δg1072（UeT14Δg1072 与 UeT55Δg1072 融合交配）、g4195（UeT14Δg4195 与 UeT55Δg4195 融合交配）、Δg4740（UeT14Δg4740 与 UeT55Δg4740 融合交配）、Δg5676（UeT14Δg5676 与 UeT55Δg5676 融合交配）侵染茭白的表型（右），在 90d 采集交配侵染茭白。右下角的黄色方框放大了茎膨大表型。

6.4　讨论

菰黑粉菌在寄主植物中的长期无性增殖中形成一种特殊的互利共生体，称为 MT 型菌株。冬孢子形成、交配或植物角质层穿透不是 MT 型菰黑粉菌所必需的。MT 型菰黑粉菌利用双核菌丝体在植物组织中越冬，通过寄主植物的传代而繁衍（Zhang et al., 2017）。这导致与这些过程相关的基因突变的积累和 MT 型菰黑粉菌的退化。本研究比较了交配过程中 T 型和 MT 型菰黑粉菌之间的转录组差异。

信息素识别后，玉米黑粉菌的细胞周期在 G2 期被阻止（Castanheira et al., 2014）。黑粉菌的细胞质融合会产生双核寄生菌丝。b 交配型位点和包括 Rbf1、Clp1、Cib1、Biz1 和 Cdc25 在内的一系列因素在这一过程中起着重要作用（Matei et al., 2018；Castanheira et al., 2014）。与纺锤体组织、细胞骨架组织和繁殖相关的基因在 T 型和 MT 型菰黑粉菌（绿松石色模块）中一致下调，即使它们有不同的交配差异。G2 细胞周期停滞是细胞质融合的先决条件。这表明 MT 型单倍体可能接收来自信息素途径的信号，并像 T 型单倍体一样触发 G2 细胞周期停滞。然而，MT 型菰黑粉菌需要更长的时间才能形成连接管和细胞质融合。一些基因仅在形成接合管（棕褐色、洋红色、青色和灰色模块）之前在 MT 型菌株中上调。与同源重组相关的基因在青色模块中富集。没有发现任何 GO 或 KEGG 术语的棕褐色、洋红色和灰色模块的富集。不确定这些基因在单倍体的腐生生命或交配过程中是否需要。这也可以通过交配过程中 MT 型菌株的退化来解释。

参与蛋白质折叠和修饰的基因在 T 型和 MT 型菌株（棕色模块）中也表现出相似的表达模式。与 G2 细胞周期停滞不同，这些基因通常由错误折叠的蛋白质激活，例如寄生菌丝体分泌大量的效应因子（Lanver et al., 2017；Heimel et al., 2013；Pinter et al., 2019）。在玉米黑粉菌定殖过程中，与蛋白质折叠相关的基因与许多编码分泌蛋白的基因共表达，然而没有观察到帮助蛋白质折叠的基因（棕色模块）与编码菰黑粉菌分泌蛋白的基因（紫色模块）之间存在任何相关性。参与蛋白质折叠和修饰的基因的上调可能不会通过分泌大量蛋白质来诱导。我们认为这些基因的上调可能是由从液体培养基介质到固体培养基介质表面的转变引起的。膜蛋白（如 msb2）的修饰在表面传感中起着重要作用（Lanver et al., 2010）。我们发现 T 型和 MT 型菰黑粉菌的单倍体可以在植物表面形成菌丝体类的结构，但不能成功侵染寄主植物（图 6-14）。这表明 MT 型菰黑粉菌保持了表面传感的能力。环境信号传感可能仍然在植物组织中 MT 型菰黑粉菌的寄生生命中发挥重要作用。

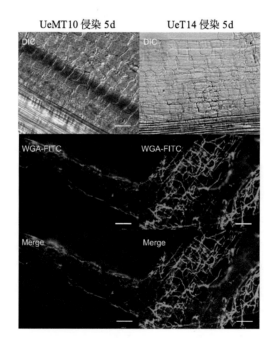

图 6-14　植物表面单倍体的表型

注：侵染后 5d 拍摄显微照片。UeT14 菌株和 UeMT10 菌株均不诱导胼胝质沉积。用苯胺蓝染色胼胝质，在 405nm 激发，在 440~460nm 检测到荧光。用 WGA-FITC 染色菰黑粉菌的菌丝体。它在 488nm 被激发，在 495~530nm 处检测到荧光。通过 DIC 检测植物细胞结构。合并的图像（Merge）展示了菌丝体显示图像和苯胺蓝沉积图像的叠加。标尺 =62.5μm。

最后，我们研究了菰黑粉菌的分泌组。黑粉病真菌可以分泌各种蛋白质来降解植物细胞壁，抑制植物防御反应，或利用植物细胞的新陈代谢（Lanver et al., 2010）。采用敲除法分别研究了 1 个木聚糖酶基因（*g6161*）和 6 个未定义基因（*g943*、*g1072*、*g4195*、*g4344*、*g4740* 和 *g5676*）的功能。木聚糖是菰白细胞壁的主要成分，g6161 是菰黑粉菌在定殖过程中唯一分泌的木聚糖酶。然而，*g6161* 基因的敲除并没有完全阻止侵染。另外，葡聚糖是菰白细胞壁的次要成分。在菰黑粉菌中至少发现了 2 种内切 -1,4-β- 葡聚糖酶，敲除其中一种可减轻症状发展（Collemare et al., 2019；Nakajima et al., 2012）。这可以通过植物细胞壁中纤维素和半纤维素之间的交联来解释。木聚糖酶和葡聚糖酶的功能冗余令人惊讶。我们还确定了 2 种候选效应因子，它们在寄生菌丝体侵染阶段是必不可少的。

综上所述，本章研究了 T 型和 MT 型菰黑粉菌在交配过程中的转录组变化。虽然 MT 型菰黑粉菌的交配没有发生大规模变化，但相容的单倍体可以交配形成部分缺乏的双核菌丝体。它可以接收环境信号并诱导 G2 周期停滞，但接合管形成和细胞质融合显著延迟。侵染过程中值得进一步研究的几个重要基因还需进一步确定。

参考文献

BAI M, PAN Q, SUN C, 2021. Tumor purity coexpressed genes related to immune microenvironment and clinical outcomes of lung Adenocarcinoma[J]. Journal of Oncology, 2021: 9548648.

BAKKEREN G, KRONSTAD J W, 1994. Linkage of mating-type loci distinguishes bipolar from tetrapolar mating in basidiomycetous smut fungi[J]. Proceedings of the National Academy of Sciences, 91(15): 7085–7089.

BARDETTI P, CASTANHEIRA S M, VALERIUS O, et al., 2019. Cytoplasmic retention and degradation of a mitotic inducer enable plant infection by a pathogenic fungus[J]. eLife, 8: 48943–48950.

CASTANHEIRA S, MIELNICHUK N, PÉREZ-MARTÍN J, et al., 2015. Programmed cell cycle arrest is required for infection of corn plants by the fungus *Ustilago maydis*[J]. Journal of Cell Science, 141: 4817–4826.

CHUNG K R, TZENG D D, 2004. Biosynthesis of Indole-3-Acetic Acid by the Gall-inducing Fungus *Ustilago esculenta*[J]. Journal of Biological Sciences, 4: 744–750.

COLLEMARE J, O'CONNELL R, LEBRUN M-H, et al., 2019. Nonproteinaceous effectors: the terra incognita of plant-fungal interactions[J]. The New Phytologist, 223(2): 590–596.

DOEHLEMANN G, WAHL R, HORST R J, et al., 2008. Reprogramming a maize plant: transcriptional and metabolic changes induced by the fungal biotroph *Ustilago maydis*[J]. The Plant Journal, 56: 181–195.

FERNANDEZ-ALVAREZ A, MARIN-MENGUIANO M, LANVER D, et al., 2012. Identification of O-mannosylated Virulence Factors in *Ustilago maydis*[J]. PloS Pathogens, 8(3): 1002563–1002568.

FERNANDEZ-ALVAREZ F, ELIAS-VILLALOBOS E, IBEAS J I, 2009. The *O*-mannosyltransferase PMT4 is essential for normal appressorium formation and penetration in *Ustilago maydis*[J]. The Plant Cell, 21(4): 3397–3412.

GARNÌCA D P, UPADHYAYA N M, DODDS P N, et al., 2013. Strategies for wheat stripe rust pathogenicity identified by transcriptome sequencing[J]. PLoS ONE, 8: e67150.

GARCÍA-MUSE T, STEINBERG G, 2003. Pheromone-Induced G2 Arrest in the Phytopathogenic Fungus *Ustilago maydis*[J]. Eukaryotic Cell, 2(3): 494–500.

GUO H B, LI S M, PENG J, et al., 2007. *Zizania latifolia* Turcz. cultivated in China[J]. Genetic Resources and Crop Evolution, 54: 1211–1217.

GUO L B, QIU J, HANG Z J, et al., 2015. A host plant genome (*Zizania latifolia*) after a century-long endophyte infection[J]. The Plant journal : for cell and molecular biology, 83(4): 600–609.

HAN Q, WANG N, YAO G Y, et al., 2019. Blocking beta-1,6-glucan synthesis by deleting *KRE6* and *SKN1* attenuates the virulence of Candida albicans[J]. Molecular Microbiology, 111(3): 604–620.

HEIMEL K, FREITAG J, HAMPEL M, et al., 2013. Crosstalk between the unfolded protein response and pathways that regulate pathogenic development in *Ustilago maydis*[J]. Plant Cell, 25(10): 4262–4277.

HEIMEL K, SCHERER M, SCHULER D, et al., 2010. The *Ustilago maydis* Clp1 protein orchestrates pheromone and b-dependent signaling pathways to coordinate the cell cycle and pathogenic development[J]. The Plant Cell, 22(8): 2908–2922.

HETZ C, PAPA F R, et al., 2018. The unfolded protein response and cell fate control[J]. Molecular Cell, 69: 169–181.

JIA Y, GEALY D, LIN M J, et al., 2008. Carolina foxtail (*Alopecurus carolinianus*): susceptibility and suitability as an alternative host to rice blast disease (Magnaporthe oryzae [formerly M. grisea])[J]. Plant Disease, 92(4): 504–507.

JOSE R C, GOYARI S, LOUIS B, et al., 2016. Investigation on the biotrophic interaction of *Ustilago esculenta* on *Zizania latifolia* found in the Indo-Burma biodiversity hotspot[J]. Microbial Pathogenesis, 98: 6–15.

KWON S, RUPP O, BRACHMANN A, et al., 2021. mRNA inventory of extracellular vesicles from *Ustilago maydis*[J]. Journal of Fungi, 7: 562–567.

LANVER D, MEMDOZA-MEMDPZA A, BRACHMANN A, et al., 2010. Sho1 and Msb2-related proteins regulate appressorium development in the smut fungus *Ustilago maydis*[J]. The Plant Cell, 22: 2085–2101.

LANGFELDER P, HORVATH S, 2008. WGCNA: an R package for weighted correlation network analysis[J]. BMC Bioinformatics, 9(1): 559.

LANVER D, TOLLOT M, SCHWEIZER G, et al., 2017. *Ustilago maydis* effectors and their impact on virulence[J]. Nature Reviews Microbiology, 15: 409–421.

LI J, LU Z, YANG Y, et al., 2021. Transcriptome analysis reveals the symbiotic mechanism of *Ustilago esculen-*

ta-Induced gall formation of *Zizania latifolia*[J]. Molecular Plant-Microbe Interactions, 34: 168–185.

LIANG S W, HUANG Y H, CHIU J Y, et al., 2019. The smut fungus *Ustilago esculenta* has a bipolar mating system with three idiomorphs larger than 500 kb[J]. Fungal Genetics and Biology, 126: 61–74.

LINDE K, GPJRE V, 2021. How do smut fungi use plant signals to spatiotemporally orientate on and in planta[J]. Journal of Fungi, 7(2): 107.

MARÍN-MENGUIANO M, MORENO-SÁNCHEZ I, BARRALES R R, et al., 2019. *N*-glycosylation of the protein disulfide isomerase Pdi1 ensures full *Ustilago maydis* virulence[J]. PloS Pathogens, 15(11):1007687–1007690.

MATEI A, ERNSTC, GÜNL M, et al., 2018. How to make a tumour: cell type specific dissection of *Ustilago maydis*-induced tumour development in maize leaves[J]. New Phytologist, 217: 1681–1695.

MÜLLER O, SCHREIER P H, UHRIG J F, 2008. Identification and characterization of secreted and pathogenesis-related proteins in *Ustilago maydis*[J]. Molecular Genetics and Genomics, 279(1): 27–39.

NAKAJIMA M, YAMASHITA T, TAKAHASHI M, et al., 2012. Identification, cloning, and characterization of β-glucosidase from *Ustilago esculenta*[J]. Applied Microbiology and Biotechnology, 93(5): 1989–1998.

OKMEN B, KEMMERICH B, HILBIG D, et al, 2018. Dual function of a secreted fungalysin metalloprotease in *Ustilago maydis*[J]. New Phytologist, 220(1): 249–261.

PINTER N, HACH C A, HAMPEL M, et al., 2019. Signal peptide peptidase activity connects the unfolded protein response to plant defense suppression by *Ustilago maydis*[J]. Plos Pathogens, 15(4): 1007734–1007738.

SAHEED S A, CIERLIK I, LARSSON, et al., 2009. Stronger induction of callose deposition in barley by Russian wheat aphid than bird cherry-oat aphid is not associated with differences in callose synthase or beta-1,3-glucanase transcript abundance[J]. Physiologia Plantarum, 135: 150–161.

TERRELL E E, BATRA L R, 1982. *Zizania latifolia* and *Ustilago esculenta*, a grass-fungus association[J]. Economic Botany, 36(3): 274–285.

TOLONEN A C, CHILAKA A C, CHURCH G M, et al., 2009. Targeted gene inactivation in Clostridium phytofermentans shows that cellulose degradation requires the family 9 hydrolase Cphy3367[J]. Molecular Microbiology, 74: 1300–1313.

WANG Z H, YAN N, LUO X, et al., Gene expression in the smut fungus *Ustilago esculenta* governs swollen gall metamorphosis in *Zizania latifolia*[J]. Microbial Pathogenesis, 143: 104107.

YAN N, DU Y, LIU X, et al., 2018. Morphological characteristics, nutrients, and bioactive compounds of *Zizania latifolia*, and health Benefits of its seeds[J]. Molecules, 23(7): 1561.

YANG H C, 1978. Formation and histopathology of galls induced by *Ustilago esculenta* in *Zizania latifolia*[J]. Phytopathology, 68: 1572–1576.

Ye Z, PAN Y, ZHANG Y, et al., 2017. Comparative whole-genome analysis reveals artificial selection effects on *Ustilago esculenta* genome[J]. DNA Research, 24: 635–648.

YU J, ZHANG Y, CUI H, et al., 2015. An efficient genetic manipulation protocol for *Ustilago esculenta*[J]. Fems Microbiology Letters, 362(12): fnv087.

ZHANG J Z, CHU F Q, GUO D P, et al., 2012. Cytology and ultrastructure of interactions between *Ustilago esculenta* and *Zizania latifolia*[J]. Mycological Progress, 11(2): 499–508.

ZHANG X J, WANG L, WANG S, et al., 2021. Contributions and characteristics of two bifunctional GH43 β-xylosidase /α-*L*-arabinofuranosidases with different structures on the xylan degradation of *Paenibacillus physcomitrellae* strain XB[J]. Microbiological Research, 253:126886–126889.

ZHANG Y, CAO Q, HU P, et al., 2017. Investigation on the differentiation of two *Ustilago esculenta* strains - implications of a relationship with the host phenotypes appearing in the fields[J]. BMC Microbiology, 17(1): 228.

ZHANG Y, YIN Y, HU P, et al., 2019. Mating-type loci of *Ustilago esculenta* are essential for mating and development[J]. Fungal Genetics and Biology, 125: 60–70.

ZHANG Z, BIAN J, ZHANG Y, et al., 2022. An endoglucanase secreted by *Ustilago esculenta* promotes fungal proliferation[J]. Journal of Fungi, 8(10): 1050–1055.

ZOU K, LI Y, ZHANG W, et al., 2022. Early infection response of fungal biotroph *Ustilago maydis* in maize[J]. Frontiers in Plant Science, 13: 970897.

7

菰黑粉菌分泌的内切葡聚糖酶促进菌丝增殖

胡映莉，卞加慧，郭月美，彭辉，汤近天，夏文强，叶子弘，张雅芬

（中国计量大学生命科学学院/浙江省生物计量与检验技术重点实验室）

摘要

菰黑粉菌（*Ustilago esculenta*）作为二型态真菌，其丝状双核体可以侵染中国菰植株并诱导其茎部膨大形成肉质茎。作为活体营养型真菌，菰黑粉菌首先需要分泌一系列效应因子以实现侵染和定殖，包括细胞壁降解酶（cell wall degrading enzymes, CWDEs）。本研究中，我们分离出 1 个基因 *UeEgl1*，在 MT 型和 T 型菌株侵染早期即表现出差异表达，其中在 T 型菌株菌丝增殖过程中特异性上调表达。生物信息学和酶活性分析表明，UeEgl1 在细胞外作为内切- 1,4 - β 葡聚糖酶，具有糖基水解酶家族 45（GH45）的保守结构域，其作用靶点是植物细胞壁 β- 1,4 连接的糖苷键的主要成分。对 *UeEgl1* 缺失突变体和 *UeEgl1* 过表达菌株的表型分析结果显示，*UeEgl1* 对体外培养的单倍体出芽生长、细胞融合和丝状菌丝生长都没有显著影响。进一步的研究发现，*UeEgl1* 的过表达促进了寄主体内菌丝的增殖，提高了植物的防御反应。以上结果表明，*UeEgl1* 基因可能通过分解植物细胞壁在感染早期发挥重要作用。

7.1 引言

菰黑粉菌是一种典型的二态型植物病原菌，与玉米瘤黑粉菌（*Ustilago maydis*）类似，菰黑粉菌的生命周期以 2 种不同的形态存在：酵母型和双核菌丝型。单倍体酵母型以出芽的方式繁殖，不具有致病性；在这种形态下，2 种性亲和菌株融合形成双核菌丝，并

获得侵染唯一已知宿主菰的能力。成功侵染菰植株形成可食用的肉质茎并抑制开花。经过长期的人工选择，区分出 MT 型和 T 型 2 种菌株。MT 型菌株可诱导形成可食用的肉质茭白，其作为一种水生蔬菜广泛种植于亚洲。然而，T 型菌株的侵染产生的是灰茭，其内充满褐色的冬孢子，无食用价值。MT 型和 T 型菌株在毒力和引起植物防御反应方面存在差异，主要的外在差异体现在其在植物中的增殖速度上。T 型菌株的致病性较高，在宿主体内的增殖速度快于 MT 型菌株，导致膨大的茎内产生大量的冬孢子。相反，增殖能力有限的 MT 型菌在正常茭白中仅形成少量的冬孢子并产生大量菌丝。

作为一种与玉米瘤黑粉菌类似的寄生真菌，菰黑粉菌通过侵入植物细胞壁并不断从宿主体内获取营养以进行生长和增殖，因此它需要打破植物防御的第一层屏障——植物细胞壁。病菌有很多种策略，例如，稻瘟病菌和炭疽病菌具有黑色素附着胞，其具有极高的膨胀压力，可以转化为机械压力帮助病菌穿过植物角质层和细胞壁。玉米瘤黑粉菌及大麦坚黑穗菌依靠非黑色素附着胞产生机械力及分泌细胞壁降解酶进入细胞。菰黑粉菌无法形成类似的附着胞的结构，因此分泌细胞壁降解酶很可能是其进入细胞的主要策略。

植物病原菌含有多种碳水化合物活性酶（carbohydrate-active enzymes, CAZymes），负责合成、修饰和分解多糖聚合物，是植物病原菌的部分营养来源。更重要的是，部分碳水化合物活性酶降解植物内复杂的碳水化合物，以突破植物细胞壁，参与这一过程的碳水化合物活性酶称为 CWDEs。纤维素酶等 CWDEs 与病原菌的毒力密切相关，具有纤维素酶活性的 GH 家族如 GH7 在细菌中缺失，但在真菌中普遍存在。在稻瘟病菌中敲除 GH6 和 GH7 纤维素酶不能阻止寄主中乳突状组织的快速形成，导致侵入受阻。此外，不同催化活性的 CWDEs 也被报道与致病性有关。玉米瘤黑粉菌分泌的所有内切木聚糖酶都参与侵染。大丽花黄萎病菌中的纤维素酶（*VdPEL1*）的缺失可严重损害其毒力，并降低其诱导细胞死亡和植物抗性的能力。大豆疫霉 *PsGH7a*（编码纤维二糖水解酶）敲除后其毒力降低。然而，目前关于 CWDEs 在真菌致病过程中的功能及相关机制的发现还很少。

与其他黑粉菌属类似，菰黑粉菌产生一系列可能与其致病性相关的胞外 CWDEs 混合物。然而，作为活体营养型寄生物，菰黑粉菌的 CWDEs 含量显著低于半活体营养型和死体营养型真菌，甚至低于其他黑粉菌。在本研究中，发现了 1 个在 T 型菌株生命周期的多个阶段中表达量高于 MT 型菌株的基因。系统发育分析和酶学活性证明其为内切 -1，4-β 葡聚糖酶（EG；3.2.1.4），属于糖苷水解酶家族 45（GH45），将其命名为 UeEgl1。此外，通过 *UeEgl1* 敲除和过表达菌株对比分析 UeEgl1 在 T 型菌株生命周期中的功能特性，并通过植物细胞壁染色和转录组分析进一步探讨其在真菌增殖中可能的作用机制。

7.2 材料与方法

7.2.1 培养基与生长条件

大肠杆菌 DH5α（Takara，日本）在 LB 培养基（蛋白胨 2%，酵母提取物 1%，NaCl 2%）中于 37℃生长。从龙茭 2 号的灰茭（品种编号：208、024）中分离得到 1 对 T 型亲和单倍体株系 UeT14（CCTCC AF 2015016）和 UeT55（CCTCC AF 2015015）。从龙茭 2 号白茭白中分离到 1 对 MT 型亲和单倍体株系 UeMT10（CCTCC AF 2015020）和 UeMT46（CCTCC AF 2015021）。菰黑粉菌于 28℃在 YEPS 培养基（蛋白胨 2%，酵母提取物 1%，蔗糖 2%）中生长。

7.2.2 内切葡聚糖酶基因的获取

通过玉米瘤黑粉菌的 egl1 序列比对到菰黑粉菌全基因组鸟枪法测序（JTLW00000000.1），首次预测到 UeEgl1 序列。然后根据预测序列设计相关引物。本研究所有基因组 DNA（gDNA）均采用十六烷基三甲基溴化铵（CTAB）法提取。使用 Spin Column Fungal Total RNA Purification Kit（B518659，生工生物工程股份有限公司，中国）提取并纯化总 RNA，使用 HiScript II 1st Strand cDNA Synthesis Kit（+gDNA wiper）（R212-01/02，南京 Vazyme 公司，中国）反转录互补 DNA（cDNA）。利用引物 egl1-gF/gR 和 egl1-cF/cR（表 7-1）分别扩增 UeEgl1 的基因组序列和 cDNA。目的序列经琼脂糖凝胶电泳和测序验证。

表 7-1　本章所用引物序列

引物名称	引物序列 (5'-3')	目标
egl1-gF	CCGCTTGATTCATCGTGTCTG	*UeEgl1* 克隆
egl1-gR	TTTCGGGATGGAAACGACTG	
egl1-cF	ATGTCGTTCAAACTCAAGG	
egl1-cR	TCAGTGCTTGTTCTTGCAG	
egl1-F-f	GTGAATTCGAGCTCGGTACCGTCCAGCTGGACCTCTGACT	*UeEgl1* 敲除载体构建
egl1-F-r	TCTAGAGGATCCCCGGTACCGGCGAAGATAAACAGAGAAA	
egl1-R-f	CGTCGACCTGCAGGCATGCAGCTAGACTGCCATTCGCATA	
egl1-R-r	GACCATGATTACGCCAAGCTGATTACGCCAAGCTTGCATG	
Hyg3-R	GGATGCCTCCGCTCGAAGTA	*UeEgl1* 缺失突变
Hyg4-F	CGTTGCAAGACCTGCCTGAA	
Hyg-F	TCGTTATGTTTATCGGCACT	
Hyg-R	TCGGCGAGTACTTCTACACA	

（续表）

引物名称	引物序列 (5'－3')	目标
egl1-QF	CTGGCTTTCGGCTTTGCT	
egl1-QR	CGTTGGTCACCTGGAAGATG	定量 PCR
β-actin-QF	CAATGGTTCGGGAATGTGC	验证
Zl-actin-qF	GACGGTGAGGATATCAAGCC	
Zl-actin-qR	GCGAGGGCAACCGACAATAC	
HSP-egl1-F	GCCTTAGAATCGTCATCCCCATGTCGTTCAAACTCAACGT	*UeEgl1* 过表达
HSP-egl1-R	TCCTCGCCCTTGCTCACCATGTGCTTGTTCTTGCAGAACT	载体构建
HSP-YZ-F	GAACTCGAGCAGCTGAAGCT	*UeEgl1* 过表达
HSP-YZ-R	CGCTGAACTTGTGGCCGTTT	突变

7.2.3　生物信息学分析

通过 softberry 网站分析 *UeEgl1* 的核酸序列，获得其预测的开放阅读框和氨基酸序列。利用 clone manager 8 软件对 *UeEgl1* 的 gDNA 序列和 cDNA 序列进行比对，获得内含子信息。通过 ExPASY 网站预测 UeEgl1 蛋白的理化特性。利用 Pfam 和 Signal P-5.0 预测保守结构域和跨膜区，通过 NCBI 网站的 blast 功能比较 UeEgl1 蛋白序列同源性。采用 MEGA 6.0 软件，通过邻接法构建系统发育树。在 CAZy 和 UniPort 上搜索糖苷水解酶家族 45 中的真菌酶，然后使用 DNAMAN 9 程序与 UeEgl1 进行同源性比对。

7.2.4　质粒与菌株构建

本研究中使用的所有菌株均来自野生型菰黑粉菌 UeT14 和 UeT55。使用潮霉素 B 作为抗性筛选标记，选择同源重组的方法对 *UeEgl1* 进行敲除。利用引物 egl1-F-f/r 和 egl1-R-f/r 分别扩增 *UeEgl1* 基因各侧翼约 1 kb 的序列片段。该序列含有启动子和潮霉素抗性基因，其被分为两部分，具有 25 bp 的重叠序列。用引物 Hyg4-F/Hyg-R 扩增序列的前半部分，用引物 Hyg-F/Hyg3-R 扩增序列的后半部分，然后通过融合 PCR 得到 2 条长片段，一条包含 *UeEgl1* 基因上游序列和潮霉素抗性基因前半部分，另一条包含 *UeEgl1* 基因下游序列和潮霉素抗性基因后半部分。用引物 egl1-F-f/Hyg3 和 Hyg4/egl1-R-r 分别连接到 pMD19-T-hyg 载体（本实验室前期构建）上，形成质粒 pMD19-T-egl1-F 和 pMD19-T-egl1-R。将 2 个质粒用 *Kpn* I 酶切得到片段，并通过 PEG 3550/CaCl$_2$ 介导的原生质体转化法将其一起转化到菰黑粉菌原生质体中。转化子在 28℃含有潮霉素 B 的再生培养基（山梨醇 18.22 %，酵母提取物 1 %，蛋白胨 0.4 %，蔗糖 0.4 %）上筛选 4~9d。获得 UeT14 Δ*UeEgl1* 和 UeT55 Δ*UeEgl1* 菌株，通过 PCR 扩增和 qRT-PCR 验证（图 7-1A、B）。

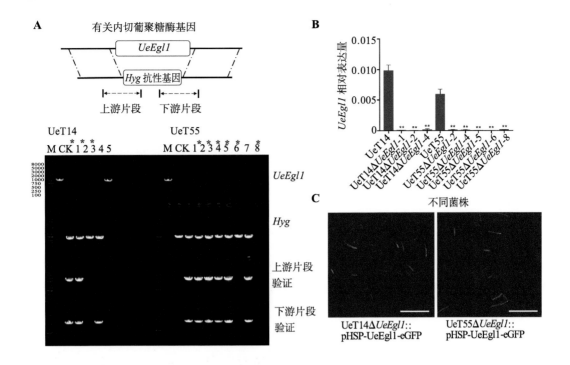

图 7-1　*UeEgl1* 敲除验证

注：A.UeEgl1 敲除构建；B. 敲除突变株 qRT-PCR 验证；C. 导入荧光载体的敲除变株。

UeEgl1-eGFP 的过表达载体，使用了 HSP70 的内源强启动子，并选择了萎锈灵（cbx）作为抗性筛选标记。用带有 *HSP70* 基因同源臂的引物 egl1-OF 和带有 *eGFP* 基因同源臂的引物 egl1-OR 扩增 *UeT14* 和 *UeT55* 的 *UeEgl1* 的 cDNA。扩增后的序列在 *Nco* I 酶切下进行处理，质粒 pUMa932 在同样的酶切下进行处理。然后，将这 2 个片段通过 C112 连接方法（Vazyme，C112-01）连接，构建 pUMa932-HSP-egl1 质粒。经 *Eco*R V 线性化后，通过 PEG3550／CaCl$_2$ 介导法转化 *UeEgl1* 敲除株原生质体。所有转化子在 28℃ 的 cbx 抗性再生培养基上筛选 4~9d，通过 Leica TCS-SP8 激光共聚焦显微镜进行荧光观察验证（图 7-1C）。所用引物序列如表 7-1 所示。

7.2.5　体外融合试验

将菌株在 YEPS 液体培养基中培养至 OD$_{600}$ 值达到 1.0，然后离心富集，加 YEPS 液体培养基重悬调整至 OD$_{600}$ 值 2.0 左右。性亲和单倍体菰黑粉菌以相同的比例和体积混合。取 2.0μL 混合细胞悬液点样于 YEPS 固体平板上，28℃培养。每 12 h 取样 1 次，直至 72h。在 XD 系列光学显微镜（阳光光学，中国）下观察接合管及菌丝生长情况。观察菌落形态，在 SZN 系列倒置显微镜（阳光光学，中国）下刮取，收集用于后续基因表达模式分析实验。

7.2.6 致病性试验

如体外融合实验所示，将 OD_{600} 值调整为约 2.0 的野生型、$UeEgl1$ 敲除型和 $UeEgl1$ 过表达型菌株以 1∶1 的比例混合［UeT14+UeT55（WT）、UeT14 Δ $UeEgl1$ +UeT55 Δ $UeEgl1$（KO）、UeT14 Δ $UeEgl1$::pHSP-UeEgl1-eGFP+UeT55 Δ $UeEgl1$::pHSP-UeEgl1-eGFP（OE）］。以三叶期中国菰幼苗为侵染对象，用注射器将混合菌株接种于幼苗茎基部。培养条件为白天 25℃，夜间 22℃，光照周期为 12 h。选取 0d、3d、6d、9d、15d、30d、60d、90d 时间点进行取样，每个时间点设置 3 个重复。

7.2.7 基因表达分析

qRT-PCR 分析用于评估基因表达。在 YEPS 固体培养基上每隔 12 h 收集 0~72h 的单倍体生长和交配实验样品。提取 RNA 并转录为 cDNA。采用 Perfect Start® Green qPCR Super Mix（AQ601，转基因生物科技有限公司，中国）和特异性基因引物（表 7-1）。该过程在 Bio-Rad（CFX Connect™ 实时系统，Bio-Rad，美国）上进行。以 $β$-actin 为内参基因，通过定量比较 CT（$2^{-\Delta\Delta Ct}$）计算基因相对表达量。在植株（包括茎尖和部分叶鞘）注射部位上下 1 cm 处取样。提取基因组 DNA 进行 qRT-PCR 分析，利用相应引物对菰黑粉菌和菰的 $β$-actin 基因进行 qRT-PCR 分析（表 7-1），通过菰黑粉菌 $β$-actin 基因与菰 $β$-actin 基因的比较 CT 确定菰黑粉菌 gDNA 的相对量。所有实验进行 3 个生物学重复，方差分析（ANOVA），$P < 0.05$ 表示差异显著。

7.2.8 共聚焦显微镜观察

观察前用卡诺固定液（无水乙醇:乙酸 =3∶1）固定感染的植物样品。将样品用 1×PBS 溶液清洗 2 次后进行切片，置于 10% KOH 溶液中 85℃ 水浴 0.5~3h 至切片半透明。透明化完成后，用 1×PBS 洗涤，尽量去除 KOH 溶液，将样品浸入荧光染色液（PI 20μg/mL、WGA 10μg/mL、CFW 10μg/mL 溶于 1×PBS 溶液）中，真空抽吸（0.04 MPa，10min，3 次）助染。采用 Leica TCS-SP8 激光共聚焦显微镜，在 561nm 波长下激发碘化丙啶（PI），488nm 波长下激发小麦凝集素（WGA），405nm 波长下激发荧光增白剂（CFW）进行观察，LAS-AF Lite4.0 软件处理图像。

7.2.9 酶活性测定

为了验证 UeEgl1 的酶活性，使用羧甲基纤维素钠（CMC-Na）基础培养基［CMC-Na 1.5%，$(NH_4)_2SO_4$ 0.4 %，KH_2PO_4 0.1 %，$MgSO_4$ 0.05 %，蛋白胨 0.1 %］于 28℃ 培养 UeT14、UeT55 及其衍生物。首先使菌株在 YEPS 培养基中生长，收集并富集 OD_{600} 值为 2.0 的菌株，分别在 CMC-Na 固体培养基和 CMC-Na 液体培养基上点样 5μL，培养 48h。

然后在CMC-Na固体培养基上倒入1g/L刚果红溶液染色30min，蒸馏水冲洗后用1mol/L NaCl脱色。对水解圈进行了观察和测量。将在CMC-Na液体培养基中生长的0.4mL细胞上清液与0.4 mL 1 % CMC-Na在醋酸钠缓冲液（0.1mol/L，pH 5.5）中50℃孵育2 h。孵育结束后加入上清液作为对照组。还原糖测定参照DNS法。

7.2.10 转录组分析

在用WT、KO和OE菌株感染前，以及感染后3d（3dpi），在注射部位上方和下方1cm处收集的样品（WT0、WT3、KO3、OE3，每个有3个独立重复），用于转录组分析。使用RNAprep Pure Plant Kit（QIAGEN，德国）提取总RNA，使用生物分析器2100系统（Agilent Technologies，美国）的RNA Nano 6000 Assay Kit评估RNA完整性。

利用Illumina Nova Seq 6000构建RNA-seq的cDNA文库。利用Hisat2构建菰白参考基因组的索引（本实验室的菰白基因组序列和基因模型注释文件尚未公布），并利用Hisat2将clean reads比对到参考基因组上。

统计基因读数，计算每个基因每千碱基外显子模型的片段数（FPKM）。采用DESeq2R程序包对两个条件组进行差异表达分析。采用Benjamini和霍赫贝格方法调整P值。$P > 0.5$和绝对变化倍数大于2（$\log_2$FC）的基因视为"上调"，而$\log_2$FC小于0和$P > 0.5$的基因视为"下调"，$P > 0.5$的基因视为"无调控"。Cluster Profiler R程序包检验差异表达基因在KEGG通路中的富集情况。

7.3 结果

7.3.1 一个预测的内切葡聚糖酶基因在T型菌株的菌丝形成和增殖过程中特异性上调

本章实验对MT型和T型的真菌生活阶段（包括离体出芽、离体交配和侵染）进行转录组分析，并对数据进行分析，筛选两种类型菌株在不同生活阶段差异表达的基因。其中，一个基因（基因ID：g1206）在融合期36h和48h以及接种后2d和3d在T型中的表达量显著高于MT型（图7-2）。一般来说，该基因在T型和MT型的芽期基本不表达。但在T型中，融合36h后和侵染2d后明显上调，而在MT型中，融合48h内和接种3d内上调趋势不明显且表达量较低（图7-2）。在菰黑粉菌基因组中，g1206被注释为内切葡聚糖酶1，与玉米瘤黑粉菌的*egl1*相似性为76 %，因此被命名为*UeEgl1*。

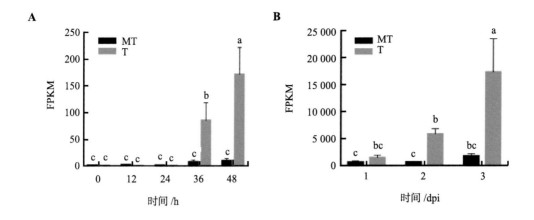

图7-2 *UeEgl1* 在 **T** 型以及 **MT** 型菰黑粉菌中的表达差异

注：A. 融合期不同时间 *UeEgl1* 的表达情况；B. 接种后菌在寄主体内 *UeEgl1* 的表达情况。不同的小写字母表示差异显著。

通过 qRT-PCR 在 T 型菌株 UeT14 和 UeT55（图 7-3A 和图 7-3B）以及 MT 型菌株 MT10 和 MT46 中进一步证实了 *UeEgl1* 的表达模式。发现 *UeEgl1* 在所有单倍体细胞中表达量极低。在融合过程中，在 T 型细胞中，*UeEgl1* 仅在 12h 之前表达，而在 12h 之后上调表达，此时正是接合管大量形成和丝状体生长的开始，并在 48h 达到峰值（图 7-3C）。此外，在侵染时期，*UeEgl1* 在接种后 3d、6d 和 15d 也高表达，但在 30d、90d 下调表达（图 7-3D）。与转录组结果类似，MT 型 *UeEgl1* 在交配期和侵染期的表达量仍处于较低水平。

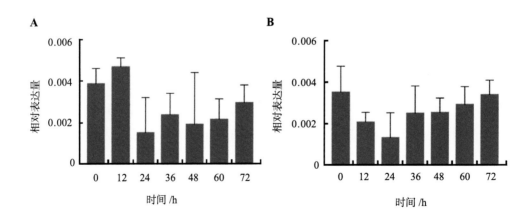

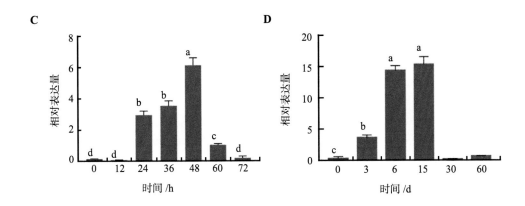

图 7-3 *UeEgl1* 在发育阶段的表达模式

注：单倍体 UeT14（A）和 UeT55（B）株系的 *UeEgl1* 相对表达量，在出芽期每隔 12h 取样 1 次。C. T 型菌株在交配期每隔 12h 的 *UeEgl1* 相对表达量。D. 在第 0d、3d、6d、15d、30d 和 60d 分别收集 UeT14 和 UeT55 融合侵染的植株样品，分析 *UeEgl1* 的相对表达量。*UeEgl1* 的表达与 *β-actin* 的表达相关，柱子上方不同字母表示方差分析 ANOVA 差异显著（$P < 0.05$）。

7.3.2　*UeEgl1* 编码分泌到胞外的内切 -1,4-β- 葡聚糖酶

根据玉米瘤黑粉菌中的 *egl1* 序列，我们基于菰黑粉菌（GenBank：JTLW00000000.1）的全基因组序列数据库，通过本地 BLAST 鉴定了 *UeEgl1*（基因库：OM141134）。扩增并分析了 *UeEgl1* 的基因组 DNA 和互补 DNA。*UeEgl1* 全长 1 112bp，无内含子序列，编码 370 个氨基酸（图 7-4A）。ExPASY 预测分子量为 37.75KDa，理论等电点为 6.01。Pfam 和 SignalP-5.0 预测 UeEgl1 具有一个位于 27~235aa 的糖基水解酶家族 45（GH45）催化结构域（图 7-4A）和一个信号肽，推测其为内切 -1,4-β- 葡聚糖酶，在细胞外具有糖苷水解酶活性，分泌到胞外起作用（图 7-4 A）。

将 UeEgl1 与其他已报道的包括玉米瘤黑粉菌（*Ustilago maydis*、*Ustilago hordei*、*Sporisorium reilianum*、*Sporisorium scitamicum*、*Melanopsichium pennsylvanicum*）在内的黑穗病菌内切 -1,4-β - 葡聚糖酶以及亲缘关系较远的真菌稻瘟霉（*Pyricularia oryzae*）、里氏木霉（*Trichoderma reesei*）和酿酒酵母（*Saccharomyces cerevisiae*）进行系统发育分析。结果显示，UeEgl1 与黑粉菌纲具有较高的相似性，而黑穗病菌 egl1 与大多数真菌内切 -1,4-β- 葡聚糖酶的相似性较低（图 7-4B）。黑穗病菌 GH45 结构域之间的序列比对表明 GH45 内切葡聚糖酶在黑穗病菌中高度保守，这 5 个内切葡聚糖酶基因都含有高度相似的信号肽（图 7-4C）。

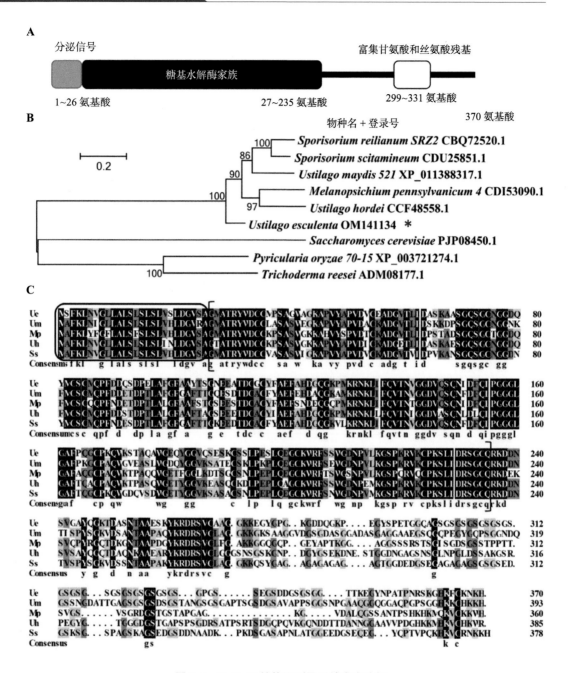

图 7-4　Ue Egl1 结构预测及系统发育分析

注：A. UeEgl1 由 370 个氨基酸组成，灰色框（aa 1~26）预测为 N 末端分泌信号，黑色框（aa 27~235）代表糖基水解酶家族 45（GH45）结构域，白色框（aa 299~331）富集甘氨酸和丝氨酸残基。B. UeEgl1 与其他真菌来源的内切 -1,4-β- 葡聚糖酶的进化树分析。序号后接真菌名称。UeEgl1 用 '*' 标记。C. GH45 结构域氨基酸序列比对。选取 Ue: *U. esculenta*、Um（*Ustilago maydis*）、Uh（*Ustilago hordei*）、Mp（*Melanopsichium pennsylvanicum*）和 Ss（*Sporisorium scitamineum*）进行 GH45 结构域多序列比对。相同的氨基酸用黑色底纹。椭圆内的氨基酸为信号肽，方括号内的氨基酸为 GH45 结构域。

植物细胞壁约 1/3 由纤维素组成，纤维素通过 β-1,4- 糖苷键连接。玉米瘤黑粉菌的 egl1 被报道具有纤维素酶活性。为了检测 UeEgl1 是否具有催化纤维素降解的能力，在 CMC-Na 液体和固体培养基上培养野生型、敲除菌株、过表达菌株和丝状双核菌株。在 CMC-Na 固体培养基上，经染色、洗涤后可观察到水解圈呈黄色。单倍体和过表达菌株均能观察到明显的水解环。然而，野生型和 UeEgl1 缺失株的酵母型和丝状双核型菌株均未检测到水解环（图 7-5A）。DNS 法也证明过表达菌株的酶活性显著高于野生型和 UeEgl1 缺失菌株（图 7-5B）。在 CMC-Na 培养基上生长 48h 的 UeEgl1 表达显示出相同的酶活测定结果，即只有当 UeEgl1 在强启动子下表达时，CMC-Na 培养基上生长的菌株才有较高的 UeEgl1 表达和酶活性（图 7-5C）。

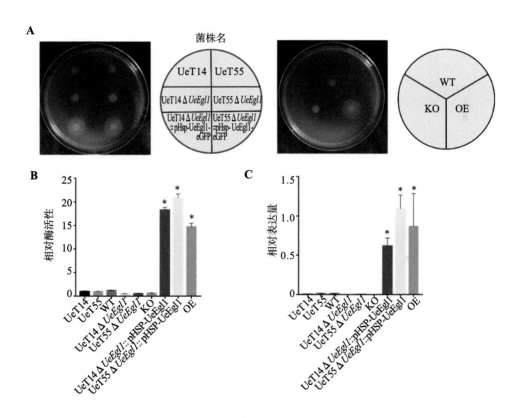

图 7-5 UeEgl1 的内切 -1,4-β- 葡聚糖酶活性

注：A. 培养基中含有的 CMC-Na 被内切葡聚糖酶消化形成水解圈，水解圈是存在于白色斑点和红色背景之间的黄色圆圈。右圆内的名称对应左圆中的菌株。WT 为 UeT14 +UeT55，KO 和 OE 分别为 UeT14 ΔUeEgl1+UeT55 ΔUeEgl1 和 UeT14 ΔUeEgl1:: pHSP-UeEgl1-eGFP+ UeT55 ΔUeEgl1:: pHSP-UeEgl1-eGFP。B. 培养 48 h 上清液中相对内切葡聚糖酶活性。内切葡聚糖酶活性标准化为 UeT14 菌株，* 表示 UeEgl1 过表达菌株的酶活性显著高于野生型。C. 在 CMC-Na 培养基上生长的菌株在 48h 时 UeEgl1 的相对表达量。* 表示 UeEgl1 过表达菌株的酶活显著高于野生型菌株。

7.3.3 *UeEgl1* 促进菰黑粉菌在茭白体内的增殖

UeEgl1 在菌丝体形成后被高度诱导表达，表明其在宿主丝状生长或增殖中发挥作用。为了充分研究菰黑粉菌中 *UeEgl1* 的功能，对野生型、*UeEgl1* 敲除型和过表达型

菌株进行检测。在单倍体生长和形态上，*UeEgl1* 敲除菌株和过表达菌株（图 7-6A、B）均无明显差异。在接合管形成或菌丝伸长时，将 3 对性亲和菌株（UeT14+UeT55，UeT14Δ*UeEgl1*+UeT55Δ*UeEgl1*，UeT14Δ*UeEgl1*::pHSP-UeEgl1-eGFP+UeT55Δ*UeE-gl1*::pHSP-UeEgl1-eGFP）融合，并在固体 YEPS 培养基上生长。体外融合试验表明，3 种组合均能在 24h 内形成融合管，数量大致相同。此外，各时间段融合菌丝的形成和长度均无显著差异。同时，在 48h 后也观察到相同长度和状态的气生菌丝（图 7-6C）。因此，UeEgl1 在菰黑粉菌的体外交配过程中并不发挥重要作用，因为它不影响丝状体的发育。

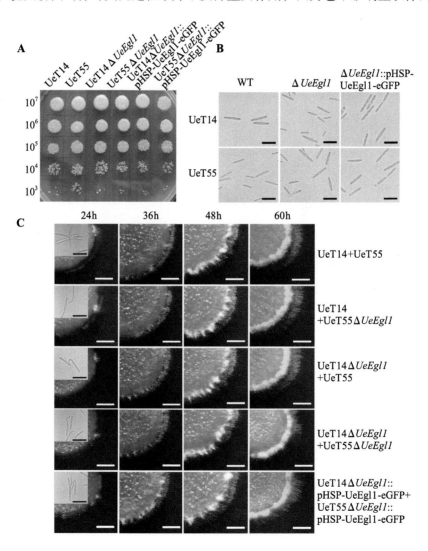

图 7-6　Ue Egl1 敲除和过表达菌株的细胞形态和丝状生长

注：A. 单倍体野生型、*UeEgl1* 敲除型和过表达型菌株的生长速率。在固体 YEPS 培养基上分别点样 10^7、10^6、10^5、10^4 和 10^3 个细胞。B. HapLoid 野生型、*UeEgl1* 敲除型和过表达型菌株的形态。黑色比例尺为 20μm。C. *UeEgl1* 敲除和过表达菌株在交配和丝状生长过程中的形态。不同的相容菌株按补充上述方法进行杂交。24h 时在菌株图像的左上角显示接合管图像。白色标尺 =1 500μm，黑色标尺 =20μm。

为了检测 UeEgl1 是否影响菰黑粉菌对中国菰植株的侵染，将 WT（UeT14+UeT55）、KO（UeT14ΔUeEgl1+UeT55ΔUeEgl1）、OE（UeT14ΔUeEgl1:: pHSP-UeEgl1-eGFP +UeT55ΔUeEgl1:: pHSP-UeEgl1-eGFP）3 种组合的菌株侵染生长 2 周的中国菰幼苗。荧光共聚焦显微镜观察结果显示，在第 3 天，野生型菌株定殖于寄主叶鞘并开始增殖，而 UeEgl1 敲除菌株仍停留在侵染阶段。相比之下，UeEgl1 过表达菌株广泛分布于寄主叶鞘中，表现出比野生型和 UeEgl1 敲除菌株更好的定殖和促生活性（图 7-7A）。侵染后第 6 天，3 种组合的菌丝在植物叶鞘细胞内大量增殖（图 7-7A）。在植株茎尖观察到相对较晚的侵染。在 6dpi（感染后第 6 天）时几乎观察不到菌丝。在 WT 和 OE 组合接种后 9d，侵入的菌丝开始

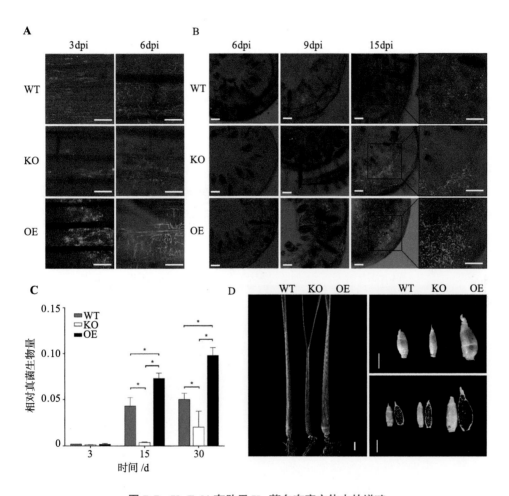

图 7-7　Ue Egl1 有助于 U. 茭白在宿主体内的增殖

注：A、B，对接种 WT（UeT14+UeT55）、KO（UeT14ΔUeEgl1+UeT55ΔUeEgl1）、OE（UeT14ΔUeEgl1::pHSP-UeEgl1-eGFP+UeT55ΔUeEgl1::pHSP-UeEgl1-eGFP）的幼苗进行共聚焦显微镜观察，叶鞘（A）在 3dpi 和 6dpi，茎尖（B）在 6d、9d 和 15d，标尺 =150μm。C. 在接种指示菌后 3d、6d、9d、15d 和 30d，通过 qPCR 测定相对真菌生物量。真菌相对生物量用菰黑粉菌的 β-actin 基因作为参照，未被茭白的 β-actine 基因影响。D. 孕茭状态。左图显示了注射了与上图相对应菌株的孕茭的茭白，右上方的图片显示了左图中茭白的茎膨大，左下方图片为茎纵剖图像，标尺 =2 cm。

长入寄主茎尖，而 *UeEgl1* 敲除菌株在 15dpi 时才开始长出菌丝。更重要的是，在 15dpi 时，OE 组合侵染的植株表现出大量菌丝均匀分布在茎中，而野生型和 KO 组合侵染的植株菌丝较少且零星分布，其中 *UeEgl1* 敲除菌株表现出相对较差的增殖状态（图 7-7A、B）。最终，接种 WT、KO 或 OE 组合的植株均具有形成含有灰色孢子的膨大茎的能力（图 7-7 C）。此外，接种 OE 组合的植株形成的膨大茎大于 WT，而 KO 组合诱导的膨大茎小于 WT（图 7-7 D）。因此 *UeEgl1* 作用于菰黑粉菌的致病性，主要体现在促进菰黑粉菌在茭白体内的增殖。

7.3.4　茭白细胞壁相关免疫受 *UeEgl1* 调控

UeEgl1 作为纤维素酶，作用于植物细胞壁的主要成分。为了进一步确认其在侵染过程中对寄主细胞壁降解过程的影响，我们用 WGA / CFW 对侵染 3d 的叶鞘和 15d 的茎尖进行染色，观察菌丝生长状况和植物细胞壁的变化。结果表明，侵染后 WT 和 OE 在茎部均能正常繁殖，且菌丝生长密集区域的蓝色荧光信号较菌丝（除因真菌入侵导致细胞快速增殖的区域外）较少的区域明显减弱。然而，KO 菌丝生长受阻，植物细胞壁的蓝色荧光信号没有明显减弱（图 7-8）。因此，进一步观察比较了侵染 3d 的叶鞘中侵染植株的细胞壁荧光。结果表明，WT 和 OE 的大部分菌丝均能进入植物细胞壁，且侵入部位的蓝色荧光信号减弱。然而，KO 的侵袭被部分阻断，在侵袭部位有增强的蓝色荧光信号（图 7-8）。以上结果表明，菰黑粉菌 UeEgl1 的表达有助于分解植物细胞壁中的纤维素，从而使菰黑粉菌能够侵入细胞、吸收营养并实现增殖。植物感知细胞壁损伤后，会产生纤维素酶抑制剂等抑制剂或表达抗病基因来应对病原菌的侵染。

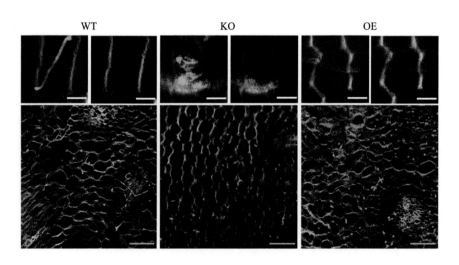

图 7-8　茭白细胞壁状态受 UeEgl1 影响

注：将接种 3d 的 WT、KO 和 OE 植株的图像分为 3 部分，左上角图像为 WGA/CFW 双通道染色的叶鞘，右上角图像为 CFW 染色通道的叶鞘。下方的植物茎图像用 WGA/CFW 染色，白色标尺 = 20μm。黄色标尺 = 100μm。WGA（绿色）染色显示菌丝的侵染动态，而 CFW（蓝色）可以结合植物细胞壁中的纤维素和壳聚糖。红色箭头表示荧光信号变化。

因此，我们对 3 dpi（WT3、KO3、OE3）时对应菌株侵染的植株茎组织进行了转录组分析。进一步筛选了感染 WT、KO 或 OE 后的差异表达基因（DEGs）。在 WT3、KO3 和 OE3 中分别有 33 263、32 189 和 32 857 个基因差异表达，其中 30 075 个基因共同表达（图 7-9A）。聚类 DEGs 的热图显示 WT3、KO3、OE3 和 WT0 中的调控模式不同，尤其是 KO3 和 OE3 之间（图 7-9B）。共分析了 41 641 个茭白预测基因的表达模式，在 KO3 和 OE3 之间共发现 887 个上调基因和 413 个下调基因（图 7-9C）。

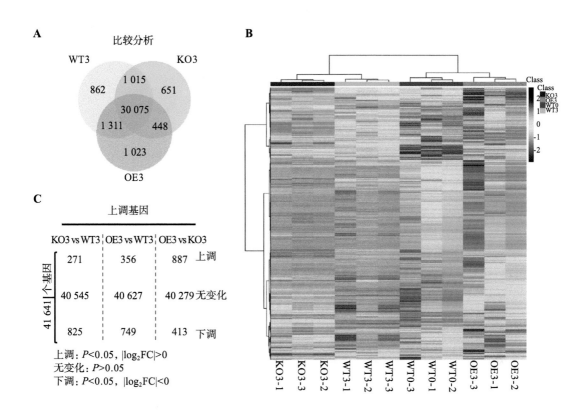

图 7-9　WT、KO、OE 感染茭白 0~3d 的转录组分析

OE3 与 KO3 比较，在宿主中富集较显著（红色点）的 KEGG 通路有 4 条上调，包括 MAPK 信号通路、植物 – 病原菌互作、植物激素信号转导和二萜类生物合成；有 2 条下调，包括类胡萝卜素生物合成和苯丙烷类生物合成。在 OE 与 WT 和 KO 与 WT 之间，下调的途径基本一致，均与宿主的发育和抗逆相关物质的合成有关，如碳代谢、碳固定、苯丙烷生物合成、谷胱甘肽代谢等。然而，在 OE 和 WT 之间没有显著的富集通路，只有少数昼夜节律基因在 KO 和 WT 中上调（图 7-9）。

值得注意的是，OE 与 KO 中植物病原菌互作的显著上调途径主要包括病程相关（PR）基因、抗氧化酶和钙结合蛋白。进一步检测这些基因在接种植株中的表达差异。*RPM1*（编码抗病蛋白 1）和 *PR1A*（编码致病相关蛋白 1A）负责识别病原菌的某些产物并提高抗病反应（Breen et al., 2017），*RBOHB*（编码 NADPH 氧化酶）调节活性氧（ROS），*CML10*（编码钙结合蛋白 10）与早期的应激反应有关，而 *CML49*（编码钙结合蛋白 49）被认为在胁迫过程中调节细胞壁重塑，这些基因大部分在感染菰黑粉菌的植物中上调表达，表明宿主对真菌入侵产生了植物防御反应。但在 3 dpi 时，OE 接种组的表达量显著高于 KO 和 WT 接种组（图 7-10）。这一表达趋势与转录组结果一致，暗示 OE 入侵后植物延迟了更强的植物防御反应。

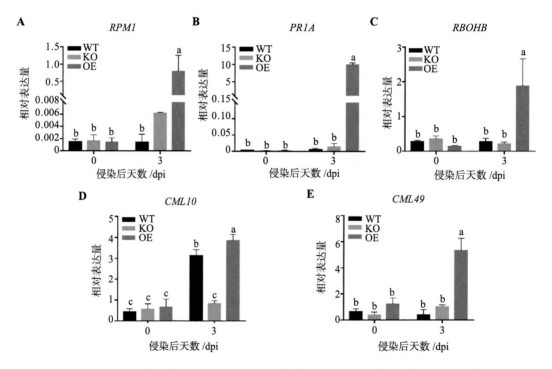

图 7-10　T、KO、OE 侵染后的茭白在 0 dpi、3 dpi 的病程相关（PR）基因、抗氧化酶、钙结合蛋白基因的特异性基因相对表达量分析（qRT-PCR）

注：A. 抗病蛋白（RPM1）基因；B. 病程相关蛋白 1A（PR1A）基因；C. NADPH 氧化酶（RBOHB）基因；D. 钙结合蛋白 10（CML10）基因；E. 钙结合蛋白 49（CML49）基因。β-actin 作为内参基因，各列上方不同字母表示在方差分析（ANOVA）差异显著（$P < 0.05$）。

7.4　讨论

不同酶的组合降解植物细胞壁的复杂结构是真菌病原体获得胞内营养物质所必需的。在菰黑粉菌中，包括 46 个糖苷水解酶（GHs）在内的 237 个真菌 CAZys 被鉴定并推测在细胞壁降解中发挥作用。由于纤维素是植物细胞壁的主要成分，纤维素降解酶包括 β-1,4- 葡萄糖苷酶、内切 -1,4-β- 葡聚糖酶和外切 -1,4-β- 葡聚糖酶被认为是潜在的细胞壁降解酶（CWDEs）候选。对多种植物病原菌的研究发现，内切 -1,4-β- 葡聚糖酶在病害发生过程中被高度诱导表达，如玉米瘤黑粉菌来源的 egl1、棘壳孢菌来源的 Plegl1，然而玉米瘤黑粉菌和番茄尖镰孢菌的基因缺失突变体均未观察到对致病性的影响，部分原因是内切 -1,4-β- 葡聚糖酶的冗余。内切 -1,4-β- 葡聚糖酶基因敲除突变体也有表型变化，如柑橘溃疡病菌（*Xanthomonas citri* subsp.）*bglC3* 基因的缺失。柑橘溃疡病菌没有表现出胞外羧甲基纤维素酶活性和对宿主的延迟渗透；稻白叶枯菌（*Xanthomonas oryzae* pv.）的 3 个内切 -1,4-β- 葡聚糖酶中 egl Xo A 或 egl Xo B 的 2 个缺失突变导致毒力完全丧失。此外，稻瘟病菌（*Magnaporthe oryzae*）内切 -1,4-β- 葡聚糖酶基因 *MoCel12A* 和 *MoCel12A* 的双敲除突变体表现出更严重的病害症状和更高的真菌生物量。值得注意的是，尽管分泌 CWDEs 是一种常见的策略，但仍然存在多样化的相互作用模式，以及发挥主要作用的酶的差异。在菰黑粉菌中，UeEgl1 的过表达起到了纤维素酶的作用，有利于其穿透寄主植物细胞壁，促进其在寄主体内的增殖，但同时也提高了寄主的防御反应。

MT 型和 T 型菰黑粉菌的分化株在毒力上有明显差异。MT 型失去了从外界侵染茭白的能力，其繁殖速度相比 T 型要慢得多，最终形成正常茭白。正常茭白经历无性繁殖，已被 MT 型菌株侵染的茭白无须外部菰黑粉菌的入侵也能膨大。MT 型与 KO 组合相比，具有许多相似的特征，如 UeEgl1 低表达、表型相似、感染早期部分阻断侵袭等。*UeEgl1* 敲除菌株侵染形成的膨大茎细长，说明真菌与寄主的生长发育更加协调，与食用蔬菜茭白的外观形态相似。因此，在菰黑粉菌与茭白的协同进化过程中，菰黑粉菌不同品种间的 UeEgl1 等毒力因子经过长期的选育进化出了不同的诱导机制。

在内切 -1,4-β- 葡聚糖酶对植物细胞壁的分解过程中，会形成寡糖等产物，这些产物作为激发子引发植物防御反应，内切 -1,4-β- 葡聚糖酶本身也是激发子。与野生型和 *UeEgl1* 敲除菌株相比，MAPK 信号通路、植物病理、植物激素合成和信号转导等植物途径被上调，负责植物防御反应的关键基因在 *UeEgl1* 过表达的影响下被高度诱导，但真菌增殖并未受到抑制。相反，虽然 KO 组合中基本没有抗性基因表达，但真菌增殖有限。推测细胞壁降解受阻后，获得营养的能力减弱。与致病型 T 型菌相比，MT 型具有以植物为主的内生趋势，触发植物防御反应的能力较弱，但增殖受阻，与 T 型的 *UeEgl1* 敲除菌株相似。因此，细胞壁的物理屏障可能比细胞壁降解诱导的抗性在菰黑粉菌和菰植株两者的相互作用中更为重要。这种互作效应更好地保护了菰黑粉菌和菰植株的内生互作系统。

7.5 结论

在本研究中，我们证明了一个编码分泌型内切 -1,4-β- 葡聚糖酶的基因 *UeEgl1*，该基因在 MT 型和 T 型菰黑粉菌中差异表达，并且在亲和的 T 型菌株融合和丝状双核体形态时高度诱导表达。我们的结果表明，*UeEgl1* 敲除菌株和过表达菌株在菌株形态和菌丝生长方面没有明显差异。然而，与 *UeEgl1* 在侵染初期的高表达相对应，超量表达 *UeEgl1* 的菌株在茭白内部增殖速度较快，分布范围明显大于野生型和 *UeEgl1* 缺失型茭白，且分布密集，真菌生物量较高，茎更膨大。*UeEgl1* 基因被敲除后，真菌在入侵植物细胞质和增殖中都被阻断。OE 和 KO 侵染后，植物细胞壁的侵染点分别发生加厚或变薄的变化。菰黑粉菌的 *UeEgl1* 敲除和过表达对植物的影响表现出 DEGs 的巨大变化；与植物抗性相关的通路 DEGs 是对 *UeEgl1* 高表达的诱导响应。这些结果表明 *UeEgl1* 对真菌在植物体内的发育过程具有重要作用。

此外，虽然在 CMC-Na 培养基上可以观察到菌丝生长，但野生型 *UeEgl1* 的表达几乎不被诱导。野生型菌丝中 *UeEgl1* 的低表达可能受培养基中营养缺乏的影响。之后，将针对 *UeEgl1* 的表达机制、与其他 CWDEs 的协同作用以及引发植物防御反应的机制进行研究。*UeEgl1* 在 MT 型和 T 型菌感染早期差异表达的机制可能对我们理解宿主与病原体之间的毒力和协同进化具有重要意义。此外，T 型和 MT 型之间的差异转录组筛选可能是鉴定相关基因的新途径。

参考文献

BREEN S, WILLIAMS S J, OUTRAM M, et al., 2017. Emerging insights into the functions of pathogenesis-related protein 1[J]. Trends in Plant Science, 22(10): 871–879.

BREFORT T, TANAKA S, NEIDIG N, et al., 2014. Characterization of the largest effector gene cluster of *Ustilago maydis*[J]. PloS Pathogens, 10(7): e1003866.

CAZYPEDIA CONSORTIUM, 2018. Ten years of CAZypedia: a living encyclopedia of carbohydrate-active enzymes[J]. Glycobiology, 28(1): 3–8.

CHEN S, XIONG B, WEI L, et al., 2018. The model filamentous fungus *Neurospora crassa*: progress toward a systems understanding of plant cell wall deconstruction[M]. //Fungal Cellulolytic Enzymes. Singapore: Springer: 477–498.

CHETHANA K W T, JAYAWARDENA R S, CHEN Y J, et al., 2021. Diversity and function of appressoria[J]. Pathogens, 10(6): 746.

DANIEL L, PATRICK B, MARIE T, et al., 2014. Plant surface cues prime *Ustilago maydis* for biotrophic development[J]. PloS Pathogens, 10(7): e1004272.

GLASS N L, SCHMOLL M, CATE J H D, et al., 2013. Plant cell wall deconstruction by ascomycete fungi[J]. Annual Review of Microbiology, 67(1): 477–498.

GUO H B, LI S M, PENG J, et al., 2007. *Zizania latifolia* Turcz. cultivated in China[J]. Genetic Resources and Crop Evolution, 54(6): 1211–1217.

HAGE H, ROSSO M N, 2021. Evolution of fungal carbohydrate-active enzyme portfolios and adaptation to plant cell-wall polymers[J]. Journal of Fungi, 7(3): 185.

HEMATY K, CHERK C, SOMERVILLE S, 2009. Host–pathogen warfare at the plant cell wall[J]. Current Opinion in Plant Biology, 12(4): 406–413.

HÜCKELHOVEN R, 2007. Cell Wall–associated mechanisms of disease resistance and susceptibility[J]. Annual Review of Phytopathology, 45: 101–127.

ISMAEL M, DOLORES P M, BLANCA N, et al., 2021. *Ustilago maydis* secreted endo-xylanases are involved in fungal filamentation and proliferation on and inside plants[J]. Journal of Fungi, 7(12): 1081.

JOSE R C, GRIHALAKSHMI N D, LOUIS B, et al., 2017. Confined enzymatic activity of *S. scitamineum* and *U. esculenta* at the Smut Gall during infection[J]. Biological System, 6: 2.

KAMPER J, KAHMANN R, BÖLKER M, et al., 2006. Insights from the genome of the biotrophic fungal plant pathogen *Ustilago maydis*[J]. Nature, 444(7115): 97–101.

KINAL H, PARK C M, BRUENN J A, 1993. A family of *Ustilago maydis* expression vectors: new selectable markers and promoters[J]. Gene, 127(1): 151–152.

KMEN B, SCHWAMMBACH D, BAKKEREN G, et al., 2021. The *Ustilago* hordei–barley interaction is a versatile system for characterization of fungal effectors[J]. Journal of Fungi, 7(2): 86.

KWANG, 2016. CML10, et al., a variant of calmodulin, modulates ascorbic acid synthesis[J]. New Phytologist, 209(2): 664–678.

LORRAI R, FERRARI S, 2021. Host cell wall damage during pathogen infection: mechanisms of perception and role in plant-pathogen interactions[J]. Plants (Basel, Switzerland), 10(2): 399.

MA Y, HAN C, CHEN J, et al., 2014. Fungal cellulase is an elicitor but its enzymatic activity is not required for its elicitor activity[J]. Molecular Plant Pathology, 16(1): 14–26.

MENTGES M, GLASENAPP A, BOENISCH M, et al., 2020. Infection cushions of Fusarium graminearum are fungal arsenals for wheat infection[J]. Molecular Plant Pathology, 21(8):1070–1087.

MILLER G L, BLUM R, GLENNON W E, et al., 1960. Measurement of carboxymethylcellulase activity[J]. Analytical Biochemistry, 1(2): 127–132.

NADAL M, GARCIA-PEDRAJAS M D, GOLD S E, 2008. Dimorphism in fungal plant pathogens[J]. Fems Microbiology Letters, 284(2): 127–134.

ÖKMEN B, MATHOW D, HOF A, et al., 2018. Mining the effector repertoire of the biotrophic fungal pathogen *Ustilago* hordei during host and non-host infection[J]. Molecular Plant Pathology, 19(12): 2603-2622.

PAYNE C M, KNOTT B C, MAYES H B, et al., 2015. Fungal cellulases[J]. Chemical Reviews, 115(3): 1308-1448.

RAFIEI V, VÉLËZ H, TZELEPIS G, et al., 2021. The role of glycoside hydrolases in phytopathogenic fungi and oomycetes virulence[J]. International journal of molecular sciences, 22(17):9359.

RAFIQUE S, 2021. Physiological and molecular mechanism of tolerance of two maize genotypes under multiple abiotic stresses[J/OL]. BioRxiv https: //doi org/ 10.1101/ 2021.11.11.468230.

SCHAUWECKER F, WANNER G, KAHMANN R, 1995. Filament-specific expression of a cellulase gene in the dimorphic fungus *Ustilago maydis*[J]. Biological Chemistry Hoppe-Seyler, 376(10): 617–626.

SOMERVILLE C, 2006. Cellulose synthesis in higher plants[J]. Annual Review of Cell and Developmental Biology, 22(1): 53–78.

TAN X, HU Y, JIA Y, et al., 2020. A conserved glycoside hydrolase family 7 cellobiohydrolase *PsGH7a* of *Phytophthora sojae* is required for full virulence on soybean[J]. Frontiers in Microbiology, 11:1285.

TEMUUJIN H W, 2011. Identification of novel pathogenicity-related cellulase genes in *Xanthomonas oryzae* pv. oryzae[J]. Physiological and Molecular Plant Pathology, 76(2): 152–157.

TERFRÜCHTE M, JOEHNK B, FAJARDO-SOMERA R, et al., 2014. Establishing a versatile Golden Gate cloning system for genetic engineering in fungi[J]. Fungal Genetics and Biology, 62: 1–10.

TONUKARI N J, 2003. Enzymes and fungal virulence[J]. Journal of Applied Sciences & Environmental Management, 7:1.

TORNERO P, CHAO R A, LUTHIN W N, et al., 2002. Large-scale structure –function analysis of the arabidopsis RPM1 disease resistance protein[J]. Plant Cell, 14(2): 435–450.

VALENTE M T, INFANTINO A, ARAGONA M, 2011. Molecular and functional characterization of an endoglucanase in the phytopathogenic fungus Pyrenochaeta lycopersici[J]. Current Genetics, 57(4): 241–251.

VAN V B, ITOH K, NGIU Q B, et al., 2012. Cellulases belonging to glycoside hydrolase families 6 and 7 contribute to the virulence of *Magnaporthe oryzae*[J]. Molecular Plant-Microbe Interactions , 25(9): 1135–1141.

WANG Z D, YAN N, WANG Z H, et al., 2017. RNA-seq analysis provides insight into reprogramming of culm development in *Zizania latifolia* induced by *Ustilago esculenta*[J]. Plant Molecular Biology, 95(6):533–547.

WILSON R A, TALBOT N J, 2009. Identification of an extracellular endoglucanase that is required for full virulence in xanthomonas *citri* subsp. *citri*[J]. PLoS ONE, 11(3):e0151017.

XIA T, LI Y J, SUN D L, et al., 2016. Identification of an extracellular endoglucanase that is required for full virulence in xanthomonas *citri* subsp.*citri*[J]. PLoS ONE, 11(5): e0151017.

YAN N, WANG X Q, XU X F, et al., 2013. Plant growth and photosynthetic performance of *Zizania latifolia* are altered by endophytic *Ustilago esculenta* infection[J]. Physiological & Molecular Plant Pathology, 83:75-83.

YANG C, LIU R, PANG J, et al., 2021. Poaceae-specific cell wall-derived oligosaccharides activate plant immunity via *OsCERK1* during *Magnaporthe oryzae* infection in rice[J]. Nature Communications, 12(1): 2178.

YANG H C, 1978. Formation and histopathology of galls induced by *Ustilago esculenta* in *Zizania latifolia*[J].

Phytopathology, 68: 1572–1576.

YE Z, PAN Y, ZHANG Y, et al., 2017. Comparative whole-genome analysis reveals artificial selection effects on *Ustilago esculenta* genome[J]. DNA Research, 24(6): 635–648.

YOU W, LIU Q, ZOU K, et al., 2011. Morphological and molecular fifferences in two strains of *Ustilago esculenta*[J]. Current Microbiology, 62(1): 44–54.

YU J, ZHANG Y, CUI H, et al., 2015. An efficient genetic manipulation protocol for *Ustilago esculenta*[J]. Fems Microbiology Letters, 362(12): fnv087.

ZHANG J Z, CHU F Q, GUO D P, et al., 2012. Cytology and ultrastructure of interactions between *Ustilago esculenta* and *Zizania latifolia*[J]. Mycological Progress, 11(2): 499–508.

ZHANG Y, CAO Q, HU P, et al., 2017. Investigation on the differentiation of two *Ustilago esculenta* strains - implications of a relationship with the host phenotypes appearing in the fields[J]. BMC Microbiology, 17(1): 228.

ZHANG Y, WU M, GE Q, et al., 2019. Cloning and disruption of the UeArginase in *Ustilago esculenta*: evidence for a role of arginine in its dimorphic transition[J]. BMC Microbiology, 19(1):208.

ZHANG Y, YIN Y, HU P, et al., 2019. Mating-type loci of *Ustilago esculenta* are essential for mating and development[J]. Fungal Genetics and Biology, 125:60–70.

ZHAO Y, SONG Z, ZHONG L, et al., 2019. Inferring the origin of cultivated *Zizania latifolia*, an aquatic Vegetable of a plant-fungus complex in the Yangtze River Basin[J]. Frontiers in Plant Science, 10:1406.

8

粉菌中丝裂原活化蛋白激酶 UeKpp2 的功能特征

张雅芬，胡映莉，曹乾超，殷淯梅，夏文强，崔海峰，余晓平，叶子弘

（中国计量大学生命科学学院/浙江省生物计量与检验检疫技术重点实验室）

摘要

菰黑粉菌在中国菰植株中以内生方式存在，诱导寄主茎部膨大形成可食用的肉质茎（茭白）。因为菰黑粉菌侵染后抑制寄主开花，所以茭白只能进行无性繁殖。茭白形成过程中，菰黑粉菌的侵染和增殖与传统病原菌不同。已有研究表明，丝裂原活化蛋白激酶（MAPK）与真菌致病性密切相关。在本研究中，我们探索了菰黑粉菌中 MAPK 蛋白 UeKpp2 的功能特性。通过异源互补分析发现，菰黑粉菌的 UeKpp2 与玉米瘤黑粉菌 Kpp2 存在功能性互补。接下来，通过构建 UeT14 和 UeT55 单倍体的 *UeKpp2* 敲除菌株及回补菌株进行功能研究，发现 *UeKpp2* 被敲除后不影响致病力，但是在体外表现出芽殖细胞的异常形态，以及减弱的交配和丝状生长能力。有趣的是，我们发现了另一种蛋白激酶 UeUkc1，它作用于 UeKpp2 的下游，可能参与细胞形状的调节。我们还发现，在 *UeKpp2* 敲除菌株中，丝状生长缺陷与交配型基因的诱导缺陷无关，但与 *UeRbf1* 诱导缺陷直接相关。总的来说，我们的研究结果表明 UeKpp2 在菰黑粉菌中的重要作用与其他黑粉菌的报道略有不同。

8.1 前言

菰黑粉菌（*Ustilago esculenta*）与中国菰（*Zizania latifolia*）（菰黑粉菌唯一已知宿主）互作使其茎膨大（Chung and Tzeng, 2004），形成可食用的肉质茎，在中国被称为茭

白，广泛地栽培于东亚和东南亚地区，是中国第二大水生蔬菜（Suzuki et al., 2012; Jiang et al., 2016; Jose et al., 2016; Yan et al., 2018）。由于真菌感染，茭白不能开花和产生种子（Guo et al., 2015），所以茭白只能进行无性繁殖。现在普遍认为有 2 种不同的菰黑粉菌，MT 型和 T 型。菰黑粉菌的典型致病生命周期具有 3 个不同的阶段（Zhang et al., 2017）：二倍体冬孢子萌发的单倍体细胞出芽生长阶段；融合阶段，这是感染的先决条件；在茭白内发生增殖和冬孢子形成的致病性阶段。融合阶段包括 2 个步骤：2 个亲和的单倍体细胞的相融，主要由信息素和信息素受体（在三等位基因 a 交配型基因座编码）组成的信息素受体系统调控，以及由活性异二聚体 bE/bW 复合物控制的具有侵染能力的菌丝融合（Liang et al., 2019; Zhang et al., 2019）。T 型菌株诱导产生灰茭白，灰茭白由于其味道不佳和可能引发过敏性肺炎而被农民丢弃（Fujii et al., 2007）。MT 型菌株的定殖产生正常茭白（Ye et al., 2017）。人们普遍认为，在正常茭白中，菰黑粉菌在植物发育时仅在茎中生长，并且在留作繁殖的根茎中越冬（Zhang et al., 2012; Jose et al., 2016）。研究发现，在宿主体内表现出内生生活的 MT 型菌株在其典型生活史的每个阶段都存在缺陷，表现为多芽形态、单倍体细胞的生长速度较慢、接合管形成延迟、接合时菌丝生长受限，以及增殖和形成冬孢子的能力减弱（Zhang et al., 2017）。然而，人们对菰黑粉菌致病性发展的分子基础的了解非常有限。黑粉菌的致病性发展与融合密切相关。其融合系统由 a 和 b 交配型基因座组成（Bakkeren et al., 2008; Raudaskoski and Kothe, 2010; Zuo et al., 2019）。a 基因座编码的相对信息素受体对信息素的识别诱导使 2 个亲和的单倍体细胞融合（Szabo et al., 2002; Zhang et al., 2019）。而 b 基因座编码的异源二聚体转录因子 bE/bW 触发菌丝生长和致病性（Yan et al., 2016; Zhang et al., 2019）。高度保守的 cAMP 途径和 MAPK 途径之间的串扰对通过整合信息素信号和环境信号进行交配互作至关重要（Feldbrügge et al., 2006）。

在真核细胞中，MAPK 信号转导途径通过细胞外信号的转导参与发育过程的调节（Hamel et al., 2012; Jiang et al.,2018）。已经在酵母中发现了 5 种 MAPK 信号途径，其中 Fus 3/KsslMAPK 途径是一种进化上保守的 MAPK 模块，负责融合、菌丝生长和侵入性生长（Zhao et al., 2007）。在真菌中，Fus3/Kss1 同源蛋白的激活环（a 环）是保守的，包括 TXY 双重磷酸化位点，该位点被上游 MAPKK 磷酸化对于激酶活性至关重要（Chen et al., 2001）。然而，由于真菌对不同环境的需求不同，Fus3/Kss1 同源蛋白的调节机制在真菌中并不保守。

在酵母中，Kss1 通过 Ste12 调节菌丝生长来响应饥饿信号，Ste12 由 Tec1 连接到菌丝生成相关基因上游的 TCS 元件上（Chou et al., 2006）。Fus3 响应信息素，激活阻止 G1 阻滞所需的双功能蛋白 Far1，抑制 G1-S 特异性转录（Breitkreutz et al., 2001）。此外，Fus3 还与 Kssl 一起，通过 Ste12 结合位点激活转录因子 Ste12，调节交配型基因来触发融合过程（Breitkreutz et al., 2001）。此外，Fus3 可以被变构的 Ste5 自磷酸化，导致响应信息素信号的转录输出下调，通过其输入 – 输出特性确保定量途径的调节（Bhattacharyya et al., 2006）。在玉米黑粉菌中，已经鉴定出酵母 Fus3/Kssl MAPK 途径的同源蛋白，由 MAPKKK Kpp4、MAPKK Fuz7 和 MAPK Kpp2/Kpp6 组成，它们响应信息素信号转导或植物表面信号以调控融合菌丝的形成和真菌致病力（Vollmeister et al., 2012）。这些蛋白通过启动子识别磷酸化，在转录和转录后水平直接调节 Prf1，这激活了确定的信息素响应线性转录级联 bE/bW > Rbf1，其对于菌丝生长和进一步的致病力发育是必需的（Kaffarnik et al., 2003; Zarnack et al., 2008; Vollmeister et al., 2012）。Rbfl 也可以由 Prfl 直接诱导，受活化的 Kpp2 调节（Zarnack et al., 2008）。

在其他病原真菌中也有 Fus 3/Kss 1 同源蛋白的报道。在甘蔗黑粉菌（*Sporisorium scitamineum*）中，SsKpp2 是融合和菌丝生长所必需的，这通过保守的信息素信号转导途径和真菌群体效应（quorum sensing，QS）信号的整合调控发生（Deng et al., 2018）。在小麦印度腥黑粉菌（*Tilletia indica*）中，TiKpp2 受宿主因子诱导呈时间依赖性，并通过激活下游转录因子 Prfl 参与髓鞘形成生长和致病性调控（Gupta et al., 2013）。在稻瘟病菌（*Magnaporthe oryzae*）中，Pmk1 通过响应植物信号负责附着胞的形成和细胞间的入侵（Zhao et al., 2005; Sakulkoo et al., 2018）。在白念珠菌（*Candida albicans*）中，Cek1 和 Cek2 在二型态转换过程、致病力和细胞壁完整性中存在功能冗余（Correia et al., 2016）。

在菰黑粉菌中，我们鉴定到参与融合和菌丝生长的 UeFuz7 和 UePrf1 蛋白（Zhang et al., 2018b）。此外，我们鉴定出 Fus3/Kss1 同源蛋白 UeKpp2，它与 UeFuz7 和 UePrf1 相互作用，诱导融合和感染。在本研究中，我们探讨了 UeKpp2 在菰黑粉菌生活史中的功能特性，包括出芽生长、融合阶段和致病性的发展。

8.2　材料与方法

8.2.1　菌株与植物生长条件

大肠杆菌菌株 JM109（Takara）被用于克隆。本研究选用亲和性单倍体 T 型菌株 UeT14（a1b1 CCTCC AF 2015016）和 UeT55（a2b2 CCTCC AF 2015015）及其衍生菌株，以及使用的玉米黑粉菌菌株可参见 zhang 等（2020）文献补充资料中的 Toble S1。*E.coli*（Russell and Sambrook, 2001）、玉米黑粉菌（Holliday，1974）和菰黑粉菌（Zhang et al., 2019）的生长条件和培养基如相关文献所述。玉米（*Zea mays*）（早期的黄金矮穗）和野生中国菰（*Z.latifolia*）在茎部注射前后的生长条件如相关文献所述（Flor-Parra et al., 2007; Zhang et al., 2019）。

8.2.2 质粒和菌株构建

在菰黑粉菌基因的敲除中，采用了基于潮霉素作为抗性标记的 PCR 方法，如前所述（Yu et al., 2015）。以 UeT14 基因组 DNA 为模板，使用引物对 gene-UF/UR 和 gene-DF/DR，PCR 扩增与目的基因相邻长约 1 kb 的上下游片段。利用引物 HygF/Hyg3 和 Hyg4/Hyg-R 分别对潮霉素抗性基因及其启动子进行 PCR 扩增，将潮霉素抗性基因及其启动子分离为 2 个片段（上下），具有约 450 bp 的重叠区域。然后，使用引物对 geneUF/Hyg3（Hyg4/gene-DR）通过融合 PCR 将目的基因的左（右）边界片段连接到潮霉素抗性基因上（下）片段的 5' 端（3' 端）。利用 PEG/CaCl$_2$ 介导的原生质体转化方法，将得到的 2 个片段分别转化不同菰黑粉菌株的原生质体细胞，通过同源重组产生目的基因缺失菌株（Yu et al., 2015）。首先利用检测目的基因的引物 gene-verity-F/R、检测潮霉素抗性基因的引物 Hyg-verity-F/R、检测插入位点的引物 gene-F3/MF167 和 MF168/gene-R3 对转化子进行初筛，利用 qRT-PCR（引物对 gene-QF/R）和 Southern 杂交（用引物 Hyg-verity-F/R 和 gene-verity-F/R 扩增 PCR - 探针）进行进一步验证。

为了对玉米黑粉菌菌株 SG200kpp2 进行回补，利用引物 PF1/PR1（或 PF1/PR2）从单倍体单致病性玉米黑粉菌菌株 SG200 基因组 DNA 中克隆 Kpp2 基因的启动子序列。然后以菰黑粉菌 UeT14（或玉米黑粉菌菌株 SG200）的 cDNA 为模板，用引物 UeKpp2-CF/CR（或 Kpp2CF/CR）扩增 UeKpp2（或 Kpp2）的开放阅读框。用 Hind III 和 Not I 将质粒 P123 线性化至 4.6 kb 的基因组区域。利用 Clon Express II MultiS One Step Cloning 试剂盒（Vazyme, C113-01）将上述 3 个片段进行重组，转化大肠杆菌获得质粒，经 Ssp I 线性化后转化得到玉米黑粉菌菌株 SG200 Δkpp2::UeKpp2 和 SG200 Δkpp2::Kpp2。为了得到 UeKpp2 敲除菌株，利用引物 UeKpp2-CF1/CR 对 UeKpp2 开放阅读框进行 PCR 扩增，并利用 II MultiS One Step Cloning 试剂盒（Vazyme, C113-01）将其克隆到质粒 pUMa932 的 Nco I 和 Not I 位点之间。转化 UeT14 Δkpp2 和 UeT55 Δkpp2 得到菌株 UeT14 ΔUeKpp2::UeKpp2、UeT55 ΔUeKpp2::UeKpp2、UeT14 ΔUeKpp2::UeUkc1 和 UeT55 ΔUeKpp2::UeUkc1。转化子用含有萎锈灵的再生琼脂进行筛选。根据基因表达水平进一步确认所选转化子。

为获得菌株 UeTSP ΔUeKpp2::PbUeRbf1，以 UeT14 基因组 DNA 为模板，利用 UeKpp2-UF/UR 和 UeKpp2DF1/DR 引物对，PCR 扩增 UeKpp2 上下游约 1 kb 的片段。此外，利用引物对 bW2PF/PR、UeRbf1-CF/CR 和 Hyg-F/Hyg-R 对 bW2 基因的启动子、UeRbf1 基因的开放阅读框和潮霉素抗性基因进行 PCR 扩增，通过融合 PCR 进行克隆连接。通过 PCR 扩增，利用引物 Hyg-F/Hyg3 和 Hyg4/Hyg-R，将融合片段分离为 2 个片段（上下），具有 450 bp 的重叠区域。最后，利用引物 UeKpp2-UF/Hyg3（Hyg4/UeKpp2-DR）进行融合 PCR，将上游片段连接到 UeKpp2 的左边界片段，下游片段连接到 UeKpp2

的右边界片段上。与基因敲除过程相同，将构建的 2 个片段转化到菰黑粉菌原生质体中，通过 PCR/RT-PCR/Southern blot 分析，验证 UeTSP 菌株中 *UeRbf1* 对 *UeKpp2* 的替换、插入及其表达水平。

以上使用的所有引物见表 8-1。

表 8-1　本章研究使用的引物序列

引物名称	引物序列 (5'–3')	目标
Uekpp2-UF	GACCTGGTTCGTAAAGCTGT	
Uekpp2-UR	GTAGTTACCACGTTCGGCCATTTGTTCGTACAATGCCAAAC	
Uekpp2-DF	TGTCAAACATGAGGCCTGAGTCGGGGAAGTAAAAGAAGGG	
Uekpp2-DR	GTGGATCATGACCGATGAGC	
UePkaC-UF	AGGAACTTGCCCGACAAGCTT	
UePkaC -UR	ACATGAGGCCTGAGTGTCTACAGAATGGATGGAGC	
UePkaC -DF	TTTCGGCCATCTAGGCTCGCCCCCTCTCCTTTCTTC	
UePkaC -DR	ACCTCTCTTCCGCATCTCAT	
UeRbf1-UF	TGAATTCGAGCTCGGTACCCTTAGGTCGGTTGACCAAAGC	
UeRbf1 -UR	TCTAGAGGATCCCCGGTACCCCTGTGTTGACACGAGTTTC	敲除突变体构建
UeRbf1 -DF	ACCTGCAGGCATGCAAGCTTCGTCTCTAGTCCGCTTCAAC	
UeRbf1 -DR	ACCATGATTACGCCAAGCTTTAAGTACAACGCTGTCATCC	
UeUkc1-UF	GTGAATTCGAGCTCGGTACCGAGCAACAAGACGGTCTCTG	
UeUkc1 -UR	CTAGAGGATCCCCGGGTACCAAACGCGTGGGTGCGAATAG	
UeUkc1 -DF	GACCTGCAGGCATGCAAGCTTCAATGGTAGATGCGCGTTGG	
UeUkc1 -DR	ACCATGATTACGCCAAGCTTCGGATACCACCTCCAAGACC	
Hyg3	GGATGCCTCCGCTCGAAGTA	
Hyg4	CGTTGCAAGACCTGCCTGAA	
HygF	TGGCCGAACGTGGTAACTAC	
HygR	CTCAGGCCTCATGTTTGACA	
bW2-PF	GATTGCTGTATCGGCAGGGA	
bW2-PR	GGTGTCTGGCAGCTTTCTCG	UeTSPΔUeKpp2 ::P$_b$UeRbf1 构建
UeRbf1-CF	ATGGACATCCTTGGTGAGTAT	
UeRbf1-CR	TCATGACGAGGAAGCGACTG	
Uekpp2-DF1	CAGTCGCTTCCTCGTCATGA GACCTGGTTCGTAAAGCTGT	
Uekpp2-verity-F	ATGGCGCACGCACATGGAC	
Uekpp2-verity-R	TCAACGCATGATCTCATTGTAG	菌株鉴定
UePkaC -verity-F	CAGCCAGCATTTCGTACAGC	

引物名称	引物序列 (5'-3')	目标
UePkaC -verity-R	CAAGTTGAGTGGCAGGTATG	
UeRbf1-verity-F	GAGTTCGTCCTATCCAGATG	
UeRbf1-verity-R	AGCTGCATGCTGCTGGAGAG	
UeUkc1-verity-F	CTCGCTCTTTGCGTGACAAC	
UeUkc1-verity-R	ACAGCCTGCTCCACGTACAC	
Hyg-verity-F	TAAGCTGCCGAGTAACGTCAC	
Hyg-verity-R	CATCGCAAGACCGGCAACAG	
MF167	AACTCGCTGGTAGTTACCAC	
MF168	ACTAGATCCGATGATAAGCTG	
Cbx-verity-F	ATGTCGCTATTCAACGTCAG	
Cbx -verity-R	TTACGACGAAGCCATGATAG	菌株鉴定
kpp2-verity-F	GCTGCTTCGTCACTTTAACC	
kpp2-verity-R	CCAAGGTGAGCGAGAGTTGG	
Uekpp2-F3	GCTTTGAACCGTTTGTGAGC	
Uekpp2-R3	TATACAGCGAAGTCGCCAAC	
UePkaC -F3	TCACGTCCTTTCGCGGCTTC	
UePkaC -R3	GTACTCGTACTCGCTCTCGG	
UeRbf1-F3	CAGCGCCGCATTGTTATCAG	
UeRbf1-R3	TGAGGAAACCTCCTGACTCG	
UeUkc1-F3	GTTGGCATGCGAACGCGAAC	
UeUkc1-R3	GCCAAGGAGGTGATTCTGTG	
Uekpp2-qPCR-F	CACCTTGGAAATCCTGGGCA	
Uekpp2-qPCR-R	GACGGCGAGAGGATTAGCGTT	
UePkaC -qPCR-F	ACGCAAGTTGAGTGGCAGGTA	
UePkaC -qPCR-R	AGAACGAACGAGGTGGACGC	
UeRbf1-qPCR-F	GACCAAGCATACCCGTCGCA	
UeRbf1-qPCR-R	GGAAGGTGGAGCGGTTGTGA	
UeUkc1-qPCR-F	CGCGGTCAACTCGATCAAC	qRT-PCR
UeUkc1-qPCR-R	CTTGCTGCAGGAAGATCTC	
mfa1.2-QF	TTCCATCTTCACTCAGCACGC	
mfa1.2-QR	AGGCGACAATACATGTGGAG	
pra1-QF	TCCAACCTTGTCATCGCACGAA	
pra1-QR	CGATATGAGTAGATCGATGATG	

（续表）

引物名称	引物序列 (5'－3')	目标
mfa2.1-QF	GTTCACTATCTTCGAGACTGTTGC	
mfa2.1-QR	TAGGCCACAACGCAGTAGTTG	
pra2-QF	GTCTTCTCAACATTCAGGCCTGTCT	
pra2-QR	TGAGATAAAATTGTGCAACCGAG	
bE1-QF	AGAGCCCTGACATTCTTTCC	
bE1-QR	GTGCTTCCGAGACCACAGT	
bE2-QF	AGGACACCACCGACCAGAT	
bE2-QR	TGAGAACAACAGCCGCTTC	
bW1-QF	TCTTGACCGCTTGTCCATC	
bW1-QR	GTCGTCCTAGTTCTTGCTCGT	qRT-PCR
bW2-QF	ATGTCCAAACAGCAACCAGC	
bW2-QR	CGAAAAGGCGGAGAAGTGAT	
UePrf1-qPCR-F	GAAGCGTTATTGAGCCTGTCG	
UePrf1-qPCR-R	TTCTGGGATTGGCACTCTTGTC	
β -Actin-QF	CAATGGTTCGGGAATGTGC	
β -Actin-QR	GGGATACTTGAGCGTGAGGA	
ZlActin-QF	GACGGTGAGGATATCAAGCC	
ZlActin-QR	GCGAGGGCAACCGACAATAC	
PF1	TATAGAACTCGAGCAGCTGAGCGTCACGTTAGGCAGTCAG	
PR1	GTCCATGTGCGTGCGCCATCTTGGTTGGGTCTTTCTAGC	
PR2	TGTCCGTGGGCATGTGACATCTTGGTTGGGTCTTTCTAGC	*UeKpp2/Kpp2* 缺
Kpp2-CF	ATGTCACATGCCCACGGACA	失菌株的互补以
Kpp2-CR	CTCACCATACCAGGACCAGGACGCATGATCTCGTTATAAA	及在 *UeKpp2* 突变
UeKpp2-CF	ATGGCGCACGCACATGGAC	体中构建 *UeKpp2/*
UeKpp2-CR	CTCACCATACCAGGACCAGGACGCATGATCTCATTGTAG	*UeUkc1* 过表达菌
UeKpp2-CF1	TATAGAACTCGAGCAGCTGAATGGCGCACGCACATGGAC	株
UeUkc1-CF1	TATAGAACTCGAGCAGCTGAATGACTTACCGTAACGGCGC	
UeUkc1-CR	CTCACCATACCAGGACCAGGCAGAACGGTTTCGTTACTCT	

8.2.3　融合试验

菰黑粉菌融合试验参照 Zhang 等（ 2017 ）的方法进行。液体富集培养后离心收集单倍体菌株，调整菌液 OD$_{600}$ 值至 2.0。然后将等量的融合试验菌株混合。取 2μL 滴于

YEPS 固体培养基（2μL 玉米黑粉菌 SG200 及其衍生物点在 PDA 固体培养基上）上，28℃ 培养 60h，每隔 12 h 观察 1 次。

8.2.4　植物侵染试验

对于菰黑粉菌融合试验，使用 20d 的中国菰幼苗。参考 Zhang 等（2017）的方法，将 OD_{600} 为 2.0 的亲和菌株以 1∶1 的比例混合后用注射器接种到幼苗中，然后在（25±2）℃、相对湿度 70 %、12h/12h 光暗循环的温室中培养。对于玉米幼苗的侵染，将 SG200 及其衍生物培养并重悬于无菌水中，使其 OD_{600} 为 2.0；然后，按照 Gillissen 等（1992）的方法，将样品注射到 7d 的幼苗中。

8.2.5　光学显微镜和激光共聚焦显微镜观察

对于细胞形态的显微观察，使用倒置显微镜（Nikon Ti-S 倒置显微镜，NT-88-V3 显微镜操作系统）。对于菌落形态观察，使用立体显微镜（Nikon 立体显微镜）。使用激光共聚焦显微镜（徕卡显微系统）检查叶鞘的真菌定殖。真菌菌丝用麦胚凝集素 Alexa Fluor 488（WGA，Sigma 公司，L4895）染色。取感病植株样品，用乙醇脱色，置于 10 % KOH 中 85 ℃ 处理 3h，用 PBS（140mmol/L NaCl、16mmol/L Na_2HPO_4、2mmol/L KH_2PO_4、3.75mmol/L KCl，pH 7.5）洗涤 2 次，用含 10μg/mL WGA 的 PBS 真空渗透 20min，每次间隔 10min，参照 Doehlemann 等（2008）的方法。WGA Fluor 488 在 488nm 处激发，在 495~530nm 内检测到发射荧光。采用 LaS-aF 软件（徕卡显微系统）处理图像。

8.2.6　实时荧光定量 PCR

采用实时荧光定量 PCR 检测基因表达。在选定的相关时间收集来自出芽生长阶段、融合阶段和侵染阶段的不同菌株的样品。使用 CFX Connect™ 实时系统（Bio-Rad，美国）结合 Platinum SYBR Green qPCR Premix EX Taq™（TliRNaseH Plus）（Takara，日本）进行检测，使用 i Cycler 软件（Bio-Rad）进行数据分析。β-肌动蛋白作为测量基因表达的内参。试验设置 3 个生物学重复和 3 个技术重复。相对表达量采用 $2^{-\Delta\Delta Ct}$ 法计算，$P < 0.05$ 为差异显著。所有引物见表 8-1。

8.3　结果

8.3.1　菰黑粉菌 *UeKpp2* 与玉米黑粉菌 *Kpp2* 的功能互补

菰黑粉菌 UeKpp2 与玉米黑粉菌 Kpp2 的氨基酸相似性达 96 %，并且 TEY 双磷酸化位点保守（Zhang et al., 2018a）。通过跨物种互补实验探究 UeKpp2 与 Kpp2 在功能上的同源性。将 *UeKpp2* 和 *Kpp2* 的编码序列导入玉米黑粉菌 SG200Δkpp2 菌株（Müller et al., 2000），以排除启动子强度或表达时间的问题，基因转录在 *Kpp2* 的启动子下进行。经 Southern blot 分析验证，挑选出衍生的单拷贝菌株 SG200Δkpp2::Kpp2-3 和 SG200Δkpp2::UeKpp2-6。所有菌株，包括 SG200 和 SG200Δkpp2，均在 PDA 平板上培养并进行毒力测定。在 SG200Δkpp2 中，菌丝生长被抑制（图 8-1A），形成少量瘤状

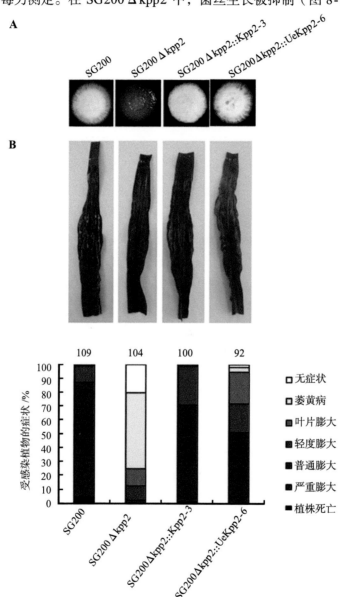

图 8-1 UeKpp2 能够回补 SG200kpp2 突变体表型

注：A. 以 SG200 为出发菌株，在 PDA 平板上进行菌丝生长试验。28℃培养 72h 后拍照。菌丝呈白色，菌落边缘模糊。B. SG200 来源的单倍体菌株的致病症状和评级在每列下方。用于接种 7 日龄玉米幼苗的菌株在每列下方标明。感染后 12d 对发病症状进行评分。典型症状的照片在顶行给出。参照 Kämper 等（2006）的方法，根据植株表现的最严重症状将症状分为 7 类。在图的右侧按严重程度对组进行颜色编码。各柱上方列出 3 个独立感染的平均值，以及感染植株的总数。

物（图 8-1B），这与之前 *Kpp2* 突变体致病性降低的结果一致（Müller et al., 2000）。然而，SG200Δkpp2::UeKpp2-6 和 SG200Δkpp2::Kpp2-3 菌株在体外表现为菌丝生长旺盛（图 8-1A），接种后表现出严重的疾病表型，与 SG200（图 8-1B）相当。这些结果说明 UeKpp2 能够补充 SG200Δkpp2 突变体表型，表明 UeKpp2 在融合和致病性中具有潜在作用。

8.3.2 菰黑粉菌 *UeKpp2* 敲除菌株单倍体形态改变

我们分别在野生型菌株 UeT14 和 UeT55 中敲除基因 *UeKpp2*，通过 Southern blot 和 qRT-PCR 验证后挑选单交换菌株。突变株在固体 YEPS 培养基上生长时，生长速度与野生型菌株无差异。氮饥饿（BM 培养基）和胁迫条件，包括细胞壁胁迫（0.5mmol/L 刚果红）、高渗胁迫（500mmol/L NaCl）和氧化胁迫（1mmol/L H_2O_2）（Deng et al., 2018），都减缓了野生型菌株和 *UeKpp2* 敲除菌株的细胞生长。然而，生长速率在野生型和敲除菌株之间没有差异。

值得注意的是，*UeKpp2* 敲除菌株的细胞形态发生了改变。相比于野生株的短［(19.4±5.2) μm］和出芽的酵母样细胞（图 8-2A），敲除菌株细胞较长［(28.9±9.5) μm］。此外，大部分突变体形成长链状，细胞之间相互粘连或呈多芽伸长（图 8-2A）。此外，这种异常形态在正常和胁迫条件下都很明显。为了确保所有潜在的突变表型都与该突变相关，我们还通过使用组成型启动子 Otef 将 *UeKpp2* 的 ORF 恢复到 *UeKpp2* 敲除菌株中，创建了重组 *UeKpp2* 回补菌株，并利用 qRT-PCR 验证结果确保转录本恢复。显微镜观察发现 *UeKpp2* 回补菌株恢复了正常表型（图 8-2A），表明 UeKpp2 可能在酵母样细胞出芽生长中的形状方面发挥作用。

此外，我们发现在其他研究中鉴定到的基因 *UeUkc1*（MN845072）或 *UePKAC*（aLM02104.1）突变导致了与 *UeKpp2* 敲除菌株相似的细胞形态（图 8-2B）。氨基酸序列分析表明，UeUkc1 可能与决定细胞形状的细胞核相关 Dbf2（NDR）激酶（NDR）同源（Dürrenberger and Kronstad, 1999），UePKAC 可能与 cAMP-PKA 信号通路中蛋白激酶 A 的催化亚基同源。考虑到 cAMP-PKA 信号参与极性生长、维持正常细胞形态（Gold et al., 1994；Dürrenberger et al., 1998），且在很多情况下与 MAPK 信号交叉串扰（Martinez-Espinoza et al., 2004；Meng and Zhang, 2013），我们首先分析了 cAMP 处理下 *UeKpp2* 的微观形态。*UeKpp2* 敲除菌株在添加 20mmol/L cAMP 的 YEPS 培养基中恢复到正常的细胞形态，而 *UePKAC* 敲除菌株则没有恢复（图 8-2C）。此外，*ukc1* 下调导致 G2 期延长，从而导致细胞形态发生改变（Martinez-Espinoza et al., 2004; Meng and Zhang, 2013），我们评估了 *UeKpp2* 敲除菌株和 *UePKAC* 敲除菌株在 YEPS 培养基或添加 20mmol/L cAMP 的 YEPS 培养基中培养 24h 后 *UeUkc1* 的表达情况。与野生型菌株相比，突变体中 *UeUkc1* 的表达量极显著降低。cAMP 处理后，*UeUkc1* 在 *UeKpp2* 敲除菌株中表达显著上调，而

在 *UePKAC* 突变体中表达无明显变化（图 8-2D）。此外，*UeKpp2* 敲除菌株的细胞形态恢复，而 *UePKAC* 突变体的细胞形态没有恢复（图 8-2D），表明 *UeUkc1* 的有效表达对于维持正常的细胞形态至关重要。此外，我们通过在组成型启动子 Otef 下游过表达 *UeUkc1* 提高了 *UeKpp2* 敲除菌株中 *UeUkc1* 的表达水平。构建的菌株表型正常（图 8-2A）。这些发现表明 UeKpp2 可能在细胞形状调控中调控 *UeUkc1* 的转录。

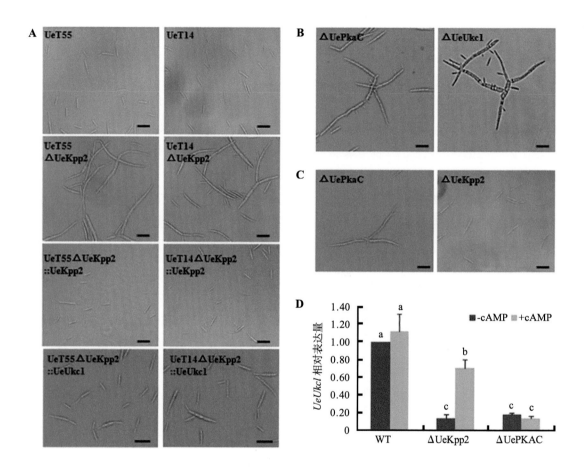

图 8-2 UeKpp2 参与出芽细胞形态的调控，但不参与胁迫响应

注：A. 在 YEPS 培养基上点样培养 24h 后，对野生型菌株、*UeKpp2* 敲除株、*UeKpp2* 回补株或 *UeKpp2* 突变体中 *UeUkc1* 过表达菌株的单倍体细胞进行显微成像。标尺 =20μm。B. UeT14 菌株 *UePKAC* 突变体或 *UeUkc1* 突变体在 YEPS 培养基上点样培养 24 h 后的单倍体细胞显微成像。标尺 =20μm。C. UeT14 菌株 *UePKAC* 敲除菌株或 *UeKpp2* 敲除菌株在添加 20mmol/L cAMP 的 YEPS 培养基上点样培养 24 h 后的单倍体细胞显微成像。标尺 =20μm。D. 在 YEPS 培养基（-c AMP）或添加 20 mmol/L cAMP 的 YEPS 培养基（+cAMP）上点样培养 24h 后，*UeUkc1* 在野生型、*UePKAC* 敲除菌株或 *UeKpp2* 敲除菌株中的相对表达量。不同字母表示在 $P < 0.05$ 上差异显著（Tukey）。将各菌株在液体 YEPS 培养基中培养至 OD_{600} 为 0.8，离心收集菌体至目标浓度 10^7 个细胞 /mL。

8.3.3　菰黑粉菌 *UeKpp2* 敲除菌株体外融合和菌丝生长受影响

通过在 YEPS 平板上进行体外融合实验，评估 *UeKpp2* 敲除菌株的融合和菌丝生长情况。以对应相融合的野生型菌株 UeT14 和 UeT55 作为阳性对照，菌落边缘呈现白色绒丝状，表明融合成功并形成菌丝（图 8-3A）。然而，菌丝生长在 *UeKpp2* 敲除菌株的融合组合中明显受到抑制（图 8-3C），并且在回补菌株中恢复到与对照相当的水平（图 8-3D）。UeT14 Δ UeKpp2 与 UeT55 或 UeT14 与 UeT55 Δ UeKpp2 杂交，菌丝生长延迟（图 8-3B）。进一步跟踪观察发现，在野生型菌株中培养 24 h 后出现正常的融合和菌丝生长（图 8-3A），而在双突变菌株中（图 8-3C）或在 UeT14 Δ UeKpp2 与 UeT55 的杂交菌株中（图 8-3B）出现罕见的融合细胞。我们还在 UeT14 Δ Ue Kpp2 和 UeT55 的杂交后代中观察到了异常长且分枝的接合管或分枝卷曲的气生菌丝（图 3B），而在双突变体杂交

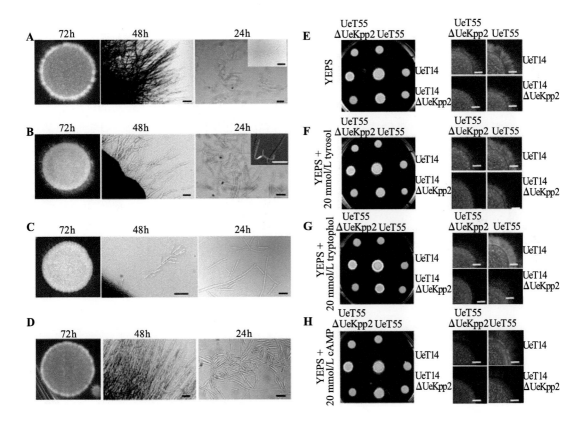

图 8-3　UeKpp2 的敲除影响融合和丝状体的生长

注：A. 亲和 WT 菌株 UeT14 和 UeT55 杂交；B. UeT14 Δ UeKpp2 和 UeT55 杂交；C. UeT14 Δ UeKpp2 和 UeT55 Δ UeKpp2 杂交；D. *UeKpp2* 回补菌株杂交。分别将它们点到 YEPS 培养基上。在倒置显微镜下 72h，立体显微镜下 48h、24h 拍照。比例尺表示 48h 内 100μm，24h 内 20μm。YEPS 固体培养基（E）、YEPS 添加 20 mmol/L 对羟苯基乙醇（F），YEPS 添加 20 mmol/L 色醇（G），YEPS 添加 20mmol/L cAMP 的培养基（H）中，评估 QSMS 和 cAMP 对 WT 和 *Uekpp2* 突变体融合和菌丝生长的影响。左图为 96h 时相机拍摄的培养皿中的菌落图像。右图为立体显微镜下 72h 菌丝生长状态更清晰的图像。

后代中，虽然细胞融合没有受到影响，但接合管的形成相对较少（图 8-3C）。这些发现表明，*UeKpp2* 敲除菌株的接合管形成存在缺陷。此外，气生菌丝生长在双突变体中几乎消失，并且在 UeT14 Δ UeKpp2 和 UeT55 融合中受损。相反，菌丝尖端呈分枝状（图 8-3B、C）。这一现象表明 UeKpp2 在菌丝生长中也起作用。

此外，我们还检测了 cAMP-PKA 信号传导或真菌 QSM 信号转导化合物色醇和对羟苯基乙醇（Chen and Fink, 2006; Wongsuk et al., 2016）对 *UeKpp2* 敲除菌株（图 8-3E~H）融合和菌丝生长的影响。色醇的添加导致双亲和野生型菌株中白色气生菌丝生长更加密集。然而，在 *UeKpp2* 敲除菌株中，它并没有促进或恢复融合或菌丝生长，出现了接合管形成和放射状气生菌丝生长的缺陷。另一方面，恢复 *UeKpp2* 敲除菌株单倍体细胞形态的 cAMP 对该突变体的融合和菌丝生长没有影响。

8.3.4 菰黑粉菌 *UeKpp2* 敲除菌株中接合管的延迟形成与 *a* 基因诱导无关

前期实验表明，*UeKpp2* 敲除菌株融合缺陷主要与接合管的形成有关。此外，我们引入 *eGFP* 过表达菌株 UeT55-eGFP，对 UeT14 Δ UeKpp2 和 UeT55-eGFP 杂交的接合管形成进行了 6 个时间段的显微观察。培养 18 h 前，在发出绿色荧光的细胞中观察到所有接合管均已形成（图 8-4A）。这表明接合管的延迟形成只发生在 *UeKpp2* 突变的细胞中。

如前所述，信息素信号转导途径，包括 *UePrf1* 和 *a* 基因，对调控接合管形成至关重要（Zhang et al., 2018b）。因此，我们利用 qRT-PCR 检测了 *UePrf1* 和 *a* 基因在双突变体与野生型菌株杂交中的表达水平。*UeKpp2* 的突变不改变 12 h 内检测基因的基础或诱导表达水平（图 8-4B~F）。有趣的是，尽管在对照中其表达水平有所下降，*mfa* 基因在培养 24 h 后仍保持较高的表达水平（图 8-4C~F）。此外，*UePrf1* 的表达在 24 h 时被诱导到比野生型菌株更高的水平（图 8-4B）。这些发现表明，*UeKpp2* 敲除菌株中接合管的延迟形成与 *a* 基因的诱导缺陷无关，其具体原因尚不清楚。*UePrf1* 和 *a* 基因的长时间诱导表达与接合管和菌丝畸形的关系也值得研究。

8.3.5 菰黑粉菌 *UeKpp2* 敲除菌株中丝状生长缺陷与 *Uerbf1* 诱导缺陷有关

在典型的玉米黑粉菌中，异源二聚体 bE/bW 或 Rbf1 的诱导表达触发了芽殖酵母型生长向菌丝型生长的二态性转换（Heimel et al., 2010a,b）。在菰黑粉菌中，*UeRbf1* 和 *b* 基因也参与了菌丝生长。首先，我们利用 qRT-PCR 检测了 *UeKpp2* 双突变体融合过程中 *UeRbf1* 和 *b* 基因相对于野生型菌株融合过程中的表达水平。结果显示，在 0 h 和 48 h，*UeKpp2* 的敲除不改变基因基础或诱导表达水平。此外，在 36 h 时，突变体中 *b* 基因的表达量明显低于野生型菌株，表明敲除菌株中 *b* 基因的诱导延迟（图 8-5A~D）。在融合过程中，细胞融合延迟可能 *b* 基因融合延迟有关。此外，*UeRbf1* 的基础表达量在 *UeKpp2* 敲除菌株中显著高于野生型菌株，在融合过程中似乎没有显著变化。而在融合过程中

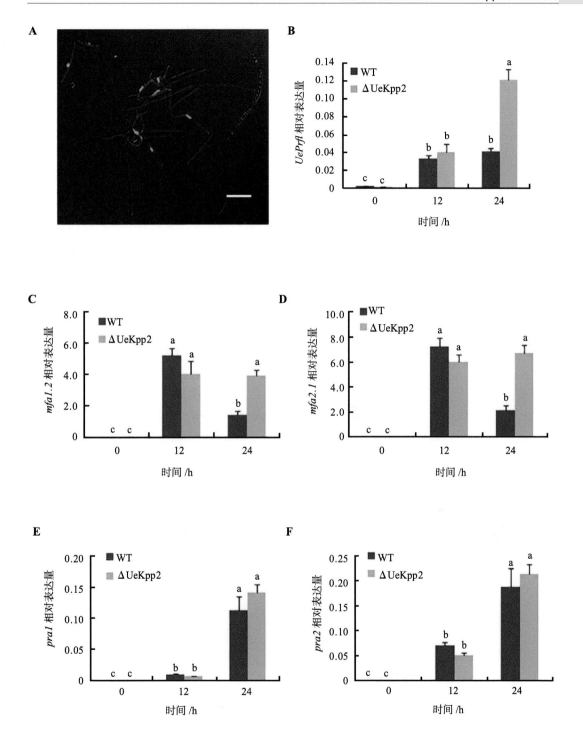

图 8-4　*UeKpp2* 的缺失延迟了接合管的形成但不影响 *a* 基因和 *UePrf1* 的诱导

注：A. UeT14 ΔUeKpp2 和 UeT55-eGFP 菌株在 YEPS 培养基上融合 18 h 后的细胞激光共聚焦显微镜观察。在绿色荧光细胞中形成了接合管。标尺 =20μm。UePrf1（B）、mfa1.2（C）、mfa2.1（D）、pra1（E）和 pra2（F）在野生型菌株 UeT14×UeT55 和对应的 UeKpp2 突变株在 YEPS 培养基上融合过程中的相对表达量。分别于 0h、12h、24h 取样。不同字母表示在 *P* <0.05 上差异显著。

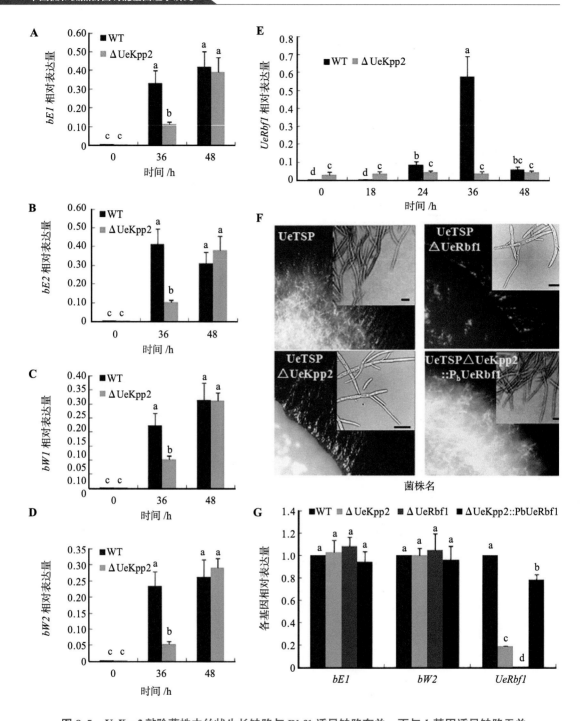

图 8-5 *UeKpp2* 敲除菌株中丝状生长缺陷与 **Rbf1** 诱导缺陷有关，而与 *b* 基因诱导缺陷无关

注：野生型和 *UeKpp2* 敲除菌株在 YEPS 培养基融合过程中 *bE1*（A）、*bE2*（B）、*bW1*（C）、*bW2*（D）和 *UeRbf1*（E）的相对表达量。间隔 12h 取样。标签字母表示在 $P < 0.05$ 水平差异显著（Tukey）。（F）致病型菌株 UeTSP 及其衍生菌株（UeTSPΔUeKpp2、UTSPΔUeRbf1 和 UeTSPΔUeKpp2::PbUeRbf1）的菌落和细胞显微观察。细胞形态图像右上角的图显示了在倒置显微镜下观察到的典型细胞。标尺 =20μm。（G）*bE1*、*bW2* 在 UeTSP（CK）、UTSPΔUeKpp2、UTSPΔUeRbf1 和 UeKpp2::PbUeRbf1 和 UeRbf1 的相对表达量。不同字母表示在 $P < 0.05$ 水平上差异显著（Tukey）。

的 WT 菌株中，*UeRbf1* 在 24 h 被诱导表达，在 36 h 达到最高，然后下降（图 8-5E）。我们还研究了 UeTSP 菌株（Zhang et al., 2019），该菌株呈带隔膜的分支细丝，没有融合。与预期结果一致，UeTSP 菌株中 *UeKpp2* 和 *UeRbf1* 的缺失表现出相似的少量菌丝形成（图 8-5F）。有趣的是，在培养过程中，突变体中 *b* 基因的表达量与野生型菌株相当，但 *UeRbf1* 在 *UeKpp2* 突变体中的表达量显著降低，丝状化程度显著降低（图 8-5G）。这些结果表明，*UeKpp2* 的突变不影响 *b* 基因的表达，但影响 *UeRbf1* 的诱导。为了验证这一猜想，在 *bW2* 启动子的影响下，构建了 *UeKpp2* 突变体中的 *UeRbf1* 诱导菌株（UeTSPΔUeKpp2::PbUeRbf1）。在这 2 个菌株中，*UeRbf1* 在培养过程中被诱导表达（图 8-5G）。如预期，它恢复了其菌丝生长。这些结果表明 *UeKpp2* 突变体丝状生长缺陷与 *UeRbf1* 诱导缺陷有关，*UeKpp2* 突变体与 *UeRb* 缺陷有关。

8.3.6 *UeKpp2* 不参与菰黑粉菌的侵入、增殖、冬孢子形成或萌发

通过接种试验检测 *UeKpp2* 突变体的致病性。在接种后 3d，野生型菌株（UeT14 和 UeT55 混合）有侵染性菌丝生长，而 *UeKpp2* 敲除菌株中侵染性菌丝很少。然而，在 6dpi 时，WT 菌株和 *UeKpp2* 敲除菌株的侵染菌丝生长几乎一致（图 8-6A）。用 *Ueactin* 和 *Zlactin* 的 DNA 拷贝数相对定量分析检测真菌细胞数量以评估菌丝量。*UeKpp2* 敲除菌株在 3dpi 检测到较少的细胞（图 8-6B）。然而，在 6 dpi 时，敲除菌株和野生型菌株之间的含量相当（图 8-6A、B）。此后，在 WT 菌株和 *UeKpp2* 敲除菌株侵染的植株中观察到的菌丝生长状态和数量没有明显差异（数据未显示）。因此，即使在植物表面，*UeKpp2* 的缺失只影响侵染菌丝的形成，而不影响真菌的侵染或增殖。此外，在 75dpi 时，我们观察到 WT 菌株感染的植株（31/40，肿胀株/总株）和 *UeKpp2* 敲除菌株感染的植株（29/40）超过 70 % 的茎轻微肿胀，但在随机选取的 5 株植株中，无论是感染 WT 菌株还是 *UeKpp2* 敲除菌株，均未观察到冬孢子。在 80dpi 时，我们可以在所有随机选择的 5 株植物中观察到冬孢子，而 WT 菌株和 *UeKpp2* 敲除菌株侵染的植物之间没有明显的区别。培养 90d 后，无论是接种 *UeKpp2* 敲除菌株还是 WT 菌株的侵染植株，其茎秆均膨大，充满冬孢子，大小和形状相似。此外，冬孢子的萌发率在敲除菌株和 WT 菌株之间没有差异（图 8-6E）。这些结果表明 *UeKpp2* 在菰黑粉菌中不参与侵染、增殖、冬孢子形成和萌发。

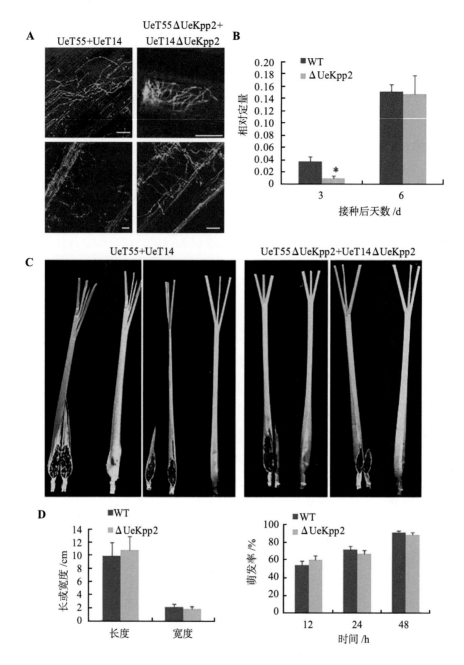

图 8-6　敲除 *UeKpp2* 对菰黑粉菌的侵染、增殖、冬孢子形成和萌发没有影响

注：A. 叶鞘真菌侵染状况观察。分别在感染后 3d（上）和 6d（下）收集感染野生型菌株 UeT14×UeT55 和相应的 *UeKpp2* 敲除菌株的样品，用麦胚凝集素 -alexa Fluor 488 染色并用激光共聚焦显微镜进行分析。标尺 =50μm。B. *Ueactin* 和 *Zlactin* 的相对定量分析 DNA 拷贝数以评估菌丝量。分别于感染后 3 d 和 6 d 采集样品。星号表示在 *P* < 0.05 时有显著性差异。C. 膨大茎的表型。在感染后 90 d，收集野生型菌株 UeT14+UeT55（左）和相应的 *UeKpp2* 敲除菌株（右）感染的样品。两者均形成充满冬孢子的膨大茎。D. 野生型菌株 UeT14+UeT55 和相应的 *UeKpp2* 敲除菌株侵染植株后茎秆膨大的长度和宽度。E. *UeKpp2* 敲除菌株和 WT 菌株冬孢子的萌发率。*UeKpp2* 敲除菌株或 WT 菌株接种 90 d 后，从植株上取适量冬孢子，分散于水中，使其浓度相等，在 YEPS 平板上 28 ℃培养，分别于培养 12 h、24 h、48 h 后进行光学显微镜观察。分析了萌发冬孢子的数量。*UeKpp2* 敲除菌株和 WT 菌株的冬孢子萌发率没有显著差异。

8.4 讨论

在菰黑粉菌中，从酵母型萌芽生长到感染性菌丝型生长的二型态转变是菰黑粉菌对环境因素的反应，并受到复杂遗传途径的严格控制。其中，cAMP-PKA 和 MAPK 通路对于确保其空间和时间的异质性至关重要（Skalhegg and Tasken, 2000; Breitkreutz et al., 2001; Martínez-Espinoza et al., 2004; Raudaskoski and Kothe, 2010）。在本研究中，我们探讨了 MAPK UeKpp2 的功能特性。值得注意的是，菰黑粉菌中高度保守的 MAPK 相关基因 *UeKpp2* 的异位表达恢复了玉米黑粉菌 *kpp2* 突变体 SG2001 Δkpp2 的缺陷菌丝生长和致病真菌发育。然而，在菰黑粉菌中，UeKpp2 只参与体外融合和菌丝生长，不影响真菌的致病性。此外，我们发现 *UeKpp2* 缺失突变体的单倍体细胞出现了形态变化，表明 *UeKpp2* 在菰黑粉菌的出芽生长中具有特殊的作用。

8.4.1 MAPK 对菰黑粉菌交配型基因的调控作用减弱

MAPK 和 cAMP-PKA 信号转导途径是真菌信息素反应所必需的（Maidan et al., 2005; Klosterman et al., 2007; Saito, 2010; Jung et al., 2011）。在与菰黑粉菌近缘的玉米黑粉菌中（Ye et al., 2017），Prf1 是调控融合过程中 *a* 和 *b* 基因表达的核心转录因子（Zhang et al., 2018b）。信息素和信息素受体之间的识别导致 MAPK 级联和 PKA 信号的激活，其中 MAPK Kpp2 通过磷酸化在转录水平进一步调控 Prf1，PKA 催化亚基负责 Prf1 的转录后调控（Kaffarnik et al., 2003）。其中，Kpp2 不是 *a* 基因诱导所必需的，但可增强 *a* 基因的表达。此外，Kpp2 对于信息素诱导的 *b* 基因异源二聚体的表达也至关重要（Kaffarnik et al., 2003; Müller et al., 2003; Zarnack et al., 2008; Elías-Villalobos et al., 2011）。在菰黑粉菌中，我们已经证明了 Prf1 的同源物 UePrf1 是调节 *a* 和 *b* 基因所必需的（Zhang et al., 2018b），这表明菰黑粉菌的信息素反应机制与玉米黑粉菌相似。然而，*UeKpp2* 突变体在交配过程中 *UePrf1* 的表达水平并未降低（图 8-4B）。*a* 和 *b* 基因的诱导作用也没有减弱（图 8-4、图 8-5）。此外，*mfa* 基因编码的信息素可使性亲和的单倍体菌株形成接合管（Zhang et al., 2019）。因此，UeT141 ΔUeKpp2 和 UeT55-EGFP 之间的融合在 UeT55-eGFP 菌株中形成了正常功能的接合管，表明 *UeKpp2* 敲除菌株中正常诱导了 *mfa* 基因。此外，在 bW2 启动子作用下，*UeKpp2* 敲除菌株中的 *UeRbf1* 诱导菌株（UeTSP1ΔUeKpp2::PbUeRbf1）恢复了 *UeRbf1* 的诱导表达、菌丝生长和绒毛状菌落（图 8-5G），说明在 *UeKpp2* 敲除菌株中 *b* 基因的诱导不受影响。这些结果表明，*UeKpp2* 对交配型基因调控的影响在菰黑粉菌中明显弱于玉米黑粉菌。我们认为这是由于菰黑粉菌的内生趋势。由于大多数菰黑粉菌以孢子体形式越冬，第二年以无性生殖的方式直接以菌丝型的形式再侵染，因此菰黑粉菌在整个生命周期中发生信息素反应的概率大大降低。然而，这究竟是由于菰黑粉菌的内源生活史，还是存在其他尚未发现的调控因素造成的，还有待进一步研究。

8.4.2 *UeKpp2* 参与调控菰黑粉菌形态发生相关的 NDR 激酶通路

在真菌中，形态和细胞周期密切相关（Sartorel and Perez-Martin, 2012）。真菌在特定的细胞周期阶段发育延迟或阻滞，以使细胞适应不利的应激条件或同步细胞周期，这是由 MAPK 级联负调控的（Carbó and Pérez-Martín, 2010）。为了响应信息素识别，在单倍体出芽生殖过程中发生由 MAPK 信号调控的细胞周期阻滞，导致细胞融合前形成接合管（García-Muse et al., 2003）。例如，在酵母中，细胞融合需要先前的 G1 细胞周期阻滞，通过 Fus3 MAPK 级联调节周期蛋白依赖性激酶抑制剂 Far1 的磷酸化（Davey, 1998）。在玉米黑粉菌中，Kpp2 的激活导致 G2 期延长，这被认为是导致细胞的极性延伸和接合管形成的因素（Garcia-Muse et al., 2003）。与玉米黑粉菌一样，信息素应答 MAPK UeKpp2 中的突变显著减少了接合管的形成（图 8-3C、图 8-4 A）。

同时，我们发现 *UeKpp2* 敲除菌株的单倍体出芽细胞形态也发生了变化（图 8-2 A），它们变得细长，并出现了多个出芽位点。这与不同真菌中保守的与形态发生相关的 NDR 激酶（MOR）途径中的缺陷的影响相似（Maerz and Seiler, 2010）。此外，我们发现 *UeUkc1* 基因突变，该基因编码的蛋白激酶同源物在 MOR 通路中至关重要（Verde et al., 1998；Dürrenberger and Kronstad, 1999）引起了与 *UeKpp2* 敲除菌株相似的出芽细胞形态（图 8-2B）。玉米黑粉菌的形成发生在 G2 期，几乎完全依赖于极性生长（Steinberg et al., 2001）。*Ukc1* 的下调导致 G2 期延长和细胞显著增大（Sartorel and Pérez-Martín, 2012）。因此，我们进一步研究了 *UeKpp2* 敲除菌株中 *UeUkc1* 的表达水平。正如预期，敲除菌株中 *UeUkc1* 的表达急剧下降（图 8-2D）。值得注意的是，通过添加 20 mmol/L cAMP 或诱导 *UeUkc1* 过表达，*UeKpp2* 敲除菌株的异常形态可以恢复正常，*UeUkc1* 表达增加（图 8-2A、C、D）。以上结果表明，在菰黑粉菌中，UeKpp2 可能通过 *UeUkc1* 参与 MOR 途径的调控，而在玉米黑粉菌中，只有 Crk1 被证明对 MOR 突变体的形态负责（Sartorel and Pérez-Martín, 2012）。

此外，我们发现突变的 *UePKAC* 细胞伸长，具有多个出芽位点，*UeUkc1* 的表达减少（图 8-2B、D）。cAMP 是一种激活 PKA 通路的信号分子（Cherkasova et al., 2003），在 *UeKpp2* 突变体中，cAMP 增加了 *UeUkc1* 的表达水平，并使细胞形状恢复到正常形态。因此，我们推测当 MAPK 通路被禁用时，激活 PKA 通路可以补偿有缺陷的细胞形状。此外，在氮饥饿或胁迫（包括细胞壁胁迫、高渗胁迫和氧化胁迫）条件下，*UeKpp2* 突变体的异常形态没有恢复。然而，在融合过程中观察到两个相似的 *UeKpp2* 敲除菌株几乎正常出芽（图 8-3C）。这些现象使我们怀疑，信息素信号可能激活 PKA 途径，以补偿当 MAPK 途径被禁用时缺陷的细胞形状，而环境线索没有这种作用。然而，所有这些推测都需要进一步的证据来支持。

8.4.3　仅在体外观察到 *UeKpp2* 诱导 *UeRbf1* 参与菌丝生长调控

　　在玉米黑粉菌中，依赖 *b* 基因诱导的 *Rbf1* 是 *b* 基因依赖性菌丝生成所必需的，并且在没有活性 bE/bW 异源二聚体的情况下，*Rbf1* 足以诱发菌丝生成（Heimel et al., 2010a）。此外，Rbf1 可能通过未知的机制受到 Prf1 的调控（Heimel et al., 2010a）。在菰黑粉菌中，体外和体内融合过程中，*b* 基因对双核融合菌丝的生长也起着重要作用（Zhang et al., 2019）。而具有 UeTSP 菌株背景的 *UeKpp2* 敲除菌株在体外和体内均能自发形成细丝（Zhang et al., 2019），避免接合管形成的影响，其菌丝生长也受到严重影响（图 8-5F）。在这些发育阶段，突变体中 *b* 基因的表达与 WT 菌株相似，而突变体中 *UeRbf1* 的表达则明显下降（图 8-5E、G）。我们认为，*UeKpp2* 敲除菌株的菌丝状生长缺陷与 *UeRbf1* 的诱导缺陷有关，而与 *b* 基因的诱导缺陷无关。与玉米黑粉菌一样（Heimel et al., 2010a），UeTSP 菌株中 *UeRbf1* 的缺失不能形成感染性菌丝。但与玉米黑粉菌不同的是，UeTSP 菌株的 *UeKpp2* 缺失突变完全不影响宿主中感染性菌丝的生长，也不影响膨大和冬孢子的形成和萌发率（图 8-6）。因此，在我们的研究中，UeKpp2 独立于 bE/bW 异源二聚体诱导 *UeRbf1* 的作用只发生在体外交配过程中。这可能与菰黑粉菌内源生活史有关，很少出现与同类单倍体菌株的交配过程。然而，对于 UeKpp2 如何响应不同的外界信号参与菰黑粉菌生活史的不同发育阶段还需要进一步的探讨。

参考文献

BAKKEREN G K, J W, 2008. Sex in smut fungi: structure, function and evolution of mating-type complexes[J]. Fungal Genetics and Biology, 45(S1): S15–S21.

BHATTACHARYYA R P, REMENYI A, GOOD M C, et al., 2006. The *Ste5* scaffold allosterically modulates signaling output of the yeast mating pathway[J]. Science, 311(5762): 822–826.

BREITKREUTZ A, BOUCHER L, TYERS M, 2001. *MAPK* specificity in the yeast pheromone response independent of transcriptional activation[J]. Current Biology : CB, 11(16): 1266–1271.

CARBÓ, PÉREZ-MARTÍN J, 2010. Activation of the cell wall integrity pathway promotes escape from G2 in the fungus *Ustilago maydis*[J]. PLoS Genetics, 6(7): e1001009.

CHEN H, FINK G R, 2006. Feedback control of morphogenesis in fungi by aromatic alcohols[J]. Genes & Development, 20(9): 1150–1161.

CHEN Z, GIBSON T B, ROBINSON F, et al., 2001. *MAP* kinases[J]. Chemical Reviews, 101(8): 2449–2476.

CHERKASOVA V A, MCCULLY R, WANG Y, et al., 2003. A novel functional link between *MAP* kinase cascades and the *Ras/cAMP* pathway that regulates survival[J]. Current Biology, 13(14): 1220–1226.

CHOU S, LANE S, LIU H, 2006. Regulation of mating and filamentation genes by two distinct *Ste12* complexes in saccharomyces cerevisiae[J]. Molecular and Cellular Biology, 26(13): 4794–4805.

CHUNG K R, TZENG D D, 2004. Nutritional requirements of the edible gall-producing fungus *Ustilago esculenta*[J]. Journal of Biological Sciences, 4(2): 246–252.

CORREIA I, ROM N E, PRIETO D, et al., 2016. Complementary roles of the *Cek1* and *Cek2 MAP kinases* in Candida albicans cell-wall biogenesis[J]. Future Microbiology, 11(1): 51–67.

DENG Y Z, ZHANG B, CHANG CQ, et al., 2018. The MAP kinase *SsKpp2* is required for mating/filamentation in Sporisorium scitamineum[J]. Frontiers in Microbiology, 9:2555.

DÜRRENBERGER, WONG K, KRONSTAD J W, 1998. Identification of a cAMP-dependent protein kinase catalytic subunit required for virulence and morphogenesis in *Ustilago maydis*[J]. Proceedings of the National Academy of Sciences, 95(10): 5684–5689.

DÜRRENBERGER F, KRONSTAD J, 1999. The *ukc1* gene encodes a protein kinase involved in morphogenesis, pathogenicity and pigment formation in *Ustilago maydis*[J]. Molecular & General Genetics: MGG, 261(2): 281–289.

DOEHLEMANN, WAHL, HORST, et al., 2008. Reprogramming a maize plant: transcriptional and metabolic changes induced by the fungal biotroph *Ustilago maydis*[J]. The Plant Journal, 56(2): 181–95.

ELÍAS-VILLALOBOS A, FERN NDEZ- LVAREZ A, IBEAS J I, et al., 2011. The general transcriptional repressor tup1 is required for dimorphism and virulence in a fungal plant pathogen[J]. PloS Pathogens, 7(9): 1–16.

FELDBRÜGGE M, BÖLKER M, STEINBERG G, et al., 2006. Regulatory and structural networks orchestrating mating, dimorphism, cell shape, and pathogenesis in *Ustilago maydis*[M]. //Growth, Differentiation and Sexuality. Berlin: Springer: 375–391.

FLOR-PARRA I, CASTILLO-LLUVA S, PEREZ-MARTIN J, 2007. Polar growth in the infectious hyphae of the phytopathogen *Ustilago maydis* depends on a virulence-specific cyclin[J]. The Plant Cell, 19(10): 3280–3296.

FUJII Y, USUI Y, KONNO K, et al., 2007. A case of hypersensitivity pneumonitis caused by smut spores of *Ustilago esculenta*[J]. Nihon Kokyuki Gakkai Zasshi, 45(45): 344–348.

GARCÍA-MUSE T, STEINBERG G, 2003. Pheromone-induced *G2* arrest in the phytopathogenic fungus *Ustilago maydis*[J]. Eukaryotic cell, 2(3): 494–500.

GILLISSEN B, BERGEMANN J, SANDMANN C, et al., 1992. A two-component regulatory system for self/non-self recognition in *Ustilago maydis*[J]. Cell, 68(4): 647–657.

GOLD S, DUNCAN G, BARRETT K, et al., 1994. cAMP regulates morphogenesis in the fungal pathogen *Ustilago maydis*[J]. Genes & Development, 8(23): 2805–2816.

GUO L, QIU J, HAN Z, et al., 2015. A host plant genome (*Zizania latifolia*) after a century-long endophyte infection[J]. Plant Journal, 83(4): 600–609.

GUPTA A K, JOSHI G K, SENEVIRATNE J M, et al., 2013. Cloning, in silico characterization and induction of *TiKpp2* MAP kinase in Tilletia indica under the influence of host factor(s) from wheat spikes[J]. Molecular Biology Reports, 40(8): 4967–4978.

HAMEL L P, NICOLE M C, DUPLESSIS S, et al., 2012. Mitogen-activated protein kinase signaling in plant-interacting fungi: distinct messages from conserved messengers[J]. The Plant Cell, 24(4): 1327–1351.

HEIMEL K, SCHERER M, SCHULER D, et al., 2010. The *Ustilago maydis Clp1* Protein orchestrates pheromone and b-dependent signaling pathways to coordinate the cell cycle and pathogenic development[J]. The Plant Cell, 22(8): 2908–2922.

HEIMEL K, SCHERER M, VRANES M, et al., 2010. The transcription factor *Rbf1* is the master regulator for b-mating type controlled pathogenic development in *Ustilago maydis*[J]. PloS Pathogens, 6(8): e1001035.

HOLLIDAY R, 1974. Ustilago maydis[J]. Bacteria Bacteriophages and Fungi, 978(1):4899.

HUP, ZHANG YF, CUI H F, et al., 2015. Cloning and expression analysis of transcription factor *Rbf1* from *Ustilago esculenta*[J]. Journal of Changjiang Vegetables, 396: 206–209.

JIANG C, ZHANG X, LIU H, et al., 2018. Mitogen-activated protein kinase signaling in plant pathogenic fungi[J]. PloS Pathogens, 14(3):e1006875.

JIANG M X, ZHAI L J, YANG H, et al., 2016. Analysis of Active Components and Proteomics of Chinese Wild Rice (*Zizania latifolia* (Griseb) Turcz) and *Indica Rice* (Nagina22)[J]. Journal of Medicinal Food, 19: 798–804.

JOSE R C, GOYARI S, LOUIS B, et al., 2016. Investigation on the biotrophic interaction of *Ustilago esculenta* on *Zizania latifolia* found in the Indo-Burma biodiversity hotspot[J]. Microbial Pathogenesis, 98: 6–15.

JUNG K-W, KIM S-Y, OKAGAKI L H, et al., 2011. *Ste50* adaptor protein governs sexual differentiation of Cryptococcus neoformans via the pheromone-response MAPK signaling pathway[J]. Fungal Genetics and Biology, 48, 154–165.

KAFFARNIK F, MÜLLER P, LEIBUNDGUT M, et al., 2003. *PKA* and *MAPK* phosphorylation of Prf1 allows promoter discrimination in *Ustilago maydis*[J]. The EMBO Journal, 22: 5817–5826.

KAMPER J, KAHMANN R, BÖLKER M, et al., 2006. Insights from the genome of the biotrophic fungal plant pathogen *Ustilago maydis*[J]. Nature, 444(7115): 97.

KLOSTERMAN S J, MICHAEL H P, MARIA G P, et al., 2007. Genetics of morphogenesis and pathogenic development of *Ustilago maydis*[J]. Advances in Genetics, 57: 1–47.

LIANG S W, HUANG Y H, CHIU J Y, et al., 2019. The smut fungus *Ustilago esculenta* has a bipolar mating system with three idiomorphs larger than 500kb[J]. Fungal Genetics and Biology, 126: 61–74.

MAERZ S, SEILER S, 2010. Tales of RAM and MOR: NDR kinase signaling in fungal morphogenesis[J]. Current Opinion in Microbiology, 13(6): 663–671.

MAIDAN M M, 2005. The G protein-coupled receptor *Gpr1* and the Gα protein *Gpa2* act through the cAMP-Protein kinase A pathway to induce morphogenesis in Candida albicans[J]. Molecular Biology of the Cell, 16(4): 1971.

MARTÍNEZ-ESPINOZA A D, RUIZ-HERRERA J, LEÓN-RAM REZ C G, et al., 2004. *MAP* kinase and *cAMP* signaling pathways modulate the pH-induced yeast-to-mycelium dimorphic transition in the corn smut fungus *Ustilago maydis*[J]. Current Microbiology, 49(4): 274–281.

MENG X, ZHANG S, 2013. *MAPK* cascades in plant disease resistance signaling[J]. Annual Review of Phytopathology, 51(1): 245–266.

MÜLLER P, AICHINGER C, FELDBRÜGGE M, et al., 2000. The *MAP* kinase *Kpp2* regulates mating and pathogenic development in *Ustilago maydis*[J]. Molecular Microbiology, 34(5): 1007–1017.

MÜLLER P, WEINZIERL G, BRACHMANN A, et al., 2003. Mating and pathogenic development of the smut fungus *Ustilago maydis* are regulated by one mitogen-activated protein kinase cascade[J]. Eukaryotic cell, 2(6): 1187–1199.

RAUDASKOSKI M, KOTHE E, 2010. Basidiomycete mating type genes and pheromone signaling[J]. Eukaryotic Cell, 9(6): 847.

RUSSELL D W, SAMBROOK J, 2001. Molecular cloning : a laboratory manual[M]. Cold Spring Harbour, NY: Harbor Laboratory Press.

SAITO H, 2010. Regulation of cross-talk in yeast *MAPK* signaling pathways[J]. Current Opinion in Microbiology, 13(6): 677-683.

SAKULKOO W, OSES-RUIZ M, GARCIA E O, et al., 2018. A single fungal *MAP* kinase controls plant cell-to-cell invasion by the rice blast fungus[J]. Science, 359(6382): 1399.

SARTOREL E, PÉREZ-MARTÍN J, 2012. The distinct interaction between cell cycle regulation and the widely conserved morphogenesis-related (MOR) pathway in the fungus *Ustilago maydis* determines morphology[J]. Journal of Cell Science, 125(19): 4597–4608.

SKALHEGG B S, TASKEN K, 2000. Specificity in the cAMP/PKA signaling pathway. Differential expression,-regulation, and subcellular localization of subunits of PKA[J]. Frontiers in Bioscience A Journal & Virtual Library, 5(1): 678.

STEINBERG G, WEDLICH-SLDNER R, BRILL M, et al., 2001. Microtubules in the fungal pathogen *Ustilago maydis* are highly dynamic and determine cell polarity[J]. Journal of Cell Science, 114(3): 609.

SUZUKI T, CHOI J H, KAWAGUCHI T, et al., 2012. Makomotindoline from Makomotake, *Zizania latifolia* infected with *Ustilago esculenta*[J]. Bioorganic & Medicinal Chemistry Letters, 22(13): 4246–4248.

SZABOZ, TONNIS M, KESSLER H, et al., 2002. Structure-function analysis of lipopeptide pheromones from the plant pathogen *Ustilago maydis*[J]. Molecular Genetics and Genomics Mgg, 268(3): 362.

VERDE F, WILEY D J, NURSE P, 1998. Fission yeast *orb6*, a *Ser/Thr* protein kinase related to mammalian rho kinase and myotonic dystrophy kinase, is required for maintenance of cell polarity and coordinates cell morphogenesis with the cell cycle[J]. Molecular and Cellular Biology, 95: 7526–7531

VOLLMEISTER E, SCHIPPER K, BAUMANN S, et al., 2015. Fungal development of the plant pathogen *Ustilago maydis*[J]. Fems Microbiology Reviews (1): 59–77.

YAN M, ZHU G, LIN S, et al., 2016. The mating-type locus *b* of the sugarcane smut Sporisorium scitamineum is essential for mating, filamentous growth and pathogenicity[J]. Fungal Genetics and Biology, 86: 1–8.

YAN N, DU Y, LIU X, et al., 2018. Morphological Characteristics, Nutrients, and Bioactive Compounds of *Zizania latifolia*, and Health Benefits of Its Seeds[J]. Molecules, 23(7): 1561.

YU J J, ZHANG Y F, CUI H F, et al., 2015. An efficient genetic manipulation protocol for *Ustilago esculenta*[J]. Fems Microbiology Letters, 362(12): 7.

ZARNACK K, EICHHORN H, KAHMANN R, et al., 2008. Pheromone-regulated target genes respond differentially to *MAPK* phosphorylation of transcription factor *Prf1*[J]. Molecular Microbiology, 69(4): 1041–1053.

ZHANG J Z, CHU F Q, GUO D P, et al., 2012. Cytology and ultrastructure of interactions between *Ustilago esculenta* and *Zizania latifolia*[J]. Mycological Progress, 11(2): 499-508.

ZHANG Y, CAO Q, HU P, et al., 2017. Investigation on the differentiation of two *Ustilago esculenta* strains - implications of a relationship with the host phenotypes appearing in the fields[J]. BMC Microbiology, 17(1): 228.

ZHANG YF, LIU H L, CAO Q C, et al.,2018. Cloning and characterization of UePrf1 gene in *Ustilago esculenta*[J]. Fems Microbiology Letters, 12: 12.

ZHANG Y, GE Q, CAO Q, et al., 2018. Cloning and Characterization of Two *MAPK* Genes *UeKpp2* and *UeKpp6* in *Ustilago esculenta*[J]. Current Microbiology, 365, 10.

ZHAO X, KIM Y, XU P J R, 2005. A Mitogen-activated protein kinase cascade regulating infection-related morphogenesis in magnaporthe grisea[J]. Plant Cell, 17(4): 1317–1329.

ZHAO X, MEHRABI R, XU J R, 2007. Mitogen-activated protein kinase pathways and fungal pathogenesis[J]. Eukaryotic Cell, 6(10): 1701–1714.

ZUO W, KMEN B, DEPOTTER J, et al., 2019. Molecular Interactions Between Smut Fungi and Their Host Plants[J]. Annual Review of Phytopathology, 57: 411–430.